Heiner Spalink (Hrsg.)

Kundenparadies Deutschland

Aktuelle Spitzenleistungen und Konzepte für die Zukunft

Mit 68 Abbildungen

Springer

Heiner Spalink
heiner.spalink@kurtsalmon.com

ISBN 3-540-00930-2 Springer-Verlag Berlin Heidelberg New York

Bibliografische Information Der Deutschen Bibliothek
Die Deutsche Bibliothek verzeichnet diese Publikation in der Deutschen Nationalbibliografie; detaillierte bibliografische Daten sind im Internet über <http://dnb.ddb.de> abrufbar.

Springer-Verlag ist ein Unternehmen von Springer Science+Business Media

springer.de

Printed in Germany

Einbandgestaltung: Erich Kirchner, Heidelberg

SPIN 10923009 42/3130-5 4 3 2 1 0 – Gedruckt auf säurefreiem Papier

Geleitwort

Karl-Erivan W. Haub

Unternehmensgruppe Tengelmann, Mülheim an der Ruhr

Stellen Sie sich folgende Situation vor: Ihr bester Freund kommt zu Ihnen und bittet Sie um Ihren Rat. Seine gerade volljährige Tochter steigt nach bestandenem Abitur nunmehr ins Berufsleben ein und möchte dies ausgerechnet im Einzelhandel tun. Der besorgte Vater ist mit dieser Wahl nicht so recht einverstanden und fragt Sie nun nach Ihrer Meinung. Hand aufs Herz! Welches Bild vom Handel hätten Sie wohl im Kopf? Würden Sie Ihrem Freund zu- oder abraten?

Einer meiner Handelskollegen ist in einer wissenschaftlichen Untersuchung genau diesen Fragen nachgegangen. Wie sehen die Menschen den Handel? Wie schätzen sie ihn ein in Bezug auf Macht und Einfluss, Bedeutung und öffentliche Wahrnehmung sowie als Arbeitgeber? Das Ergebnis bestätigt die ärgsten Vermutungen, obwohl es Branchenkenner nicht wirklich überrascht: Dem Handel fehlt es an positiver Wahrnehmung, an Wertschätzung und an Schlagkraft. Man nimmt ihn weder richtig ernst, noch traut man ihm Bedeutendes zu. Und als Arbeitgeber ist er geradezu indiskutabel.

Kann man es also Ihrem Freund übelnehmen, wenn er sich für die Zukunft seiner Tochter etwas anderes wünscht als einen Einstieg in den Handel?

Handel – der große Unbekannte

Wer ist denn nun dieser große Unbekannte, mit dem fast jeder tagtäglich zu tun hat und der trotzdem so schemenhaft bleibt?

Der Handel blickt zurück auf eine Tradition von mehreren tausend Jahren. Fast könnte man ihn das „zweitälteste Gewerbe" der Welt nennen. In Deutschland ist der Handel (Groß- und Einzelhandel) nach Industrie und Handwerk als Arbeitgeber für rund 5 Millionen Menschen die drittstärkste Wirtschaftskraft, die im Jahr Umsätze in Höhe von rund 1,1 Billionen Euro erzielt. Gleichzeitig ist er das unverzichtbare Bindeglied zwischen den Herstellern und den mehr als 80 Millionen Konsumenten in unserem Land. Kein anderer Wirtschaftszweig ist den Bürgern unseres Landes so nah, nirgendwo sonst ist der Kontakt zum Menschen so direkt und so häufig wie im Handel, speziell im Lebensmitteleinzelhandel. Dies hat zur Folge, dass auch keine andere Branche so unmittelbar und intensiv die Stimmungen der Bevölkerung erlebt, aber auch keine andere so abhängig davon ist.

Immer das Ohr beim Kunden...?!

Wer aber nun davon ausgeht, dass sich diese Nähe auch in den bereits zitierten Umfragen widerspiegelt, unterliegt einem Trugschluss. Ein anerkennendes positives Bild der Händler ist kaum vorhanden. Die Aktivitäten des Handels werden bestenfalls in Form von Sonderangeboten registriert. Seine Standpunkte und Meinungen bleiben von der Öffentlichkeit und von der Politik mehr oder weniger unbemerkt. Und das, obgleich der Handel den politisch Verantwortlichen durchaus als Stimmungsbarometer dienen könnte. Woran liegt es, dass der Handel – wenn überhaupt – dann negativ wahrgenommen wird?

Ein Blick in die Geschichte zeigt, dass insbesondere im Mittelalter Handeltreibende als unehrlich und auf den eigenen Vorteil bedacht, als gerissen und wuchertreibend geradezu verschrien waren.

Den Geldverleihern standen sie im Ansehen nur wenig nach. Obgleich seitdem einige Jahrhunderte ins Land gegangen sind, ist es dem deutschen Handel bis heute offensichtlich nicht gelungen, das Negativimage loszuwerden. Oder ist es womöglich purer Zufall, dass es im vergangenen Jahr in keinem anderen Land außer in Deutschland eine so ausgeprägte, ja fast erbitterte Teuro-Diskussion zu Lasten des Handels gegeben hat? Wenn selbst die Politikverantwortlichen es für nötig erachtet haben, einen Preis-Sheriff einzusetzen, ist es mit dem Respekt und der Wertschätzung unserer Handelsbranche noch immer schlecht bestellt.

Es lebe das Vorurteil...

Handelsunternehmen aller Couleur haben in den letzten Jahren mit großen Anstrengungen ihre Organisationen und Systeme vom Staub der Jahrzehnte befreit und sich technisch auf den neuesten Stand gebracht, um als moderne Unternehmen im nationalen und internationalen Wettbewerb bestehen zu können. Prozesse wie Data Warehousing, CPFR, ECR und viele mehr gehören heute zum alltäglichen Rüstzeug und sind für die Leistungsfähigkeit des Handels von entscheidender Bedeutung.

Mit dem kleinen Kaufmannsladen von früher haben die Handelsunternehmen kaum noch Gemeinsamkeiten. Vielfach gehören sie in Deutschland zu den größten Unternehmen und Arbeitgebern. Viele von ihnen sind inzwischen weit über die Grenzen Deutschlands hinaus auch im europäischen Ausland oder sogar international tätig. Insbesondere die filialisierten Einzelhändler sind heutzutage hochkomplexe „Just in Time"-Organisationen, die ihre Kompetenz tagtäglich dadurch beweisen, dass sie pünktlich und in ausreichender Menge die vom Konsumenten gewünschten Waren zur Verfügung stellen. Mit ihren hocheffizienten Systemorganisationen sorgen diese Unternehmen ganz nebenbei dafür, dass beispielsweise die Preise für Lebensmittel in Deutschland weit unter denen des europäischen Durchschnitts liegen.

Selbstbewusstsein und Markeninvestition

Dies alles sind Pluspunkte, mit denen der Handel stolz und selbstbewusst auftreten könnte. Aber vielleicht liegt genau hier das Problem. Denn was dem Handel am meisten zu fehlen scheint, ist das gesunde Selbstbewusstsein einer erfolgreichen Branche. Er ist bis heute nicht in der Lage, sich als Wirtschaftszweig in der Öffentlichkeit zu präsentieren und dabei seine Qualitäten entsprechend zu vermarkten. Lieber scheint er auch weiterhin aus Rücksicht auf sein ohnehin schlechtes Image den Weg des Schweigens und der Hinnahme gehen zu wollen. Handelsunternehmen aber müssen selbstbewusster und aktiver auftreten, wenn sie das Stimmungsbild verändern wollen.

Der Handel braucht zudem mehr Identifikation mit bekannten Firmennamen. Firmen stehen wie Marken synonym für den Erfolg und das Image einer Branche. In Deutschland haben es bis heute zu wenige Handelsunternehmen geschafft, sich mit ihren Geschäftszweigen buchstäblich einen Namen zu machen. Die Hersteller dagegen wissen schon lange um die Kraft der Marke und haben zeitig und umfangreich in diese investiert, während die Händler in Deutschland bis heute vor allem in Sonderangebote investiert haben. Letztlich hat gerade diese Markeninvestition heute zu einer öffentlichen Wahrnehmung der Industrie geführt, die im Vergleich zum Handel deutlich positiver ist.

Mit einer Stimme

Auch muss der Handel lernen, mit einer Stimme zu sprechen. Kaum eine andere Branche leistet sich den Umstand, mit drei (bis vor kurzem noch mit vier) verschiedenen Verbänden aufzutreten, die sich in ihren öffentlichen oder politischen Äußerungen teilweise auch noch heftig widersprechen. Es muss sich die Erkenntnis durchsetzen, dass Wesentliches insbesondere in der Politikberatung nur dann zu erreichen ist, wenn die Unternehmen (und die sie vertretenden Verbände) zusammenstehen, eine gemeinsame Linie verabreden und diese dann auch konsequent durchziehen. Hierzu ist entsprechender Einsatz gefragt. Der Handel muss bereit sein, mehr Manpower und mehr Zeit für die Wahrnehmung seiner Interessen einzusetzen. Eine Forderung, die gerade in wirtschaftlich schwierigen Zeiten nicht eben auf fruchtbaren Boden fallen dürfte. Aber was der Handel in guten Zeiten versäumt hat, wird sich in schwierigen Zeiten sicher nicht von selbst einstellen. Und selbst dann wird es nur in kleinen Schritten vorangehen, denn Images verändern sich nicht über Nacht, dies erfordert Konsequenz und Zeit.

Leuchtende Vorbilder

Dass es auch anders sein kann, zeigen hervorragende Beispiele aus dem Ausland: In den Vereinigten Staaten und in Frankreich beispielsweise gehören Handelsunternehmen zu den anerkanntesten Unternehmen überhaupt. In England wurde mehreren Handelsmanagern vom Königshaus der Adelstitel „Sir“ verliehen, in der Schweiz steht eine genossenschaftliche Handelsorganisation als Synonym nicht nur für Erfolg, sondern auch für ihren überaus positiven gesellschaftlichen Einfluss.

In diesen Ländern entscheiden sich junge Menschen bewusst für eine Karriere im Handel. Der Abschluss einer Ausbildung oder die Beförderung in eine Managementposition in einem Handelsunternehmen gelten dort geradezu als eine Auszeichnung und als hervorragendes Sprungbrett auch in andere Branchen.

Auch im deutschen Handel gibt es heute bereits eine Anzahl von Leuchttürmen, die in diesem Buch näher beschrieben werden. Damit werben diese Unternehmen für eine der faszinierendsten Branchen, die wie keine andere mitten im Leben steht.

Guter Rat ist teuer?

Kommen wir noch einmal zurück auf die Ausgangssituation, in der Sie ein Freund um Rat gefragt hat. Wäre es nicht schön, wenn Sie zukünftig mit großer Überzeugung sagen könnten: „Handel? Super, da hat deine Tochter eine sehr gute Entscheidung getroffen. Nirgendwo sonst wird sie eine so vielseitige Tätigkeit mit hervorragenden Karrierechancen mitten im Leben finden.“

Vorwort

Das sind Schlagzeilen, die wir alle kennen: „König Kunde sträflich vernachlässigt!“, „Die Defizite sind offenkundig!“, „Im deutschen Handel wird Service klein geschrieben!“, „Viele Firmen wissen gar nicht, was für einen Eindruck die Kunden haben!“, „Servicewüste Deutschland!“.

Wenn wir diesen Eindrücken Glauben schenken, dann sind Handel und Industrie offenbar nicht in der Lage, sich auf das Selbstverständlichste zu konzentrieren: Ihre Kunden!

In meiner Zusammenarbeit mit vielen Unternehmen geht es demgegenüber immer um eine Kernfrage: Viele Märkte erfahren einen grundlegenden strukturellen Wandel, die Kunden revolutionieren Ihr Verhalten: *Wie können wir vor diesem Hintergrund mehr Wertschöpfung und mehr Nutzen für unsere Kunden schaffen?*

Dieses Buch stellt die Gegenthese zur „Servicewüste Deutschland“ dar: Viele deutsche Händler und deren Industriepartner haben in den vergangenen Jahren weit mehr für Ihre Kunden investiert, als dies bekannt ist. Diese Branche steht durch moderne Managementprozesse und neueste Technologien mitten in einem radikalen Umbruch. Einzelhandel, Konsumgüterhersteller, Dienstleister wie Marktforschungsunternehmen, IT-Hersteller und Software-Anbieter sowie Logistikunternehmen bauen Netzwerke der Zusammenarbeit auf, bei denen es nur um eines geht: ständig Prozesse und Kundenorientierung optimieren.

Dieses Buch will aber auch einen Beitrag zur dringend notwendigen Imageverbesserung der Konsumgüterwirtschaft liefern. Die hier beschriebenen Entwicklungen erfordern Visionen, Top-Management-Leistungen und hochqualifizierte Fachleute: Nur wenn es gelingt, Nachwuchskräfte für sich zu begeistern, wird es dieser Branche auch gelingen, die erfolgreich eingeschlagenen Veränderungen konsequent weiter umzusetzen.

An dieser Stelle möchte ich ein herzliches „Dankeschön“ sagen für das Geleitwort und alle Mitautoren: Wir haben in vielen interessanten Diskussionen über das Tagesgeschäft hinaus oft die Gelegenheit genutzt, uns miteinander über die aktuellen und zukünftigen Herausforderungen in Handel und Konsumgüterindustrie auszutauschen.

Mein weiterer Dank geht an all jene, die mir bei der Entwicklung und Erstellung des Buches mit Rat und Tat zur Seite gestanden haben und nicht zuletzt an meine Assistentin Nicole Hinz, die viele Stunden Ihrer Freizeit in dieses Projekt investiert hat.

Düsseldorf, im Oktober 2003 Heiner Spalink

Inhaltsverzeichnis

Servicewüste oder Kundenzufriedenheit

Kundenorientierung in Deutschland – besser als ihr Ruf!

Thomas Roeb

Fachhochschule Bonn-Rhein-Sieg, Sankt Augustin

Servicewüste Deutschland – Dies ist das Schlagwort, unter dem fast schon alljährlich die Medien zur Hatz auf den ach-so-kundenunfreundlichen Handel blasen. Servicewüste Deutschland, ein Ausdruck, der impliziert, dass in Deutschland die Rechte und Bedürfnisse von Millionen von bedauernswerten Konsumenten von Handel und Industrie mit den Füßen getreten werden. Selten nur wird die Frage gestellt, ob dies auch die Wirklichkeit widerspiegelt. Was sind denn überhaupt die Bedürfnisse der Verbraucher? Diese Frage muss schließlich an erster Stelle beantwortet werden, um dann zu der Frage zu kommen, ob diese Bedürfnisse tatsächlich missachtet werden.

Fehlt in Deutschland wirklich Kundenorientierung?

Wie findet man aber heraus, welche Bedürfnisse der Konsument wirklich hat? Die einschlägigen Sommerloch-geplagten Medien scheinen sich weitgehend darauf zu beschränken, einzelne Fallbeispiele hervor zu zaubern, die dann repräsentativ für die breite Masse der Verbraucher sein sollen. Sind sie es denn überhaupt? Zweifelsohne kann man davon ausgehen, dass sich eine große Gruppe von Konsumenten findet, die der jetzigen Situation kritisch gegenüber steht und mit ihrer Meinung auch an die Presse geht. Andererseits gibt es aber auch bei den Konsumenten eine „Silent Majority", die ihrer Meinung durch nichts anderes Ausdruck verleiht als durch ihr Kaufverhalten. Diese „Silent Majority" soll im Folgenden im Mittelpunkt der Betrachtung stehen.

Wie kommt man überhaupt auf den Ausdruck von der „Servicewüste Deutschland"? Es gibt dazu zwei Ansätze, die beide Anwendung finden und beide nicht unproblematisch sind. Der erste Ansatz besteht darin, das Serviceniveau in Deutschland mit dem Serviceniveau im Ausland zu vergleichen. Der andere Ansatz besteht darin, die Konsumenten zu befragen, wie zufrieden sie mit dem Service sind und welche Serviceleistungen sie sich noch wünschen. Beide Ansätze kranken an denselben beiden Problemen. Erstens wird der Service losgelöst aus seinem betriebswirtschaftlichen Kontext gesehen und zweitens wird die Bedürfnisstruktur der Konsumenten ignoriert. Im Falle des ersten Ansatzes führt dies dazu, dass man im Ausland eine Fülle von Serviceleistungen glaubt beobachten zu können, die man dann in Deutschland nicht findet, ohne sich die Frage zu stellen, ob dies betriebswirtschaftlich überhaupt darstellbar ist. Besonders gerne führt man dabei Beispiele an wie die Tüteneinpacker in den USA oder den berühmten Walmart-"Greeter", die nette Frau oder der nette Mann, die nichts anderes tun, als die hereinkommenden Kunden freundlich zu begrüßen, oder aber einfach die freundlichere und intensivere Beratung in Baumärkten und Elektrofachgeschäften.

Immerhin sind Servicekonzepte in Deutschland oft gescheitert, ...

Interessanterweise ignorieren die ausländischen Unternehmen selbst sehr gerne bei ihrer Expansion nach Deutschland die betriebswirtschaftlichen Grundregeln in Deutschland. Sie führen das Fehlen der von ihnen so gehegten Serviceleistung auf die Ignoranz der dominanten Anbieter im Markt zurück und glauben, diesen jetzt einmal zeigen zu müssen, wie man das eine oder andere Geschäft richtig kundenfreundlich betreibt. Dieser Versuch endet, je nach wirtschaftlicher Leistungsfähigkeit des Mutterunternehmens und Konsequenz in der Umsetzung – je konsequenter, umso schneller! – üblicherweise nach zwei bis fünf Jahren. Einige wenige Beispiele sollen dies verdeutlichen. Der große französische Händler mit Büchern, CDs, Unterhaltungselektronik etc., die FNAC, kam nach Deutschland mit dem Anspruch, eine Premiumpositionierung zu erreichen und durch kompetente Beratung Kunden zum Kauf zu bewegen. Die kompetente Beratung konnte jedoch nur über kompetente Mitarbeiter sichergestellt werden, die wiederum höhere Löhne verlangten und kostenaufwändig geschult werden mussten. Die Folge dieses Inputs waren teilweise deutlich höhere Verkaufspreise als beim Wettbewerb, der sich wie Mediamarkt mit einer gleichermaßen aggressiven und originellen Kampagne als besonders günstig profiliert. Nach wenigen Jahren musste die FNAC ihr Geschäft wegen horrender Verluste schließen. Ein weiteres Beispiel ist The Gap. In den USA überaus erfolgreich kam das Unternehmen Anfang der neunziger Jahre nach Deutschland. Mit einer auf modische Basics ausgerichteten Strategie hatte man sich produktpolitisch eine noch offene Nische ausgesucht. Gleichzeitig übernahm man aber auch das Servicekonzept aus den USA. Dazu gehörte u. a. intensive Beratung und höchste Freundlichkeit, die sich nicht zuletzt darin manifestierte, dass man jemand an die Eingangstür stellte, der die hereinkommenden Kunden freundlich begrüßte. Die dadurch stark erhöhten Personalkosten sollten durch die Preise aufgefangen werden. Damals nahm sich The Gap H&M als Vorbild für die Expansion. Heute spricht davon niemand mehr. The Gap hat sich zwar nicht vom deutschen Markt zurückgezogen, fristet aber ein Nischendasein, das seiner weltweiten Bedeutung in keinster Weise gerecht wird. Stattdessen hat man den Personaleinsatz heruntergefahren und sich insbesondere vom „Greeter" weitgehend verabschiedet.

Die beiden Fallbeispiele von FNAC und The Gap sind vor allem deshalb so erhellend, weil es sich bei beiden Unternehmen um Unternehmen handelt, die in ihren Heimatmärkten überaus erfolgreich sind. Die Unternehmen verstehen ihr Geschäft und dennoch scheitern sie in Deutschland. Sie haben die betriebswirtschaftliche Logik ihres eigenen Systems nicht wirklich verstanden. Sowohl in den USA als auch in Frankreich gibt es eine viel größere Spannbreite der Löhne. Einfache Dienstleistungen wie z. B. das Stehen an der Tür, um Kunden zu begrüßen, werden, gemessen an den Einkommen der Kunden, nur relativ gering bezahlt. Nicht zuletzt aufgrund unserer sozialen Sicherungssysteme finden sich kaum Rentner, die für 3 Euro pro Stunde tagelang Fröhlichkeit ausstrahlen. Hinzu kommt, dass eine solche Tätigkeit auch mit einem sozialen Stigma versehen ist, das es schwer macht, interessierte Personen dafür zu finden. Umgekehrt überschätzt man die Wertschätzung, die der deutsche Konsument einem solchen Service entgegenbringt, und damit die Bereitschaft, diesen auch zu bezahlen.

... weil der Konsument sie nicht bezahlen will

Damit kommen wir auch zum Kernproblem des zweiten Ansatzes, in Deutschland eine Servicewüste zu identifizieren. Dieser besteht darin, die Kunden zu befragen, ob sie zufrieden sind und was sie sich zusätzlich wünschen. Dabei erhält man naturgemäß eine Fülle von Kritikpunkten genannt. Keinen Eingang in diese Erhebungen findet jedoch die Frage, wie viel die Konsumenten für eine gegebene zusätzliche Serviceleistung zu zahlen bereit sind. Diese Frage ist aber entscheidend. Um in der Metapher der Servicewüste zu bleiben: Vielleicht ist Deutschland im Hinblick auf den Service eine Wüste, aber möglicherweise sind die Deutschen Dromedare, die sich in dieser Wüste ausgesprochen wohl fühlen. Natürlich würde ein Dromedar auf die Frage, was ihm an der Wüste nicht gefällt, den Wassermangel nennen. Wäre es deshalb aber bereit, in eine Gegend zu ziehen, in der es zwar genügend Wasser gibt, es aber auch häufig regnet, ständig bewölkt ist und die Temperaturen selten über 25 Grad liegen? Sowohl viele ausländische Händler, die mit servicebasierten Konzepten nach Deutschland kommen, als auch die Presse, die regelmäßig die Kunden befragt, ignorieren die Auswirkungen eines höheren Service auf den Preis ebenso wie die Bereitschaft der Konsumenten, für einen höheren Service überhaupt einen höheren Preis zu bezahlen. Der etablierte Handel in Deutschland kennt diese Bereitschaft aus täglicher Erfahrung viel besser als jeder andere und hat sich ihr bislang sehr gut angepasst. Vor diesem Hintergrund kann man sogar sagen, um wieder die Metapher von der Servicewüste aufzugreifen, dass die Konsumenten selbst die Servicewüste geschaffen haben und in gewisser Weise die Händler die Dromedare sind, die sich dieser Wüste angepasst haben. Man sieht unschwer, dass die Metapher von der Servicewüste Deutschland sehr problematisch ist, wenn es darum geht, die Handelswirklichkeit zu beschreiben. Sie impliziert, dass negative äußere Rahmenbedingungen auf den Konsumenten einwirken, denen er sich anpassen muss. Viel richtiger ist jedoch, dass Konsumenten und Händler in einer Symbiose leben, in der sie sich gegenseitig beeinflussen. Die Konsumenten ignorieren Serviceangebote zugunsten des niedrigsten Preises und zwingen den Handel zu einer servicearmen Angebotspolitik, während die Händler durch eine auf niedrige Preise ausgerichtete, servicearme Angebotspolitik diese Entwicklung des Konsumenten noch verstärken.

Der fehlende traditionelle Service ist aber kein Problem

Heißt das also, dass Konsumenten und Händler sich gegenseitig in den Abgrund einer freudlosen Einkaufswelt ziehen? Diese Frage impliziert, dass die Einkaufswelt tatsächlich freudlos ist, ein Eindruck, der eben tatsächlich immer wieder unter Verweis auf die vermeintliche Servicewüste geschaffen wird. Die Realität sieht demgegenüber weit besser aus, als die Propheten des Untergangs glauben machen wollen. In der Realität hat der deutsche Einzelhandel dem Konsumenten eine Fülle positiver Erfahrungen zu bieten, die dieser auch sehr gerne nutzt. An erster Stelle steht sicherlich ein konkurrenzlos niedriges Preisniveau für die allermeisten Artikel des laufenden Konsums. An zweiter Stelle ist Convenience im Sinne von Einkaufsbequemlichkeit zu nennen. An dritter Stelle steht die Schnäppchenjagd, d. h. die Freude am überraschenden Einkaufserfolg. An vierter Stelle steht zweifellos die Möglichkeit des gemütlichen Einkaufsbummels in angenehmer Atmosphäre. Im Folgenden sollen diese Vorteile der deutschen Einzelhandelslandschaft im Detail beleuchtet werden.

Der Konsument bekommt dafür die niedrigsten Preise in Europa

Das deutsche Preisniveau ist nicht nur europaweit, sondern weltweit außerordentlich niedrig. Sicherlich wird man bestimmte Produkte in anderen Ländern billiger erwerben können. So ist Italien, insbesondere Florenz, für seine Seidenkrawatten berühmt. Bestimmte Käsesorten wird man in Frankreich günstiger finden können und in England liegt das Preisniveau für viele handgefertigte Kleidungsstücke, insbesondere auch Schuhe, niedriger als in Deutschland. Im Wesentlichen handelt es sich hier jedoch um die Ausnahmen, die die Regel bestätigen. Insbesondere muss Gleiches mit Gleichem verglichen werden. Grundnahrungsmittel, insbesondere Frischeprodukte, sind in Osteuropa deutlich billiger als in Deutschland. Allerdings sind nicht nur frische, sondern auch verpackte Lebensmittel in Osteuropa oft billiger als in Deutschland, sofern es sich um lokal hergestellte Produkte handelt. Diese profitieren von den niedrigen Lohnkosten, den oft niedrigeren Standards im Bereich Arbeitsplatzsicherheit oder Hygiene und anderen Einschränkungen. Betrachtet man die großen internationalen Markenartikel, ändert sich das Bild schlagartig. Diese Produkte sind teilweise deutlich teurer als in Deutschland. Nun ließe sich einwenden, dass die vielen Eigenmarken in Deutschland, die insbesondere von den Discountern angeboten werden, auch keine internationalen Markenartikel seien. Das ist wohl wahr. Aber wer die Vergleichstests der Stiftung Warentest aufmerksam verfolgt, der wird feststellen, dass insbesondere die Eigenmarken der Discounter keineswegs qualitativ schlechter als die Markenartikel sind, und die Konsumenten wissen es. In der Tat zeigt das stürmische Wachstum des Discounts überdeutlich, dass die deutschen Konsumenten den Eigenmarken im Discount mit immer größerem Vertrauen begegnen und subjektiv auf nichts mehr verzichten müssen, wenn sie dort einkaufen. Jeder deutsche Konsument hingegen, der einmal in Osteuropa z. B. lokal produzierte Süßwaren probiert hat, wird bestätigen können, dass die Qualität keineswegs auf dem Niveau der internationalen Markenartikel liegt.

Was also die großen Markenartikel anbetrifft, so liegt das Preisniveau in Deutschland niedriger als fast überall sonst in Europa oder der Welt. Dies ist das Ergebnis der ebenfalls europaweit einzigartigen Strukturen des deutschen Handels. Diese sind von den Ergebnissen der Baunutzungsverordnung geprägt. Die Baunutzungsverordnung wird im Allgemeinen so ausgelegt, dass sie die Anlage großflächiger Einzelhandelsflächen außerhalb der Innenstädte praktisch verbietet. Unter vielerlei Auflagen werden zwar immer wieder SB-Warenhäuser und Einkaufszentren genehmigt und gebaut, dies geschieht jedoch sehr restriktiv und führt zu einer aus Konsumentensicht denkbar günstigen Konstellation. Die Zahl speziell der SB-Warenhäuser ist gering genug, um zum einen den Innenstädten nicht die finanzielle Luft zu nehmen und zum anderen das Wachstum der preisaggressiven Discounter zu ermöglichen. Andererseits ist die Zahl groß genug, um bei Non-Food-Artikeln einen nicht unerheblichen Preisdruck aufzubauen, wobei die Discounter in den letzten 10 Jahren durch den massiven Ausbau ihres Aktionsgeschäfts diesen Druck im Non-Food-Bereich zusätzlich verstärkt haben.

Dies gilt nicht nur für Lebensmittel, sondern auch für Textilien etc.

In der Gesamtheit führt diese Situation zu äußerst niedrigen Preisen für fast alle Güter des täglichen und periodischen Bedarfs, denn überall konnten sich effiziente Handelsstrukturen etablieren. Im Bereich der Lebensmittel haben die Discounter, insbesondere Aldi Süd, das Preisniveau gedrückt. Sie haben insbesondere über ihre Eigenmarken im Bewusstsein des Konsumenten die Verbindung von hoher Qualität und hohem Preis aufgelöst. Stattdessen haben die Konsumenten gelernt, dass bestimmte Verkaufsstellen durchaus in der Lage sind, die Qualität bekannter Markenartikel zu den niedrigen Preisen unbekannter Marken zu liefern. Dieses Wissen hat nicht nur zum Wachstum des Discounts als Betriebsform geführt. Auch die anderen, nicht discountierenden Betriebsformen mussten sich an das vom Discount als Schrittmacher vorgegebene Preisniveau anpassen. So orientieren sich Markenartikler bei ihrer Preissetzung am Niveau des Discounts. Sie wollen ihn zwar nicht übertreffen oder auch nur einholen und können das auch nicht. Sie dürfen sich preislich aber auch nicht zu sehr vom Discount entfernen. Dies gilt im Übrigen nicht nur für die unmittelbar vergleichbaren Artikel. Auch ähnliche Artikel sind davon betroffen. Wenn der Markenartikler die Erdbeermarmelade für 1 Euro verkauft, weil der Discount sogar nur 0,70 Euro verlangt, dann darf die Kiwi-Marmelade nicht 2 Euro kosten, selbst wenn der Discount keine Kiwi-Marmelade führt. Der Konsument würde verärgert reagieren und den Markenartikler eventuell als „Abzocker" wahrnehmen.

Von den Discountern schwappte die Welle der Preisaggressivität auch auf andere Branchen über. Den Lebensmittel-Discount gibt es bereits seit den frühen 60-er Jahren. Seit den späten 70-er und frühen 80-er Jahren gibt es auch discountierende Betriebsformen für andere Produkte. Besonders markante Beispiele sind Möbel, Unterhaltungselektronik und Textilien. Im Fall von Möbeln springt Ikea ins Auge. Das „unmögliche Möbelhaus" hat sich bereits seit den frühen 70-er Jahren in Deutschland mit einer preisaggressiven Positionierung etablieren können. Ebenso wie im Falle der Lebensmittel bei Aldi ging der niedrige Preis jedoch nicht unbedingt auf Kosten der Qualität. Im Gegensatz zu gleichfalls preisaggressiv auftretenden Unternehmen wie Möbel Roller hat Ikea immer auch die Qualität seines Designs in den Vordergrund gestellt. Möbel von Ikea waren nie einfach billig, sondern gleichzeitig auch pfiffig und elegant. Damit konnte Ikea nicht nur zum Marktführer werden, sondern wie die Lebensmittel-Discounter auch das Preisniveau im Möbelmarkt bestimmen. In den späten 70-er und frühen 80-er Jahre startete Mediamarkt seine fulminante Expansion. Die Strategie Mediamarkts unterscheidet sich allerdings in einem kleinen, aber überaus wichtigen Detail von derjenigen Aldis und IKEAs. Im Gegensatz zu den beiden anderen setzt Mediamarkt auf Markenartikel und nicht auf Eigenmarken. Diese bieten den großen Vorteil, dass man sich nicht mit dem Aufbau eines Händlerimages aufhalten muss, sondern sich ganz auf die preisaggressive Werbung in der Vkst. konzentrieren kann. Schließlich folgte in den 80-er Jahren im Bereich Bekleidung von H&M angeführt eine Welle von Mode-Discountern, Einzelhändler, die die aktuelle Mode zu sehr günstigen Preisen anbieten. Dass dabei die Qualität der Produkte im Sinne von Langlebigkeit und Haltbarkeit stark sinkt, ist kein Problem. Die Bekleidung ist so modisch, dass man sie auch gar nicht sehr lange tragen soll und will. Die genannten drei Unternehmen haben in ihren jeweiligen Branchen einen intensiven Preiswettbewerb ausgelöst, der aber nicht zu einer Auslöschung der Konkurrenz führte, sondern diese nur zwang, ihrerseits die Preise zu senken. Alle drei Unternehmen sind Marktführer in ihrem jeweiligen Segment, aber alle drei sind keine dominanten Riesen geworden. Im Ausland stellt sich die Entwicklung zu Ungunsten des Konsumenten etwas anders dar.

Das Ausland leidet demgegenüber unter veralteten Handelsstrukturen

Auf der einen Seite stehen die Länder, die den SB-Warenhäusern mehr Freiheit zur Expansion gelassen haben. An erster Stelle wäre hier Frankreich zu nennen. Hier haben die SB-Warenhäuser die Innenstädte weitgehend veröden lassen. Der französische Konsument deckt einen weit höheren Teil seines täglichen und periodischen Bedarfs in SB-Warenhäusern. Dies hat aber trotz der Preisaggressivität der SB-Warenhäuser nicht zu einem Preisniveau wie in Deutschland geführt. Einerseits sind SB-Warenhäuser nicht so effizient wie die Discounter. Andererseits fehlt in gewissem Umfang in Frankreich der Wettbewerb. Die SB-Warenhäuser konkurrieren zwar untereinander. Da sie aber oft weit voneinander entfernt stehen, relativiert sich dieser Wettbewerb. Gleichzeitig konnten sich keine wirklich überzeugenden Angebotsalternativen im innerstädtischen Bereich entwickeln, weil die SB-Warenhäuser dafür wieder zu stark waren. Eine ähnliche Situation haben wir in Deutschland übrigens im Osten. Der Discount, der in Frankreich zumindest die Lebensmittelpreise hätte senken können, wurde durch eine Verschärfung des Baurechts in seiner Expansion ausgebremst.

Den wenigen Ländern mit ausgesprochener SB-Warenhauskultur stehen die vielen anderen Länder gegenüber, wo ganz im Gegenteil durch eine sehr restriktive Gestaltung des Baurechts die Expansion fast aller modernen Betriebsformen des Handels verhindert wurde. An erster Stelle dürfte hier sicher Italien zu nennen sein. Dort dominiert der kleine und kleinste privat geführte Einzelhandel. Im Bereich der Lebensmittel finden sich nur wenige Supermärkte und eine sehr begrenzte Anzahl an SB-Warenhäusern. Andererseits können aufgrund des restriktiven Baurechts auch die deutschen Discounter kaum expandieren. Dementsprechend hoch sind die Preise von Lebensmitteln. Darüber hinaus spielen aber auch in den übrigen Warenbereichen moderne Betriebsformen eine geringere Rolle. Ikea verfügt in Italien über gerade einmal 9 Verkaufsstellen gegenüber in Kürze 33 in Deutschland. H&M ist in Italien überhaupt nicht vertreten, während das Unternehmen in Deutschland bereits über 220 Verkaufsstellen verfügt und mit einem Umsatz von 2 Mrd. Euro zu den 3 größten Textileinzelhändlern des Landes zählt. Mit Mediamarkt sieht es ähnlich aus. Alle drei genannten Händler sind in Deutschland und damit in ganz Europa Marktführer in ihrem Markt oder zumindest Marktsegment. In dieser Rolle gelingt es ihnen aber in Deutschland die Balance zu halten, zwischen starkem Preisdruck auf den Wettbewerb und Vermeidung eines Vernichtungsfeldzuges gegen den traditionellen etablierten Einzelhandel. In der Summe führt diese Situation zu einer Mischung aus hocheffizienten Einzelhändlern, die durch entsprechenden Druck auch eine hocheffiziente Lieferantenbasis schaffen, und einem breiten Feld an Wettbewerbern, die für einen intensiven Preiskampf sorgen. Das Ergebnis sind die eingangs angeführten niedrigsten Preise Europas in Deutschland.

Der deutsche Handel bietet aber auch Convenience, d.h. ...

Die niedrigen Preise in Deutschland machen sicherlich einen wesentlichen Teil des hiesigen Kundenparadieses aus. Es gibt jedoch noch wichtige andere Elemente. Ein ganz zentrales Element dürfte Convenience sein. Convenience findet sich als Begriff bereits seit langem im Vokabular der Handelsexperten. Allerdings scheint es hinsichtlich der Füllung des Begriffs eine Art babylonischer Sprachverwirrung zu geben. Auf der einen Seite denken viele Menschen bei Convenience an eine Betriebsform des Handels, die Convenience Stores, eine Betriebsform, die es in ihrer Reinform in Deutschland ohnehin kaum gibt. Es handelt sich um kleine Verkaufsstellen mit langen Öffnungszeiten, einem begrenzten Sortiment und relativ hohen Verkaufspreisen. Am nächsten kommen ihnen in Deutschland viele der Tankstellen-Shops. Dieser Fassung des Begriffs Convenience steht eine völlig andere gegenüber. Sie begreift Convenience als Warengruppe. Dazu zählen vor allem solche Produkte, die zum sofortigen Verzehr oder zur einfachen Zubereitung geeignet sind, wie z.B. Fertiggerichte und gekühlte Salate o.ä. Diese Produkte sind allerdings deutlich teuerer als die traditionellen Waren. Das Verwirrende an dieser begrifflichen Konstellation ist nun, dass das Gros der Conveniece-Produkte nicht über die Convenience-Geschäfte vertrieben wird, sondern über den traditionellen Einzelhandel, während die Convenience-Geschäfte den größten Teil ihres Umsatzes nicht mit Convenience-Produkten erwirtschaften.

... minimalen Zeitaufwand beim Einkaufen

Was bedeutet also Convenience? An erster Stelle sicherlich Bequemlichkeit beim Einkauf. Was aber beinhaltet Bequemlichkeit beim Einkauf? Hier steht wohl an erster Stelle die Zeit, die zum Einkauf aufgewendet wird. Der Kunde kauft nicht gerne ein. Der Einkauf ist eine unangenehme Tätigkeit, die man möglichst schnell hinter sich bringen möchte. Zumindest gilt dies für den täglichen Einkauf von Lebensmitteln. Im Falle von Textilien und Möbeln stellt sich die Situation etwas anders dar. Diese Produkte gehören zum Ausdruck der Persönlichkeit des Käufers. Folglich sucht er sie nicht nur mit besonderer Sorgfalt aus. Die Suche macht ihm sogar Spaß und er kauft mehr dieser Produkte und wechselt sie häufiger, als dies aus technischen Gründen nötig wäre: „Wohnst Du noch oder lebst Du schon?", fragt Ikea dann auch folgerichtig. Diese Faktoren spielen jedoch für den Lebensmitteleinkauf keine entscheidende Rolle. Hier geht es um die Minimierung des Einkaufsaufwands. Der Convenience Store oder das Convenience-Geschäft heißt folglich deshalb so, weil es den Beschaffungsaufwand des Konsumenten minimiert, indem es dort liegt, wo der Konsument entweder wohnt oder ohnehin vorbei kommt, eben die Tankstelle. Convenience Stores werden bereits seit über 10 Jahren als der nächste große Trend im Lebensmitteleinzelhandel angekündigt. Bemerkenswerterweise ist es jedoch zwischenzeitlich sehr still um sie geworden. Echte Convenience Stores haben sich trotz vieler Versuche überhaupt nicht durchsetzen können. Im Gegenteil werden die meisten der sehr kleinen Lebensmittelgeschäfte, die am ehesten zu diesen Convenience-Geschäften hätten entwickelt werden können, von den großen Konzernen Rewe und Edeka aus wirtschaftlichen Gründen aufgegeben. Auch die Tankstellen-Shops, die diese Rolle hätten einnehmen sollen, stoßen an Wachstumsgrenzen. Im Gesamtmarkt für Lebensmittel spielen sie eine völlig untergeordnete Rolle. Also doch kein Kundenparadies in dieser Hinsicht?

Speziell der Discount bietet kurze Wege zur Verkaufsstelle, ...

Ganz im Gegenteil! Der deutsche Konsument erhält seine Convenience und dies besser als in anderen Ländern. Der Hauptnachteil der klassischen Convenience Stores sind nämlich deren hohe Preise. Diese lassen sich auch nicht verhindern, denn die kleinen Geschäfte mit niedrigen Umsätzen und langen Öffnungszeiten haben Kostenstrukturen, die sich nur mit relativ hohen Preisen auffangen lassen. Gleichzeitig bieten die herkömmlichen Betriebsformen und hier insbesondere der Discount auch den zentralen Convenience-Vorteil, die Zeitersparnis. Die Zeit beim Einkauf lässt sich im Wesentlichen in drei Komponenten gliedern, die sich nicht nur objektiv, sondern vor allem auch subjektiv, d. h. aus Sicht des Konsumenten, stark unterscheiden. Die erste Komponente bildet die Fahrt zur Verkaufsstelle. Die zweite Komponente stellt die Zusammenstellung des Warenkorbs in der Verkaufsstelle dar und schließlich folgt die dritte Komponente, der Vorgang des Bezahlens. Deutschland hat gemessen an der Bevölkerungszahl eine der höchsten Dichten an Verkaufsstellen weltweit. Hinzu kommt, dass das Land an sich dicht besiedelt ist. Somit ergibt sich, dass praktisch kein Konsument besonders weit fahren muss, um zu einer traditionellen Verkaufsstelle zu gelangen.

... ohne Nachteile beim Preisniveau, ...

Zwar hätte man vermuten können, dass das Preisniveau in ländlichen Gebieten, wo die Abstände zwischen den Verkaufsstellen größer sind, durch den abnehmenden Wettbewerb steigt. Dies ist jedoch aufgrund der Discounter nicht der Fall. Diese Betriebsform hat in Deutschland mit über 10.000 Verkaufsstellen eine derartige Dichte erreicht, dass man selten länger als fünf Minuten fahren muss, um zum nächstliegenden Discounter zu gelangen. Da die Discounter eine nationale Preispolitik verfolgen, hat der Konsument die Gewissheit, im tiefsten Schwarzwald denselben Preis zahlen zu müssen wie mitten im Ruhrgebiet. Damit sind natürlich auch die preislichen Grenzen für alle anderen Betriebsformen gesetzt, die sich daran orientieren. Der Konsument hat in Deutschland somit die Bequemlichkeit sehr kurzer Entfernungen zur nächsten Einkaufsstätte, ohne jedoch dafür in Form hoher Preise zahlen zu müssen. Allerdings sollte man diese Komponente des Zeitaufwands nicht überbewerten. Wenn der Konsument einmal in seinem Auto sitzt und Radio hörend zu seiner Lieblingsverkaufsstelle fährt, kommt es auf einen Kilometer mehr oder weniger nicht so sehr an. Der Konsument ist während dieser Zeit mit der Beobachtung des Verkehrs beschäftigt und gleichzeitig lenkt ihn die Musik ab. Deshalb wird er die Fahrtzeit nicht als zentrales Problem betrachten.

... vor allem aber eine schnellere Zusammenstellung des Einkaufs ...

Das sieht mit Hinblick auf die zweite Komponente der Zeit beim Einkauf, nämlich der Zeit für die Zusammenstellung des Einkaufs in der Einkaufsstätte, schon etwas anders aus. Im Grunde genommen kann man diese Zeit schon mit dem Verlassen des Wagens beginnen lassen. Der Konsument verlässt das Auto, eine Art von „Zuhause auf Rädern“. Die eigentliche Arbeit beginnt. Ein großer, unübersichtlicher Parkplatz, wo die Distanz vom Auto zum Eingang sehr groß ist, kann hier schon negative Gefühle auslösen. Der Discount sammelt vor diesem Hintergrund bereits Punkte, da fast alle Discounter fast überall ausreichend große Parkplätze besitzen und der Kundenandrang selten so groß ist, dass man 100 Meter und mehr durch den Regen mit seinen Einkaufswagen fahren muss. Dann betritt der Konsument die Verkaufsstelle. Hier kommt der Hauptnachteil des Vollsortimenters zum Tragen: sein umfangreiches Sortiment.

... als der Vollsortimenter mit seinem unübersichtlichen Sortiment

Eigentlich sollte das umfangreiche Sortiment den zentralen Vorteil des Vollsortimenters darstellen. Die große Auswahl von 15.000 und mehr unterschiedlichsten Artikeln soll keinen Konsumentenwunsch offen lassen. In der Realität funktioniert dieses Prinzip jedoch nicht eindeutig. Zwar darf man nicht vergessen, dass immer noch über 2/3 des Lebensmittelbedarfs in Deutschland nicht im Discount gedeckt werden. Aber der Anteil sinkt und bei diesem relativen Erfolg ist auch eine gewisse Trägheit seitens der Konsumenten zu berücksichtigen, die ihr Verhalten nicht von heute auf morgen umstellen. In der Tat zeigen Konsumentenbefragungen, dass viele Verbraucher den Gang durch den Vollsortimenter als anstrengend empfinden. Dies gilt umso mehr, je größer die Verkaufsstelle ist. Befragungen von SB-Warenhaus-Betreibern bestätigen, dass insbesondere die großen Verkaufsflächen auf zunehmende wirtschaftliche Schwierigkeiten stoßen. Der Hauptnachteil des großen Sortiments besteht darin, dass es die Verkaufsstelle und ihr Angebot unübersichtlich werden lässt. Nicht enden wollende Gänge muss der Konsument durchlaufen und vor den Regalen muss er lange überlegen, welchen der vielen verschiedenen Artikel er kaufen möchte. Die relativen Vor- und Nachteile der verschiedenen alternativen Artikel erklärt ihm niemand. Dieser Entscheidungsprozess ist zeitaufwändig und anstrengend. Selbst wenn der Konsument genau weiß, welchen Artikel er benötigt, muss er ihn erst noch unter den vielen tausend anderen Artikeln finden. Dies verursacht Suchaufwand. Dabei stellt die Auswahl für den Konsumenten oft noch nicht einmal einen greifbaren Vorteil dar. Vielfach ist die Auswahl nur eine Scheinauswahl in dem Sinne, dass dieselben Produkte unter verschiedenen Marken angeboten werden. Auch wenn die Markenartikler dies nicht gerne hören, ist der Unterschied zwischen einer Erdbeermarmelade von Zentis oder von Schwartau nicht extrem groß. In Summe lässt sich festhalten, dass die Zusammenstellung des Einkaufs im Vollsortimenter für den Konsumenten mit relativ hohem Aufwand versehen ist, Aufwand, der im Gegensatz zum Shoppen bei Bekleidung nicht als Vergnügen empfunden wird.

Dies müsste noch kein grundsätzliches Problem darstellen. Die große Auswahl ermöglicht schließlich im Prinzip auch die besonders präzise Befriedigung der Bedürfnisse des Konsumenten. Genau dieses Prinzip funktioniert aber immer weniger. Der durchschnittliche Konsument kauft regelmäßig weniger als 100 Artikel. Die Breite des Sortiments eines Vollsortimenters rechtfertigt sich im Wesentlichen nur dadurch, dass jeder Konsument andere 100 Artikel kauft. In der wachsenden Beliebtheit der Discounter spiegelt sich aber eine bemerkenswerte Entwicklung im Konsumentenverhalten. Früher ergänzte der Vollsortimenter/ Supermarkt den Discount. Aus verschiedenen Gründen, zu denen auch die ständige Vergrößerung der Sortimentsbreite gehört, beginnt sich dieses Verhältnis umzukehren. Der Kunde geht zuerst zum Discount und ergänzt dann alles andere im Vollsortimenter. Dies kann aber zufriedenstellend nur funktionieren, wenn der Konsument einen immer größeren Anteil an seinem Bedarf im Discount deckt. Dies wiederum bedeutet, dass der Konsument beginnt, Artikel zu kaufen, nicht, weil er sie gezielt gesucht hätte, sondern weil er sie im Discount findet. Die Konsumenten beginnen ihre Kaufbedürfnisse auf das Angebot der Discounter abzustimmen, d.h. es kauft eben nicht mehr jeder Konsument unterschiedliche 100 Artikel, sondern immer mehr Konsumenten kaufen solche 100 Artikel, die man im Discount findet.

Diese Entwicklung, die in der geschilderten Form nur in Deutschland zu erkennen ist, hat aber mit Hinblick auf die Bewertung Deutschlands als Kundenparadies gravierende Folgen. Der Discount bietet ihm die Möglichkeit, ganz besonders schnell seine Einkäufe zusammenzustellen. Die zweite Komponente des Aufwands beim Einkauf fällt im Discount besonders kurz aus. Der Kunde betritt einen der immer gleich gebauten und mit Sortimenten bestückten Läden. Der geringe Sortimentsumfang führt dazu, dass er sofort einen Überblick über das Angebot hat, wenn er nicht ohnehin bereits über eine bestimmte Anzahl von Stammartikeln verfügt. In kürzester Zeit hat er seinen Einkauf zusammengestellt.

Auch die Wartezeit an der Kasse ist im Discount nicht länger

An dieser Stelle kommt die dritte Komponente des Einkaufsaufwands zum Tragen, der Zeitaufwand des Bezahlens einschließlich der Wartezeit an der Kasse. Sie ist für das subjektive Empfinden des Konsumenten die bedeutendste, auch wenn sie absolut gesehen die geringste Bedeutung besitzt. Die Fahrt zur Verkaufsstelle im eigenen Auto mit Musik und Ablenkung durch den Verkehr ist noch relativ unproblematisch. Die Zusammenstellung des Einkaufs ist schon problematischer, zumal dies im allgemeinen die längste Phase des Einkaufs darstellt. Immerhin ist der Konsument hier noch aktiv und kann, in gewissem Rahmen, den Zeitaufwand selbst beeinflussen. Dies verkürzt die subjektive Wahrnehmung. Die Wartezeit an der Kasse hingegen lässt sich nicht beeinflussen und bietet auch keinerlei Ablenkung. Jede Minute zählt hier dreifach! Im Prinzip bietet der Discount an der Kasse keinen systemimmanenten Vorteil. Auch der Vollsortimenter verfügt über Scanner-Kassen. Aber der Discounter hat seine Systeme perfektioniert. Nur hier werden die Artikel auf allen Seiten mit Strichcodes versehen. Nur hier kommen Hochleistungs-Scanner zum Einsatz, die auch schlecht leserliche Strichcodes noch erfassen können. Das Ergebnis ist eine um mehr als die Hälfte geringere Durchlaufzeit pro Artikel an der Kasse. Auch richtet der Discounter seine Mitarbeiter auf eine schnelle Kassenarbeit aus. Nur dort haben die Mitarbeiter schon das Wechselgeld in der Hand, bevor man überhaupt entscheiden konnte, ob man einen Schein zum Bezahlen verwendet oder die Münzen passend heraussucht, was natürlich viel länger dauert.

Viel Abwechslung durch eine hohe Vielfalt an Betriebsformen …

Einkaufs-Convenience stellt aber nur einen der Vorteile im Einkaufsparadies Deutschland dar. Ein weiterer ist die Abwechslung. Im Bereich von Möbeln, Baubedarf und Unterhaltungselektronik ist die Auswahl kaum irgendwo größer als in Deutschland. Allenfalls einige der hochentwickelten westlichen Märkte wie Frankreich oder Großbritannien können hier gleich ziehen. Neben den Marktführern wie Ikea und Mediamarkt, denen z. B. in Frankreich u. a. Darty und die FNAC für Elektroprodukte oder Castorama im DIY-Bereich gegenüber stehen, gibt es in Deutschland noch eine Vielzahl anderer, leistungsfähiger Anbieter. Dabei sind auch die Zusammenschlüsse von selbständigen Unternehmern wie Elektronik-Partner zu berücksichtigen, die ein wettbewerbsfähiges Preisniveau auch in kleinere Städte und Stadtrandlagen bringen. Im Textilbereich profitiert Deutschland von den lebendigen Innenstädten, die durch die Baunutzungsverordnung vor der Austrocknung durch die SB-Warenhäuser bewahrt wurden. Nur in Deutschland sind leistungsfähige Ketten wie H&M so weit verbreitet und lassen gleichzeitig noch Raum für so viele kleine Boutiquen. Trotz der Baunutzungsverordnung verfügt Deutschland aber über ein Netz von SB-Warenhäusern, das kaum kleiner als in Frankreich, der Hochburg dieser Betriebsform, ist. Allerdings nutzt der Konsument die SB-Warenhäuser weniger. Immerhin stehen sie ihm vor allem im Lebensmittelbereich mit ihrem großen Sortiment zur Verfügung. Das Angebot ist zwar nicht ganz so umfangreich wie in anderen Ländern. Dies spiegelt aber nur die unterschiedlichen Kaufgewohnheiten der einzelnen Nationen wider. Fischtheken wie in Frankreich oder das umfangreiche Angebot an Convenience-Gerichten wie in Großbritannien hat es in Deutschland immer wieder einmal gegeben. Sie konnten sich jedoch nicht durchsetzen. Ein besondere Rolle spielt beim Aspekt der Abwechslung aber wieder einmal der Discount.

... aber auch die wechselnden Angebote im Discount

Eine Schlüsselkomponente des Erfolgs von Discountern stellen mittlerweile die wechselnden Aktionsangebote dar. Damit sind nicht die Preisaktionen wie im Vollsortimenter gemeint, wo mehrere Artikel des Standardsortiments, zumeist Artikel aus dem Bereich Lebensmittel oder Wasch/Putz/Reinigung, vorübergehend stark im Preis reduziert werden. Die Aktionen des Discounts unterscheiden sich hiervon grundlegend. Zum einen betreffen sie keine Artikel des Standardsortiments. Damit wird dem Eindruck entgegen gewirkt, dass der Artikel im Allgemeinen „eigentlich" viel zu teuer verkauft wird, wenn er so stark im Preis reduziert werden kann. Es ist in diesem Zusammenhang zu berücksichtigen, dass die Konsumenten im Allgemeinen den Gewinn eines Handelsunternehmens stark überschätzen. Der Schlüssel zum Verständnis des Erfolgs von Discountern liegt aber nicht so sehr in ihrem Preisniveau als solchem, sondern in dem Vertrauen des Konsumenten in ihr Preisniveau. Der Konsument glaubt, immer ein korrektes Geschäft mit den Discountern zu machen. Dieses Vertrauen lässt sich durch deutlich wechselnd unterschiedliche Preise für ein und denselben Artikel nicht aufbauen. Ein weiterer Unterschied der Aktionen des Discounts besteht darin, dass sie im wesentlichen Non-Food-Artikel betreffen. Dabei reicht das Angebot vom Lineal zum Laptop. Es gibt kein durchgehendes Leitmotiv, allerdings sind die meisten Aktionen selbst unter ein Motto wie Schulanfang, Gartenarbeit, Fahrrad fahren, Badezimmergestaltung etc. gestellt. Damit verschafft der Discounter dem Konsumenten ein hohes Maß an wöchentlich, teilweise sogar zwei Mal pro Woche wechselnder Abwechslung. Zusätzlich entsteht aber noch ein weiterer Nutzen für den Konsumenten. Die Mehrheit der Konsumenten, zumindest in Deutschland, liebt die Schnäppchenjagd. Ein Schnäppchen ist eine einmalige Gelegenheit. Die Aktionsartikel im Discount, die nur solange angeboten werden, wie der Vorrat reicht, sind subjektiv eine einmalige Gelegenheit. Möglicherweise kann man den Artikel später noch einmal finden.

Grundsätzlich bietet sich die Kaufgelegenheit nur im Moment des Entdeckens. In Verbindung mit den zumeist niedrigen Preisen bedeutet dies einen emotionalen Kaufimpuls, der dazu führt, dass der Konsument Dinge ohne konkreten Bedarf kauft, einfach „weil man so was doch immer mal gebrauchen kann". Die Küchen und Dachböden sind voll von Dingen, die man immer mal wieder braucht, ohne sie jedoch jemals eingesetzt zu haben. Das Gefühl der absoluten Unwiederbringlichkeit des Moments führt zum Kauf. Selbst wenn sich der gekaufte Gegenstand später als absolut sinn- und nutzloser Tinnef herausstellt, bleibt doch am Ende zumindest das angenehme Gefühl, ein Schnäppchen erworben zu haben. Dieses Gefühl dürfte es wohl sein, das dazu führt, dass immer wieder Menschen die Aktionen der Discounter nutzen. Im Prinzip könnten die Vollsortimenter solche Angebote auch anbieten. Faktisch geschieht dies jedoch kaum. Dabei ist die betriebswirtschaftliche Seite zu berücksichtigen. Wenn auf der Konsumentenseite das Urvertrauen in die Leistung des Handelsunternehmens fehlt, sinken die Abverkaufszahlen rapide. Dies reduziert nicht nur die Attraktivität des Artikels direkt. Indirekt wird die Attraktivität zusätzlich dadurch beeinträchtigt, dass bei geringeren Abverkaufszahlen die Mengenprognosen insgesamt und pro Verkaufsstelle schwieriger werden. Letztlich führt dies insbesondere zu einem Restantenproblem, d. h. nicht abverkaufte Mengen müssen stark preisreduziert oder gar abgeschrieben werden. Vor diesem Hintergrund können nur die Discounter wirklich erfolgreich in großem Stil das Aktionsartikelgeschäft betreiben.

Nicht zuletzt bietet Deutschland noch echte Einkaufsstraßen, ...

Eingangs wurden vier Komponenten der Kundenorientierung genannt, in denen Deutschland sich auszeichnet. Neben den niedrigen Preisen, dem hohen Niveau an Convenience und der Abwechslung beim Einkauf bleibt ein letzter wichtiger Punkt, die Einkaufsstraße. Sie fällt den wenigsten als positive Errungenschaft der deutschen Handelsstrukturen ein. Doch zeigt ein europäischer Vergleich, dass die Einkaufsstraße keine Selbstverständlichkeit darstellt. Vorab sollte die Frage geklärt werden, was überhaupt eine angenehme Einkaufsstraße ausmacht. In Kürze lässt sich vielleicht sagen, dass dazu vor allem eine große Auswahl effizienter Geschäfte und eine zum Bummeln motivierende Atmosphäre gehören. In Südeuropa sind die Innenstädte von kleinen und kleinsten Geschäften geprägt, die sich zwar malerisch ausmachen, aber kaum mit den deutschen Geschäften konkurrieren können. Die Einkaufsstraße ist vor allem die Domäne der Mode. In Südeuropa gibt es zwar viele Boutiquen, aber es fehlen die großen Filialisten. Für H&M ist Deutschland der mit Abstand wichtigste Auslandsmarkt und einen Douglas gibt es in dieser Ausprägung nur in Deutschland. Nun ließe sich einwenden, dass das Fehlen von Filialisten ein Vorteil sei, da die unterschiedlichen Städte auf diese Art ihre Individualität bewahrten. Das stimmt aber nur in einer globalen Sicht. Der einzelne Konsument hat nur eine Haupteinkaufsstraße und in der möchte er möglichst alle führenden Einzelhändler finden. Sozialromantiker mögen den Einzug von H&M auch in Mittelstädte bedauern. Für die Jugendlichen vor Ort, die vorher mit ihrem knappen Taschengeld in die nächstgrößere Stadt fahren mussten, stellt der Einzug von H&M einen enormen Fortschritt dar. In Südeuropa fehlen aber nicht nur die Filialisten. Oft fehlt auch die Flanieratmosphäre. Das Charakteristikum der deutschen Stadt ist die Fußgängerzone. Nirgendwo in Europa gibt es so viele von ihnen.

Die deutsche Einkaufsstraße ist demgegenüber eine Fußgängerzone in der Innenstadt. Hier gibt es weder Autos noch motorisierte Zweiräder. Die Straßen sind zumeist recht breit, weil sie nach den Zerstörungen des 2. Weltkriegs so wieder aufgebaut wurden oder der mittelalterliche Stadtkern bereits im Wirtschaftsaufschwung der Gründerzeit durch stuckverzierte Neubauten ersetzt wurde. Mit Bäumen oder Blumenkübeln verschönert bietet sie neben den Ladengeschäften auch eine Vielzahl kleiner Restaurationsbetriebe, insbesondere Cafés, die zum Sitzen und Plaudern einladen. Zwar gewinnen auch hier die Filialisten, und wenn es nur lokale Filialisten sind, immer mehr an Bedeutung. Aber im Sinne einer einheitlichen Qualität kann man dies auch begrüßen und Spielraum für den gut geführten Einzelunternehmer bleibt immer.

… die es sonst in Europa kaum noch gibt

In Italien oder Spanien finden sich demgegenüber Fußgängerzonen oft nur in Städten mit einem historischen Kern. Ansonsten liegen die Geschäfte entlang der Bürgersteige breiter Durchfahrtsstraßen oder im alten Stadtkern, wo die Passanten mit Motorrollern um die Verkehrshoheit kämpfen müssen. Das gleiche gilt auch für Frankreich, Großbritannien und Nordeuropa, wobei dort die Motorroller von den Autos der Anwohner verdrängt wurden. Frankreich stellt noch einen Sonderfall dar, insofern als dort durch die frühe und schnelle Expansion der SB-Warenhäuser die Vielfalt des Angebots in den Städten insgesamt stark eingeschränkt wurde. Die klassische Fußgängerzone gibt es in Frankreich noch seltener, weil der Verbraucher auf die grüne Wiese zum SB-Warenhaus fährt. Diese Entwicklung wurde noch durch den Umstand verschärft, dass die SB-Warenhäuser in Frankreich zumeist viel mehr als ein bloßes SB-Warenhaus sind. Man sollte hier vielmehr von Einkaufszentren sprechen, wie die Franzosen selbst diese Einkaufsstätten Centre Commercial nennen. Es handelt sich um ein großes Gebäude, in dem das SB-Warenhaus den Ankermieter bildet, dessen Angebot dann viele kleine Geschäfte ergänzen. Die im Allgemeinen sehr zweckmäßig angelegten Bauten laden mit ihren eher halbdunkel wirkenden, mit Kunstlicht beleuchteten Passagen kaum zum Flanieren oder gar gemütlichen Sitzen in einem Café ein.

Kundenorientierung in Deutschland – tatsächlich besser als ihr Ruf!

Kundenorientierung in Deutschland – besser als der Ruf! Die vorangehenden Ausführungen sollten zeigen, dass die sehr enge Definition von Kundenorientierung, die vielfach den einschlägigen Klagen in der Presse zugrunde liegt, in Wirklichkeit viel zu kurz greift. Es gibt für den Konsumenten, allemal den deutschen Konsumenten, wichtigeres als jemanden, der ihn beim Betreten der Verkaufsstelle begrüßt. Folglich scheitert eine solche Service-Politik im Allgemeinen auch. Das ist jedoch kein wirklicher Nachteil. Jede Konsumentenschaft bekommt die Handelsstrukturen, die sie verdient. Vor diesem Hintergrund bildet die deutsche Handelslandschaft eine bemerkenswerte Mischung aus effizienten Ketten auf der grünen Wiese und Fachgeschäften in den Innenstädten.

Welchen Service wünschen Kunden wirklich?

Stephan Grünewald

rheingold – Institut für qualitative Markt- und Medienanalysen, Köln

Vorbemerkung: Zur Psychologie der Kundenbeziehung

Oft entsteht ein falsches Bild, wenn Kunden nach ihrer Service-Zufriedenheit befragt werden. Am Service wird viel mehr festgemacht als die erlebten Service-Leistungen eines Unternehmens. Ähnlich verhält es sich auch in der Ehe oder in einer Wohngemeinschaft. Wenn die Kochkünste der Ehefrau oder das Putzengagement des Mitbewohners kritisiert werden, dann ist diese Kritik Ausdruck der gesamten unbefriedigenden Beziehungsstruktur. Die Unzufriedenheiten, Widersprüche, Inkompatibilitäten der Beziehungsstruktur sind aber für den Ehemann genauso wenig in ihrer Gänze fassbar und beschreibbar wie für den Kunden. Oft sind die eigentlichen Problemfelder weitgehend unbewusst.

Das Thema Service ist für den Kunden eine Projektionsfläche für die gesamte Kundenbeziehung. An den Service-Leistungen wird daher häufig ein Ärger festgemacht, der aus ganz anderen Quellen gespeist wird. Daher nutzt es auch herzlich wenig, die beklagten Service-Missstände einfach durch beherzte Service-Maßnahmen auszuräumen. Die Kunden werden danach ebenso unzufrieden sein wie der Ehemann nach dem Kochkurs der Ehefrau oder der Mieter nach dem Frühjahrsputz des Mitbewohners.

Wirksame Maßnahmen setzen bei einem strategisch-psychologischen Verständnis der gesamten Kundenbeziehung an: Was prägt eigentlich die Kundenbeziehung? Welche – zum Teil unbewussten – Wünsche spielen in der Kundenbeziehung eine Rolle? Welche Erwartungen müssen erfüllt werden, welche sollten besser unerfüllt bleiben? Die Antworten auf diese Fragen sind meist genauso unerwartet wie einzigartig. Wenn man sich diesen Fragen stellt, merkt man, dass die Kunden widersprüchliche Wünsche an einen richten, die häufig vollkommen unvereinbar sind:

Der Kunde einer *Versicherung* erwartet z. B., dass die Versicherung eine starke Schutzmacht ist, auf die er sich verlassen kann, weil er unbewusst spürt, dass er alleine der Übermacht und Willfährigkeit des Schicksals nicht trotzen kann. Andererseits ist er in höchstem Maße unzufrieden, dass seine Versicherung so stark und mächtig ist, weil ihm das vor Augen führt, dass er selber hilflos und ohnmächtig und auf höhere Mächte angewiesen ist. Er will beides: den totalen Beistand und die volle Autonomie. Eine Versicherung wird diesen Widerspruch nie auflösen können. Den wirklich zufriedenen Versicherungskunden wird es daher auch nie geben. Eine gute Versicherung versteht es aber, diesen Widerspruch für ihre Kunden lebbar zu machen, indem sie eine richtige Mischung zwischen machtvoller Stärkedemonstration und devoter Dienstleistung, zwischen väterlichem Beistand und autonomer Mitwirkung findet.

Analysiert man die Kundenbeziehung strategisch-psychologisch, merkt man aber auch, dass die Kundenwünsche im jeweiligen Geschäftsfeld vollkommen anders sind als in allen anderen Geschäftsfeldern, mit denen man bisher zu tun hatte. Von daher bringt der Transfer von erfolgreichen Maßnahmen oft gar nichts. Was der Kundenbeziehung in dem einen Markt gut tut, schadet ihr in einem anderen. Service-Patentrezepte sind mit größter Vorsicht zu genießen, weil sie nicht auf die spezifische strategisch-psychologische Situation im jeweiligen Markt abgestimmt sind.

Dennoch kursieren immer wieder generalisierende Rezepte im Hinblick auf das, was Kunden wirklich wünschen. Diese Guidelines im Umgang mit dem Kunden entspringen dem Vorurteil, dass es „den Kunden" gibt und dass dieser Kunde ein konsistentes Bündel von Bedürfnissen und Service-Wünschen besitzt, das es zu befriedigen gilt. Populäre Irrtümer über die Kundenwünsche werden im nächsten Kapitel beleuchtet. Vorher bleibt festzuhalten: Es gibt nicht „den Kunden", da sich der Kunde von Markt zu Markt wandelt und komplett anders verhält. Es gibt daher nur marktspezifische Kundenbeziehungen. Das, was der Kunde wünscht, hängt nicht von seiner Persönlichkeit, sondern von der Beziehungsstruktur ab, die einen Markt psychologisch bestimmt und prägt.

1 Sieben populäre Service-Irrtümer

1.1 Der Kunde will die volle Auswahl

Die meisten Produktanbieter oder Dienstleister behandeln den Kunden nach dem Motto: „Je mehr, desto besser". Die westlichen Vorstellungen eines Konsumparadieses haben Überfülle und Vielfalt zum Kern. Alles, was denkbar oder wünschbar ist, soll dem Kunden geboten werden. Das Kaufhaus des Westens wird als Gegenbild eines verkargten Konsumangebots des Ostens zur Arche Noah der Warenwelt stilisiert, wo jedes Produkt dieser Welt seinen Platz hat. Psychologisch betrachtet, gründet sich die Glorifizierung von überbordender Vielfalt und grenzenloser Auswahl in einer zu einseitigen Betrachtung der Konsumentenseele: Die Verbraucher sind sicherlich unersättlich und maßlos in ihren – geheimen – Wünschen. Sie werden getrieben von einem unstillbaren Verwandlungshunger, der sich alles aneignen will, was in dieser Welt greifbar ist. Die Verbraucher stehen aber auch in der existenziellen Not, diese Lust an Vielfalt und ständiger Verwandlung in stabile, begrenzte und endliche Lebenswerke zu überführen: Man kann nur ein Haus bewohnen, ein Auto fahren, eine Frau glücklich machen, einer beruflichen

Profession folgen und nur eine Handvoll Kinder groß ziehen. Je nach Temperament, finanzieller oder zeitlicher Möglichkeit lässt sich einiges dieser Liste vielleicht doppeln oder einer temporären Variation unterziehen. Die totale Vielfalt, die unendliche Verwandlung ist jedoch nicht lebbar, weder in Bezug auf allgemeine Lebens- noch auf kaufbare Warenoptionen.

Die Auseinandersetzung mit dieser Vielfalt – beispielsweise beim Einkauf – ist gleichzeitig Lust und Last. Lust, weil wir beim Besuch eines Supermarktes die Enge und Festgelegtheit unserer Lebensverhältnisse und Konsumgewohnheiten überschreiten können. Wir führen uns symbolisch an den überbordenden Regalwänden vor Augen, was noch alles möglich wäre: In welche Würste wir noch beißen könnten, an welchen Keksen wir noch knabbern könnten, von welchen Becherchen wir noch trinken könnten und von welchen Tellerchen wir noch essen könnten. Der lustvolle Kick des Einkaufserlebens steckt nicht nur in der nüchternen und routinierten Deckung unseres täglichen Produktbedarfs, sondern in der Möglichkeit unserer Neuerschaffung oder Neudefinition, zumindest in konsumellen Teilbereichen.

Zur Last wird das Einkaufen jedoch, weil uns die Vielfalt auch vor Augen führt, was wir (uns) alles nicht leisten können.

Abb. 1. Produkt-Flimmern am Point of Sale

Dem zehntausend-stimmigen „Probier mich“- und „Kauf mich“-Chor, der dem Kunden von den Regalwänden entgegenhallt, kann er nur mit harten Ausblendungen, privaten Verzichtsappellen und Beschränkungsstrategien begegnen. Gekauft wird nur, was auf dem Zettel steht, bis der Einkaufswagen voll oder das 30 Euro-Limit ausgeschöpft ist. Die Wahl wird dann oft zur Qual. Um sich nicht vor Augen führen zu müssen, was man alles nicht kaufen kann, werden im Supermarkt dann komplette Gänge gemieden oder man steuert quasi in blindem Automatismus nur bestimmte Verkaufspunkte an. Aber selbst innerhalb einer Produktkategorie erlebt der heutige Konsument immer wieder Momente totaler Überforderung. Vor dem zehn Meter langen Joghurt-Regal erlebt er ein Markenflimmern, das eine Orientierung und eine Produktentscheidung erschwert.

Seit Ende der 90-er Jahre ist die Tendenz unübersehbar, dass sich der Verbraucher von der heutigen Angebotsfülle und Sortimentsbreite überfordert fühlt. Seine durch den 11. September geschürten Wünsche nach einer einfacheren und überschaubareren Welt werden durch die Flut immer neuer Line Extensions und Produktvariationen konterkariert. Die Markenindustrie hat im wahrsten Sinne des Wortes zu viel des Guten getan und das Paralleluniversum der privaten Labels verdoppelt die Konfusion und die Entscheidungsqual nur noch.

Ein Verdienst der Discounter, vor allem von Aldi, besteht darin, dass sie den Verbraucher von der Qual der Wahl befreien. Durch die gekonnte Reduktion auf das Wesentliche kann sich der Verbraucher wieder frei, selbstbestimmt und stressfrei einer übersichtlichen Produktwelt zuwenden. Das Einkaufen wird als schneller, glatter und problemloser erlebt. Die Discounter bringen dem Verbraucher also viel mehr als eine finanzielle Ersparnis: Sie ersparen vor allem seelische Kosten.

Abb. 2. Verdienst von Aldi: Reduktion auf das Wesentliche = Befreiung von der Qual der Wahl

In puncto Vielfalt und Auswahl gilt heute in den meisten Märkten nicht mehr „je mehr, desto besser“, sondern „weniger ist mehr“. Die meisten Produktfelder müssen im Hinblick auf eine Sortimentsstraffung durchforstet werden. Marken dürfen nicht alle denkbaren Produktvarianten unter ihrem Dach anbieten, denn dadurch zersplittern sie ihre Kernkompetenz und werden nicht mehr als verlässliche Markierungen im Markt angesehen. Die wichtigste und elementarste Service-Leistung besteht darin, dem Kunden Orientierung zu bieten. Diese findet er jedoch nur, wenn die Produktwelt wieder überschaubarer und durchgliederter wird. Auch der Handel hat hier die Service-Aufgabe, neue Konzepte zu entwickeln, wie am Point of Sale die Vielfalt so geordnet, durchgliedert, rhythmisiert und präsentiert werden kann, dass sie für den Konsumenten wieder lebbar und lustvoll ist.

1.2 Der Kunde will Produkte, die alles können

Eng verwandt mit dem Vielfalts-Irrtum ist der Glaube, dass der Kunde Produkte will, die alles können. Service gehorcht dabei dem Motto: „Wer vieles bringt, wird manchem etwas bringen". Vor allem am Beispiel der Unterhaltungselektronik zeigt sich, dass der Verbraucher heute mit hochgezüchteten Produkten konfrontiert wird, deren oberstes Ziel es ist, jedwede denkbare und technisch mögliche Bedienungs- oder Nutzungsoption zu erfüllen. Die vielseitige Universalität des Produktes spiegelt sich dann in einer ebenso vielseitigen Bedienungsanleitung, die bereits beim Durchblättern die anfängliche Nutzungs-Vorlust dem Gefrierpunkt entgegentreibt.

Auch der Alleskönner-Irrtum gründet sich in einer zu einseitigen Betrachtung der Verbraucherseele: Die Verbraucher haben sicherlich Allmachtswünsche. Sie träumen davon, alles zu können und über universale Werkzeuge zu verfügen, die helfen, diesen Traum zu realisieren. Der Prototyp dieses allmachtsverheißenden Multitalents ist sicherlich das Schweizer Messer: Es drängt geradezu auf Nutzung, denn es ist leicht, handlich und einfach bedienbar, alles an ihm klappt im doppelten Sinne des Wortes.

Die Allmachtswünsche der Verbraucher müssen aber immer wieder durch das Nadelöhr der Realisierbarkeit, sonst verkehrt sich die Allmacht in Ohnmacht. Diese Verkehrungserfahrung machen die Verbraucher heute bei vielen hochgezüchteten Produkten.

Die Allmacht wird allenfalls zur Eigenschaft des Produktes, der Nutzer erlebt sich als unfähig, inkompetent; statt stolzem Tatendurst erlebt er lähmenden Bedienungsfrust. Der jahrhundertelange Generationskonflikt ist unter anderem heute auch dadurch fast gänzlich verschwunden, weil die Väter in den letzten 20 Jahren die traditionell-verwurzelte Hoheit über die Elektronik an die Söhne delegieren mussten. Solange nur noch die heutigen Techno-Kids in der Lage sind, Videorekorder zu programmieren oder Computer zu installieren, ist es fast schon ein Akt der Selbstkasteiung, die eigenen Kinder zum Auszug aus dem Elternhaus zu drängen, solange sie noch nicht älter als 30 Jahre sind.

Es ist ein übergreifender Service-Wunsch der Kunden, nicht nur gut bedient zu werden, sondern Produkte auch gut bedienen zu können. Im Umgang mit der Warenwelt will der Konsument wieder eine elementare Funktionslust erleben. Das gilt ebenso für den DVD-Player wie für die Versicherungspolice. Das Maß sollte nicht sein, was technisch oder ökonomisch möglich, sondern seelisch sinnvoll ist. Eine Versicherung, die gleichzeitig dutzende Partialrisiken abdeckt, aber keine Rundum-Absicherung suggeriert, weckt eben so wenig Funktionslust wie der DVD-Player, der alle Schikanen der Bildbearbeitung ermöglicht, den Konsumenten aber bereits bei der einfachen Aufnahme schikaniert.

Allerdings gibt es auch hier kein Patentrezept dafür, wann das Maß sinnvoller Nutzungs-Features in einer Produktkategorie überschritten ist. Diese Frage muss marktspezifisch analysiert werden: Handys vertragen und verlangen beispielsweise viel mehr Features als z.B. eine Mikrowelle. Die Mikrowelle ist ein dienstbarer Geist, dessen Funktion sich darin befriedigend erschöpft, in Windeseile die Suppe wieder zu erhitzen.

Abb. 3. Universale Alltagsprothese

Das Handy ist für die Nutzer eine universale Alltagsprothese. Es dient nicht nur der Kommunikation, sondern der Behandlung von Störstellen im Alltag und der Stabilisierung der eigenen Gefühlswelt. Immer dann, wenn man in einen Ideenstau gerät oder kleine Hänger auftreten, will man mit dem Handy die entstehende innere Leere füllen. Da wird programmiert und SMS geschickt, die Uhr gestellt, der Terminkalender aktualisiert, ein Spiel ausprobiert oder neue Nummern gespeichert. Auf der Flucht vor der eigenen Leere tritt das Handy als situatives Therapeutikum in eine direkte Konkurrenz zur Zigarette oder zum Kaugummi. Das Handy avanciert zum unverzichtbaren Allheilmedium im lebenslangen Kreuzzug gegen die Langeweile und braucht daher immer wieder neue und sinnvolle Features.

1.3 Der Kunde will das tolle Einkaufserlebnis

Einkaufen und Erleben sind untrennbar miteinander verbunden. Es gibt keinen Kauf ohne Erlebnis, allerdings gibt es Erlebnisse ohne Kauf. Wenn die Leute einkaufen gehen, dann tun sie das häufig nicht (nur) aus materiellen, sondern aus ideellen Beweggründen: Sie sind auf der Suche nach bestimmten Verfassungen oder Gestimmtheiten, sie haben die Sehnsucht, in bestimmte Erlebniswelten einzutauchen, die ihre Stimmungen modifizieren.

Je nach Verfassung haben die Verbraucher den Wunsch, in die wärmende Geborgenheit einer Backstube einzutauchen und mit der mütterlich dreinblickenden Bäckersfrau zu plauschen.

Oder sie suchen das Kontrastprogramm und treten in die archaische Welt einer Metzgerei ein und erleben, wie der Fleischermeister mit blutiger Schürze und kräftigen Unterarmen das Kotelett spaltet.

In anderen Stimmungen zieht es den Verbraucher in das bunthämmernde Getümmel einer Boutique oder in das labyrinthische Gewoge eines Kaufhauses.

Abb. 4., 5. Der Einkaufsort bietet eine spezifische Erlebniswelt

Es geht den Kunden gar nicht um das tolle Einkaufserlebnis, sondern um eine angemessene Erlebniswelt, die zur Einkaufsverfassung passt. Unzufriedenheit beim Kunden entsteht dann, wenn ihre Erlebniserwartungen verletzt werden. Beim Discounter wünscht man sich eine Erlebniswelt, die spartanisch, nüchtern und hart an der Grenze der Verwahrlosung ist. Dieser ebenso unfeine wie unprätentiöse Rahmen erleichtert das Einkaufen. Man wird nicht abgelenkt, das Augenmerk gilt dem banalen Produkt. Man muss sich in dieser eher trostlosen und etikettenfreien Konsumhalle aber auch nicht für seine Kaufgier schämen.

Umgekehrt kommt es häufig zu Kaufhemmungen oder Kaufverweigerungen, wenn die Erlebniswelt zu toll ist und den Verbraucher ganz in ihren Bann zieht. Eine *rheingold*-Untersuchung zu einer bekannten Modehaus-Kette zeigte, dass die Verbraucher sich in der Erlebniswelt so wohl fühlten, dass sie allein durch den ästhetischen Sinnes-Genuss voll auf ihre Kosten kamen. Beim Besuch des Modehauses stellte sich also keine Einkaufs-, sondern eine Bummel- und Flanier-Verfassung ein, die sich nach einer knappen Stunde ohne Kaufimpuls zur vollsten Zufriedenheit – allerdings nur des Kunden – auflöste.

1.4 Der Kunde will prompte Bedienung

Oft behandelt man den Kunden nach der Devise „Zeit ist Geld“. Es gilt, den Kunden möglichst prompt und schnell zu bedienen. Die Maxime der direkten Bedienung ignoriert allerdings, dass Einkaufen in den meisten Fällen ein eigener seelischer Akt ist, der eine bestimmte zeitliche Dimensionierung und Choreographie braucht. Orientiert man sich am Doppelsinn des Wortes Akt, so ist auch beim Einkauf ein ausgedehntes Vorspiel nötig, damit so etwas wie Kauflust entsteht. Es geht den Verbrauchern also beim Einkaufen – wie beim Sex – oft nicht um eine schnelle Erledigung, sondern um einen lustvollen Prozess, der eine eigene Dramaturgie entfaltet.

In der Lust am Einkaufsprozess lebt der Wunsch nach archaischen Beutezügen auf. Die Verbraucher wollen nicht den schnellen Jagd-Triumph, sondern haben Spaß daran, ihr Beutegut zu umkreisen, sich langsam und unerkannt heranzupirschen, nach eingehender Beobachtung und Prüfung dann beherzt zuzupacken und das Gut zur Kassenstrecke zu bringen. Beim Einkaufen – wie beim Sex – geht dann die letztendliche Erledigung mit einem Gefühl der Ernüchterung einher. Von daher schürt man häufig die Enttäuschung und Unzufriedenheit des Kunden, wenn man die Erledigung zu prompt einleitet.

Wenn beispielsweise der Autoverkäufer die erste Phase zarter Verliebtheit und Annäherung eines potenziellen Autokäufers durch die prompte Platzierung von Verkaufsargumenten unterbricht, ist zuvorkommende Bedienung lusttötend. Hier muss der Autokäufer in Ruhe gelassen werden, damit er sein Liebesobjekt ungestört beschauen, berühren und besteigen kann. Erst wenn sich die Bindung intensiviert hat, wenn der Kunde alles mal beschnuppert, angefasst und in jede Öffnung hineingeschaut hat, ist er bereit für den Bedienungsdiskurs mit dem Schwiegervater, besser gesagt dem Autoverkäufer.

Prompte Bedienung wird allerdings immer dann als willkommene Service-Leistung erlebt, wenn der Kunde den eigentlichen Akt bereits hinter sich gebracht hat. Wenn der Käufer im Supermarkt nach einer knappen Stunde den Kampf mit der Warenvielfalt gewonnen und seinen Einkaufswagen endlich bestückt hat, erträgt und duldet er an der Kasse keinen Aufschub mehr. Wenn der Postkunde bereits in liebevoller Akribie den Brief geschrieben oder das Paket geschnürt hat, erlebt er die Wartezeit in der Postfiliale als zermürbenden Zustand der Ergebnis- und Erlebnislosigkeit.

Prompte Bedienung wird auch gefordert, wenn der eigentliche Akt noch bevorsteht. Das Eis, mit dem ich in einen Zustand seliger Verschmelzung geraten will oder der Hamburger, mit dem ich eine besteckloss-regressive Mampfigkeit zelebrieren will, dulden an der Theke oder Kasse keinen Aufschub. Das Abendessen beim Franzosen hingegen dient nicht nur der unmittelbaren Nahrungszufuhr, sondern der Entfaltung einer moussierenden und gelassenen Stundenwelt, die ein ganz anderes Bedien-Timing erfordert. Das richtige Maß für die Schnelligkeit und die Unmittelbarkeit der Bedienung muss also markt- und produktspezifisch definiert werden.

Abb. 6. Einkaufen ist eine moderne Form archaischer Beutezüge: Heranpirschen, beäugen, beschnuppern, betasten, zugreifen und das Kaufgut zur Kassenstrecke bringen

1.5 Der Kunde will königlich behandelt werden

Der Leitsatz, dass der Kunde König ist, genießt seit Jahrzehnten eine fast auffällige Widerspruchsfreiheit. Die Gründe dafür mögen in einem verdeckten Sadismus liegen, mit dem man insgeheim manchem Kunden begegnen will oder in einer schieren Verklärung des König-Seins. Könige sind jedoch einsam, für sie gibt es keine höhere Instanz, die sie stützt, tröstet oder bei der sie sich beschweren können. Könige unterliegen dem Zwang einer höfischen Etikette und stehen unter ständiger Beobachtung. Königen sagt man auch nicht ehrlich die Meinung, sie sind umringt von Schönfärbern und „Nach dem Mund"-Rednern. Weil das so ist, gehen Könige in der Regel auch nicht einkaufen. Umgekehrt hoffen die, die einkaufen gehen, dass sie nicht königlich behandelt werden und Ehrlichkeit, Anonymität und Zwanglosigkeit erleben. Beim Einkauf will sich der Käufer auf eine höhere Instanz verlassen.

Wie der Kunde behandelt werden will, richtet sich hauptsächlich nach der spezifischen Beziehungsstruktur, die er in einem bestimmten Markt sucht und pflegt.

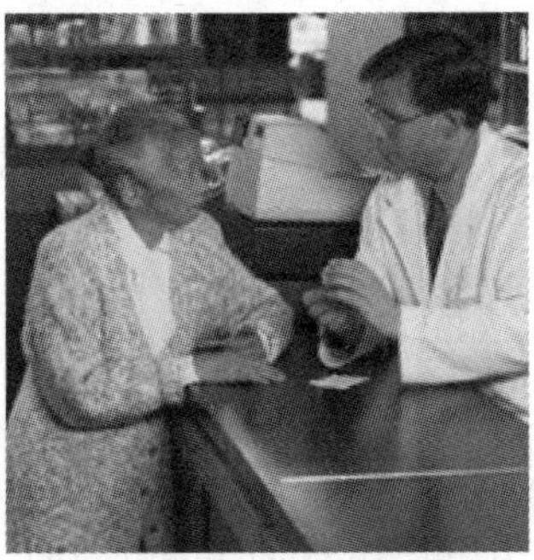

Abb. 7., 8. Apotheke: Medikamentöse Bevormundung, Tante Emma: Tantenhafte Begluckung

In der Apotheke sucht er eine verlässliche Autorität, die ebenso gewissenhaft wie allwissend ist und den Kunden medikamentös „bevormundet“. Im kleinen Laden um die Ecke sucht man den väterlichen Beistand oder eine tantenhafte Beglu-ckung, die es erlaubt, auch private Geschichten auszubreiten. Bei der wahlfreien Schnell-Bevorratung an der Tankstelle will der Kunde hingegen nicht privat verwickelt werden. Hier schätzt er die achtlose Anonymität, mit der ihm begegnet wird. Beim Modekauf will die Kundin auf Augenhöhe von einer Art älteren Schwester oder erfahrenen Freundin bedient werden.

Abb. 9., 10. Tankstelle: Anonyme Bevorratung, Modekauf: Ältere Schwester oder erfahrene Freundin

Psychologisch betrachtet sucht der Kunde also eine zum Marktkontext passende Übertragungsbeziehung. Ob die Kunden zufrieden und letztendlich auch bereit sind zu kaufen, hängt entscheidend davon ab, ob diese Übertragungsbeziehung erwartungskonform gestaltet wird. Die heute gängigen generalisierenden Höflichkeitsfloskeln und Freundlichkeitsdogmen unterminieren und entzaubern den typischen Charakter der unterschiedlichen Übertragungsbeziehung. Nicht aus allgemeinen Nettigkeitsstandards, sondern aus der Psychologik des Geschäftsfeldes ergibt sich die richtige Behandlung des Kunden.

1.6 Der Kunde will Innovation und Abwechslung

Die Innovationsfreudigkeit der Kunden wird meist überschätzt. Es gibt sicherlich in der Psyche des Kunden den Wunsch nach Verwandlung, Veränderung oder Neuanfang. Aber eine wirkliche Verwandlung oder Umbildung unserer Lebenslage oder unserer Konsumgewohnheiten ist immer mit Arbeit und ungeheuren Mühen verbunden: Der ganze eingespielte, vielfach bewährte Seelenhaushalt muss umgewuchtet werden. Die etablierte Sicherheit muss zugunsten einer ungewissen Zukunft aufgegeben werden.

Die Rede von der ständigen jugendlichen Verwandlungsfreude des Verbrauchers passt zwar in unsere multioptionale Beliebigkeitskultur, blendet dabei aber aus, dass die Verbraucher insgeheim Halt, Stabilität und Sicherheit suchen. Die finden sie in der ewigen Wiederkehr des Gleichen, die unseren Alltag prägt. Das Variations- und vor allem das Innovationsspektrum unserer Aufsteh-, Dusch-, Frühstücks- oder Arbeitsverfassungen ist eher gering. Und selbst die sogenannte freie Zeit ist durch die Wiederholung routinierter Rituale geprägt. Täglich grüßt also das Gewohnheitstier. Die grußlosen Innovationszustände, die die Verbraucher dann im Urlaub aufsuchen, wecken in der Regel schon nach zwei Wochen die unbändige Sehnsucht nach der Restaurierung des Alltags.

Es ist also auch im Hinblick auf Innovationen wichtig, ein angemessenes und marktgerechtes Maß zu finden. Verletzt wird dieses Maß, wenn der Verbraucher im Supermarkt ständig mit neuen Produktvariationen bombardiert wird und dabei seine Stamm-Marke nicht mehr wiederfindet. Zu den verzichtbaren Innovationen gehören auch die viel zu häufigen Veränderungen der Ladenstruktur im LEH, die dazu führen, dass der Kunde wochenlang orientierungslos wie ein Versuchskaninchen durch die Gänge irrt. Sind diese Umgestaltungen nicht Teil eines dauerhaften und sinnvollen Gesamtkonzeptes, werden sie von dem Verbraucher nicht als Fortschritt, sondern als Sabotage erlebt. In Discountern wie Aldi hingegen erlebt der Kunde trotz des schon beschriebenen „Arm-bientes“ oft heimatliche Geborgenheitsgefühle, weil er in jedem Outlet sein vertraut-konstantes POS-Design wiederfindet. In diesem stabilen und variationsarmen Rahmen lernt der Kunde dann wieder, Abwechslungen zu schätzen: Er erlebt fast weihnachtliche Glücksgefühle, wenn Aldi in einer Sonderaktion Rioja oder Parmesankäse feilbietet.

Gut bedient fühlt sich der Kunde also, wenn es gelingt, eine gute Balance zu finden zwischen dem, was konstant und dem, was wechselnd ist. Auch für diese Balance gibt es kein Patentrezept, sie muss marktspezifisch analysiert werden. Die Zigarettenmarke West bietet dem Raucher über die Packung, die in den letzten 20 Jahren nur minutiös und stimmig verändert wurde, einen stabilen Persönlichkeitsausweis. Daneben bietet die Marke aber sporadisch saisonal-begrenzte Packungs-Editionen an, die es den Rauchern erlauben, mal kurz Urlaub von der eigenen Marke zu machen, ohne ihr untreu zu werden.

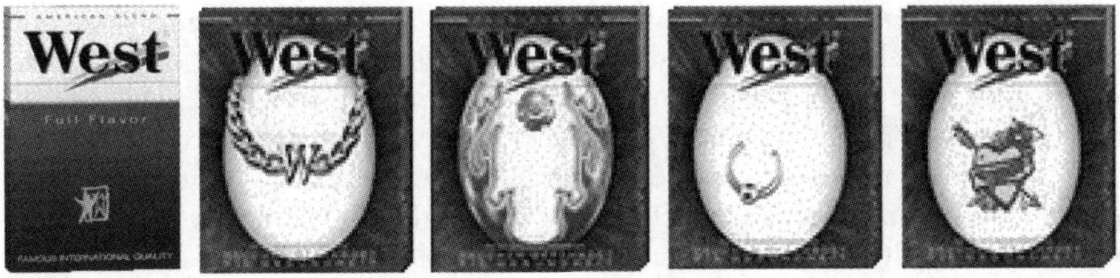

Abb. 11. West-Balance zwischen Konstanz und Innovation

Während die ostdeutsche Zigarettenmarke Cabinet nach der Wende nicht nur mit einer Geschmacksveränderung, sondern auch mit einer Packungsinnovation aufwartete, blieb sich die gleichstarke Konkurrenzmarke F6 weitgehend treu. Die Marke F6 steigerte ihren Marktanteil binnen Jahresfrist um 25 %, die Cabinet verlor im gleichen Zeitraum 60 %.

1.7 Der Kunde will immer neue Sonderangebote

Die Kunden werden häufig als ökonomisch denkende Wesen behandelt, die extrem sparsam, geizig und preisbesessen sind. Industrie und vor allem Handel versuchen heute vermehrt, den Verbraucher durch Preisaktionen zum Konsum zu animieren und verlorene Marktanteile zurückzugewinnen.

Abb. 12., 13. Der Kunde als homo ökonomicus: sparsam, preisbewusst und geizig?

Seit 2002 erschüttert daher eine akute Preispsychose den Markt, deren Höhepunkt und Ende immer noch nicht absehbar sind.

Preisreduktionen erscheinen als Allheilmittel in der Konsumflaute, weil auch die Preiskenntnis überbewertet wird. Die Verbraucher, die alle Preise aus dem Effeff kennen und jeden morgen alle verfügbaren Schweinebach-Anzeigen vergleichend studieren, um dann erst zu entscheiden, wo und was man kauft, sind in der Minderheit. Die Mehrheit der Verbraucher kauft preisintuitiv. Sie kennt die Preise in bestimmten Referenzkategorien (Butter, Schokolade, Kaffee) genau, in anderen nur ungefähr. Ein genauer Preisabgleich am POS findet allein schon aus Gründen der Zeitökonomie allenfalls stichprobenartig statt. Letztlich will der Kunde das sichere, bequeme und vertrauensvolle Grundgefühl haben, stets preiswert einzukaufen, ohne die Preise immer wieder überprüfen zu müssen

Dieses stabile Grundgefühl wird jedoch durch die ständigen Preisnachlässe und wechselnden Preisaktionen torpediert. Fühlten sich zu Beginn dieses Preisflimmerns noch viele Verbraucher zum Spontankauf animiert, so reagieren sie zunehmend konfus und irritiert. Die Verbraucher wissen nicht mehr, wo sie beherzt zugreifen sollen und wo nicht, sie wissen nicht mehr, welches Angebot wirklich günstig ist, da ein Zuviel an Angeboten lockt und ködert. Die Folge: Statt beherztem Zupack stellt sich eine zunehmende Konsumblockade ein oder ein lauerndes Abwarten auf die letzte und dann ultimative Preissenkung.

Durch das Preisflimmern werden aber nicht nur materielle, sondern auch ideelle Werte vernichtet: Die Verbraucher verlieren jeden Maßstab, um den Wert eines

Produktes oder einer Marke vernünftig einschätzen zu können. Die Marke wird dadurch im doppelten Sinne entwertet, sie verliert psychologisch an Substanz und Kompetenz.

In dem Maße wie das Preis- und Wertverständnis schwindet, wächst das Ressentiment, dass die Preise in der Vergangenheit generell weit überzogen waren. Der Verbraucher sieht sich durch Preisnachlässe also nicht aktuell belohnt, sondern rückwirkend betrogen. Er fragt sich: „Wieso habe ich eigentlich früher immer soviel dafür bezahlt?“. Immer mehr Verbraucher entwickeln die irrationale Angst, beim Kauf ständig übervorteilt zu werden.

Durch immer neue Sonderangebote werden Kundenbeziehungen letztendlich nicht gefestigt, sondern destabilisiert: Die Verbraucher fliehen in die preisstabile Aldi-Welt, um dem irritierenden Preisflimmern zu entkommen. Bei Aldi muss sich der Verbraucher um die Preise keine Gedanken mehr machen. Sie sind auf einem niedrigen Niveau stabil, sie sind sichere und verlässliche Planken im schwankenden Preisgefüge der Konkurrenten. Eine stabile Kundenbeziehung lässt sich also nur über eine Preisstabilität wieder herstellen. Der Verbraucher sehnt sich danach, intuitiv einzukaufen, ohne ständig über Preise nachdenken zu müssen.

2 Der neue Service-Trend – Easy Shopping und die Entkomplizierung der Kundenwirklichkeit

Die Service-Wünsche der Verbraucher sind nicht konstant. Sie haben ganz unterschiedliche marktspezifische Ausprägungen und verändern sich im Zuge des übergreifenden kulturellen Wandels. Vor allem in Folge des 11. Septembers revolutionieren die Verbraucher ihr Konsumverhalten und stellen andere Service-Anforderungen. Angesichts einer zu komplexen und unüberschaubaren Welt sehnen sie sich nach Einfachheit, Sicherheit, Überschaubarkeit, Berechenbarkeit und Heimat. Die Entzauberung der Neuen Medien und der New Economy forciert diese Neubesinnung.

2.1 Megatrend Komplexitätsreduktion

Der aktuelle Megatrend lässt sich als Sehnsucht nach einer radikalen Komplexitätsreduktion beschreiben. Gesucht werden nicht mehr die ultimativen Erlebensintensivierungen und die inflationäre Steigerung des „Nichts ist unmöglich“, sondern eine neue Einfachheit. Das Leben soll vereinfacht werden, ohne dabei auf Lebensqualität zu verzichten. Es geht den Verbrauchern nicht darum weniger, sondern aufwandsloser zu konsumieren. Sie wollen entlastet werden von der Qual der Wahl angesichts eines unüberschaubar und austauschbar gewordenen Sortiments an Haushaltsreinigern, Versicherungsangeboten oder DVD-Playern. Die deutschen Konsumenten sind daher auch kein Volk von Geizkragen geworden. Es geht ihnen in erster Linie nicht darum, Geld beim Einkauf zu sparen, sondern seelische Kosten.

Seelische Kosten sparen die Verbraucher, indem sie sich beim Einkauf oder im Internet wieder an einem bodenständigen, alltagsnahen und zweckmäßigen Maß der Mitte orientieren. Ziellos durchsurfte Nächte im Daten-Nirvana gehören der Vergangenheit an. Zügige, nüchterne und zielorientierte Recherchen auf handverlesenen Seiten bestimmen den Umgang mit dem Internet. Man will sich nicht mehr überraschen lassen, sondern fordert Erwartungssicherheit, die durch eine klare Ausrichtung des Angebots und die Reduktion auf das Wesentliche gewährleistet werden kann. Waren vor fünf Jahren noch die endlosen Weiten des Datenmeers eine beliebte Metapher für das Kundenparadies, so suchen die Konsumenten heute ihr Paradies in wenigen vertrauten und immer wieder aufgesuchten Home Zones.

2.2 Tchibo spart seelische Kosten

Erfolgreich sind derzeit Konzepte, die wie Tchibo, Aldi oder Ikea das Einkaufen einfacher machen: Überschaubarkeit durch reduzierte Sortimente, Berechenbarkeit durch dauerhaft stabile und faire Preise, Einfachheit durch vertraute und konstante Ladengestaltung.

Tchibo bietet Easy Shopping, weil Tchibo den Verbraucher weitgehend von der ständigen saisonalen Haushaltsplanung entlastet. Tchibo eröffnet jede Woche eine kleine, aber komplette Welt, die genau in den Lebensrhythmus der Verbraucher passt. Wer zu Tchibo geht, muss sich nicht mal mehr Gedanken über den eigenen Bedarf zu einer bestimmten Jahreszeit machen. Im Frühjahr gibt es dort die neuen Töpfe, im Sommer die Eismaschine und im Winter die warmen Jacken; und zwar jeweils nur ein – den Mainstream-Anforderungen genügendes – Modell, kein verwirrendes Angebot. Und bei technischen Geräten bietet Tchibo gleich noch einen Vorteil: Sie sind leicht zu bedienen, kommen ohne die unbeherrschbare technische Überzüchtung aus. „Weniger ist mehr" lautet also auch hier die Devise.

Der Verbraucher will sich wieder sicher und souverän im Umgang mit der Konsumwelt fühlen. Erfolg hat in unsicheren Zeiten der, der dem Verbraucher durch klare, einfache und überschaubare Angebote wieder das Gefühl vermittelt, Herr der Lage zu sein.

3 Wege zum Kunden

3.1 Marktstrategisches Verständnis – der Kunde auf der Couch

Kundenorientierung fängt beim Verständnis des Kunden an. Das Verständnis wird jedoch durch zwei Faktoren erschwert. Erstens gibt es den konsistenten Kunden gar nicht: Der Kunde entwickelt in jedem Markt andere, sehr spezifische Service-Wünsche. Zweitens wissen die Kunden selber oft gar nicht, was sie eigentlich wollen. Sie werden getrieben von widersprüchlichen Wünschen, die zum Teil unbewusst sind. Von daher hat es auch wenig Sinn, den Kunden einfach zu fragen, was er denn wirklich will.

Er antwortet dann meist mit einfachen Rechtfertigungen oder Rationalisierungen: Er legt Wert auf den Preis oder eine große Auswahl. Ihm ist es wichtig, prompt bedient und königlich behandelt zu werden. Diese einfachen Erklärungen haben eine Entlastungsfunktion für den Kunden: Er muss sich nicht mit seinen eigenen Widersprüchen auseinandersetzen. Er muss sich nicht eingestehen, wieso er als Besserverdienender zu Aldi geht. Er muss sich auch nicht klarmachen, wieso er sich wie ein kleines Kind freut, wenn der Ikea-Katalog vor der Tür liegt, obwohl er mit den Ikea-Möbeln noch nie richtig glücklich geworden ist.

Abb. 14. Der Verbraucher auf der Couch

Will man strategisch sinnvolle Maßnahmen einleiten, muss man tiefer gehen und die eigentlichen Motivationen der Verbraucher für die scheinbar unlogische Freude über den Ikea-Katalog verstehen. Das Eigentliche erschließt sich aber nicht einfach im einem Interview: Man braucht eine vertrauensvolle Atmosphäre und muss den Kunden – im übertragenen Sinne – zwei Stunden auf die Couch legen. Dadurch wird eine gemeinsame Forschungsreise mit dem Verbraucher eröffnet, in dem er tabulos alles artikulieren und aussprechen kann, was ihn in einem Produktfeld bewegt. Die Reiseleitung übernimmt ein Psychologe, der den Kunden nicht bewertet oder zensiert, sondern ihn ermuntert, alles zu beschreiben, was ihn zum Untersuchungsgegenstand in den Sinn kommt. In einem sich ständig vertiefenden und intensivierenden Beschreibungsprozess werden alle sonst verschütteten oder nicht bewusst wahrgenommenen Bedeutungszusammenhänge erschlossen und freigelegt. Die morphologische Seelenanalyse eröffnet immer wieder überraschende Einblicke in die geheime Logik der Märkte. Sie liefert daher eine optimale strategische Basis, um die wirklich relevanten Service-Wünsche der Kunden erfüllen zu können.

3.2 Unzufriedenheit belebt das Geschäft: Der zufriedene Kunde kauft nicht

Der vollkommen zufriedene Kunde ist eine schöne Illusion. Aufgrund ihrer inneren Widersprüchlichkeit sind Kunden nie vollkommen zufrieden und restlos glücklich: Sie wollen den Kuchen essen und behalten. Sie wollen die perfekte Traumwohnung und die unendliche Aufgabe, ewig an dieser Traumwohnung basteln zu können. Die konstitutive Unzufriedenheit des Menschen ist der eigentliche Entwicklungsmotor. Solange Konsumenten unzufrieden sind, haben sie Ziele, Pläne und Visionen. Sie sind befeuert von der Idee, etwas ändern zu können und ändern zu müssen. Ein Zustand vollkommener Zufriedenheit bedeutet hingegen Stillstand, Agonie und das Ende jeder Kaufabsicht. Ein TV Spot für die Heimwerkermärkte von Hornbach setzt die belebenden Kräfte der Unzufriedenheit kongenial in Szene: Auf dem Totenbett zieht vor dem geistigen Auge des Sterbenden noch einmal das ganze Leben mit all den ungelösten Fragen und vor allen noch offenen Baustellen im eigenen Haus vorüber: Kann man zufrieden abtreten, wenn der Dachstuhl noch nicht restauriert und die Fenster noch nicht ausgebessert sind? Die Unzufriedenheit über das noch nicht Geschaffte wirft den Lebensmotor des gerade noch Siechenden wieder an. Er verlässt das Bett und begibt sich wieder an die Arbeit: „Es gibt immer was zu tun".

Die Unzufriedenheit mit ihren Lebens- und Wohnverhältnissen motiviert die Konsumenten immer wieder zum Kauf beispielsweise bei Ikea. Sobald sich der Sommer seinem Ende zuneigt und man wieder verstärkt Bergung und Zuflucht in den eigenen vier Wänden sucht, liegt der Ikea-Katalog vor der Tür. Beim heimeligen Durchblättern des Kataloges geraten die Kunden bereits in eine moussierende Vorlust: Was könnte man nicht alles anschaffen, um die Wohnung schöner und gemütlicher zu gestalten. Der Besuch bei Ikea hat dann immer den Charakter eines besonderen Events oder Familienausflugs, der eine Rundum-Zufriedenheit verspricht.

Meist gehorcht dann der Aufenthalt bei Ikea einer konstanten Choreographie, die Schritt für Schritt eine Art pragmatischer Desillusionierung einleitet. Man betritt zuerst die wundervoll arrangierten Wohnlandschaften und möchte am liebsten seine ganze Wohnung umgestalten. Der ganzheitliche Änderungsentwurf wird dann meist heruntergebrochen auf ein leb- und finanzierbares Maß: vielleicht doch nur die neue Küche oder nur den schönen Küchentisch oder ein anderes Sofa. Wenn man sich dann doch noch nicht für das richtige Objekt entscheiden kann oder es gerade mal wieder nicht vorrätig ist, tobt sich der Verwandlungswunsch mit geballter Macht am Schnick-Schnack und den praktischen Kleinteilen aus. Dann werden Lampen, Teller, Tassen, Badezimmeraccessoires oder Gartenpflanzen angeschafft. Erschöpft von der endlosen Warteschlage fährt man dann nach Hause und fühlt sich gar nicht recht zufrieden, weil man das Eigentliche ja noch nicht bekommen hat. Man tröstet sich mit den kleinen Beutestücken und hofft, dass beim nächsten Besuch alles besser wird.

Wagt man dann beim Besuch endlich den auf des Sofas oder des Küchentischs, stellt sich auch nicht die volle Zufriedenheit ein. So schön, wie im Katalog, sind die Teile nicht, weil das ganze Umfeld fehlt. Man ärgert sich über die kleinen Macken am Dekor, über fehlende Schrauben oder die mangelnde Robustheit der Konstruktion. Beim Zusammenschrauben erhalten die Möbel dann jedoch eine persönliche Prägung und damit eine ganz eigene Wertigkeit, die ihnen für die nächsten Jahre ein vorläufiges Bleiberecht in der Wohnung garantiert.

Gerade weil der Verbraucher nicht ganz zufrieden ist, liebt er Ikea. Ikea gibt ihm das Gefühl, nie ganz fertig zu sein und daher immer weiterleben und weiterplanen zu können. Man hat sich ja lediglich in einem schönen Provisorium eingerichtet und hat daher das Recht, sich im nächsten Herbst wieder auf den verheißungsvollen Ikea-Katalog zu stürzen. Nimmt man Ikea als Gleichnis für das Kundenparadies Deutschland, dann ist dieses Paradies kein perfekter Ort prompter Bedienung, königlicher Behandlung, überbordender Auswahl oder ständig neuer Sonderangebote. Das Kundenparadies ist ein ewiges Provisorium, das uns enttäuscht, aber auch herausfordert und uns das Gefühl gibt, nicht schon zu wohnen, sondern noch zu leben.

Kundenorientierung – der moderne Fünfkampf

Heiner Spalink

Kurt Salmon Associates GmbH Unternehmensberatung, Düsseldorf

Kundenorientierung – heute der zentrale Erfolgsfaktor

Das sind Schlagzeilen, die wir alle kennen: „König Kunde sträflich vernachlässigt!", „Die Defizite sind offenkundig!", „Die Preisaktionen des Handels torpedieren das Preisverständnis der Verbraucher und zerstören langfristig ihr Preis-Vertrauen", „Im deutschen Handel wird Service klein geschrieben!", „Viele Firmen wissen gar nicht, was für einen Eindruck die Kunden haben!", „Service-wüste Deutschland!". Die Urteile und Vorurteile sind sattsam bekannt. Würden wir diesen Eindrücken Glauben schenken, dann wären Handel und Industrie offenbar nicht in der Lage, sich auf das Selbstverständlichste zu konzentrieren: Ihre Kunden!

Diesen Klagen über die Servicewüste stehen eine Vielzahl von Kundenorientierungsinitiativen gegenüber: „Customer Satisfaction Research",

„Kundenbarometer", „Servicepanel" oder „Kundenmonitor" – das sind neue Maßnahmen von Handel und Industrie, um ihre Unternehmen konsequent auf die Kunden auszurichten.

Dazu kommt „Customer Relationship Management", das sind IT-gestützte Methoden zur Verstärkung der Kundenbindung und Ausschöpfung der Kundenpotenziale.

Wenn man untersucht, ab wann das Thema Kundenorientierung mehr Aufmerksamkeit gefunden hat, dann kann man feststellen, dass all das erst Ende der 90-er Jahre beginnt und heute einen Grad an Bedeutung erreicht hat, der nicht mehr vernachlässigt werden kann.

Ursache dafür ist: Wir haben es mit grundlegenden strukturellen Veränderungen im deutschen Handel und in der Konsumgüterindustrie zu tun – in vier Bereichen.

Erstens: Der Wiedervereinigungsboom ist lange vorüber – er hat viele Schwächen in unserer Konsumgüterwirtschaft übertüncht. Doch jetzt haben wir seit Jahren keine realen Zuwächse mehr. Der Kuchen wird kleiner – nur wer die größeren Stücke bekommt, überlebt. Kundenorientierung ist ein Schlüssel zum Überleben.

Zweitens: Wir haben es heute mit einer grundlegenden Verunsicherung der Kunden zu tun. Dies lässt sich im Wesentlichen aus der Unsicherheit über die persönliche Zukunft ableiten und der Handel darf nicht mehr darauf hoffen, dass durch Verbesserungen der wirtschaftlichen Rahmenbedingungen die Konjunktur wieder anspringt und hier allein der Schlüssel zur Zukunftssicherung liegt. Die Konsumgüterwirtschaft muss sich auf ihre eigenen Stärken besinnen und das ist, die Kundenbedürfnisse optimal zu erfüllen.

Drittens: Wir haben eine ausufernde Sortimentsvielfalt, die ein einzelner Kunde nicht mehr überschauen kann. Jeden Tag kommen unzählige neue Produkte dazu. Wir verlieren die Orientierung. Da helfen uns Tchibo, Aldi, Plus, Lidl und Co. mit begrenztem Sortiment und einer Vorauswahl. Den Kunden Orientierung geben, ist hier der Erfolgsfaktor – und dabei geht es schon lange nicht mehr nur um den Preis.

Viertens: Wir verfügen heute über Technologien, die uns helfen, unsere Kunden besser zu verstehen und gleichzeitig unsere Geschäftsprozesse effizienter zu gestalten. In Deutschland gibt es schon rund 300 Programme für Kundenkarten, in Datawarehäusern sammeln wir die Daten daraus und aus den Scanner-Kassen. Zwischen Industrie und Handel werden Kundendaten ebenso elektronisch ausgetauscht wie Stammdaten, Rechnungen und Logistikinformationen. Früher noch teure mit Papieraufwand betriebene Geschäftsprozesse werden durch elektronischen Datenaustausch schlank und effizient. Kundenorientierung und gleichzeitige Effizienzoptimierung sind heute kein Widerspruch mehr.

Der Weg ist nicht schwer – dass zeigen die später beschriebenen Beispiele. Konsequenz ist gefragt – nicht mehr und nicht weniger. Ich habe in den vergangenen drei Jahren immer wieder in vielen Gesprächen mit Top Managern untersucht: Wovon hängt das Umsetzen von Kundenorientierung im Unternehmen ab? Am Ende haben sich fünf Erfolgsfaktoren herauskristallisiert. Alle fünf Faktoren sind wichtig. Aber ihre Ausprägung ist in den jeweiligen Unternehmen unterschiedlich. Grundsätzlich hat sich herausgestellt, dass bei mindestens drei Faktoren ein Unternehmen absolute Spitzenleistungen liefern muss. Es kommt auf die Kombination der fünf Faktoren an. Deshalb habe ich meinen Beitrag auch mit „Moderner Fünfkampf" überschrieben. Es geht um folgende fünf Disziplinen:

1. Disziplin: Verstehe deine Kunden
2. Disziplin: Sei die erste Wahl
3. Disziplin: Begeistere deine Mitarbeiter
4. Disziplin: Sei innovationsbesessen
5. Disziplin: Lebe deine Vision

1. Disziplin: Verstehe deine Kunden

Der stationäre Handel ist in seinem Handlungsspielraum eingeschränkt. Er ist mehr oder weniger Gefangener seines Images und seiner Standorte. Das Image beschreibt, wofür das Unternehmen in den Augen seiner Kunden und Nichtkunden steht. Veränderungen am Image sind nur langfristig möglich. Auch die Bindung an Standorte ist aufgrund der Mietvertragslaufzeiten langfristig. Damit sind grundlegende Veränderungen in der Positionierung und des Formates kurzfristig kaum möglich. Deshalb kommt der Frage: „Wie lassen sich die Kunden und Nichtkundenpotenziale innerhalb der bestehenden Rahmenbedingungen besser ausschöpfen?“ große Bedeutung zu. Es geht dabei selbstverständlich um das richtige Sortiment, die Waren- und die Aktionsverfügbarkeit, den Service und die Sauberkeit. Davor stehen aber vor allem die Fragen: Welche Kunden kaufen bei mir ein und welche Erwartungen haben sie? Wie kann ich loyale Kunden stärker an mich binden? Und: Wie kann ich Gelegenheitskunden in überzeugte Stammkunden verwandeln? Vor diesem Hintergrund wundert es nicht, dass systematische und regelmäßige Kundenbefragungen mehr und mehr an Bedeutung gewinnen. Und dies trotz der Kundenkarten, die ebenfalls zunehmend als wichtige Informationsquelle zur Verfügung stehen.

Die jüngste Vergangenheit hat gezeigt, dass der selbstständige Handel viel besser auf die Discounter reagiert und weniger Umsatz verloren hat als die Filialisten. Dies gelang durch besseres Kundenverständnis. In filialisierten Handelssystemen muss eine systematische Kundenorientierung den Filialleiter unterstützen. Das Trendwort heißt Micromarketing. Dabei werden alle verfügbaren Kundendaten und Kundeninformationen zusammengefügt, um dann zum Beispiel zu stärker regionalisiertem Sortiment und Aktionen zu kommen. Die notwendigen IT-Systeme sind heute vorhanden, um die Vielzahl der Daten aus Kundenbefragungen, Scanner-Kassen und Kundenkarten mit Marktforschungsdaten und der spezifischen Wettbewerbssituation zu verknüpfen.

Gerade für die filialisierten Handelssysteme liegen die Optimierungspotenziale in der Regionalisierung. Ich möchte mich deshalb im Folgenden auf das Thema „Standortspezifische Differenzierung“ konzentrieren und das am Beispiel Ladenrenovierung und -umbauten erläutern.

Im Rahmen einer Strategieüberprüfung für einen Discount-Händler lautete die Frage, inwieweit Ladenumbauten geeignet sind, Neukunden zu gewinnen. Überraschend war, dass selbst in ein und derselben Stadt erhebliche Unterschiede bestanden: Auf die Frage, wie Nichtkunden die Wahrscheinlichkeit einschätzen, nachdem eine Neugestaltung des Ladens in der Düsseldorfer Altstadt vorgenommen wurde, gaben ¼ der Nichtkunden an, wahrscheinlich jetzt dort einzukaufen. Die Befragung an einem anderen Standort in Düsseldorf zeigte, dass es dort nur einen geringen Nichtkundenanteil im Umfeld gab und damit durch einen Umbau keine neuen Kunden gewonnen werden können.

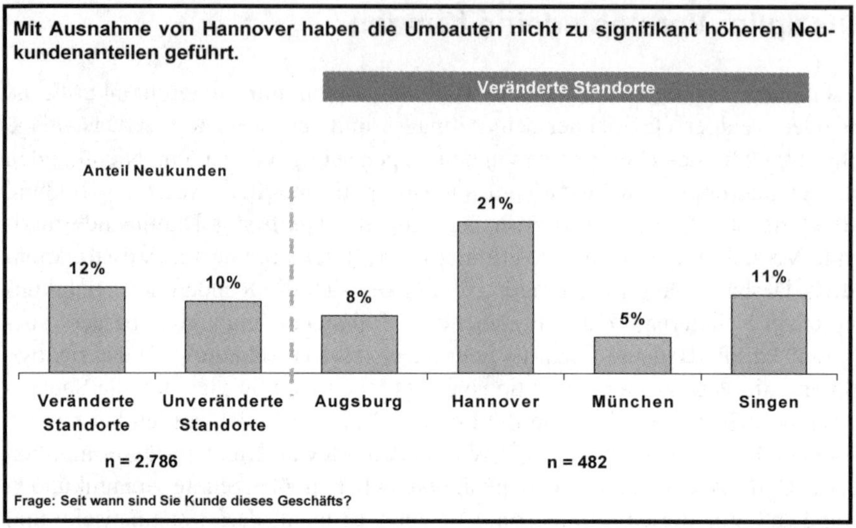

Abb. 1. Neukundengewinnung durch Umbauten

Ein zweites Beispiel: Im Durchschnitt haben Umbauten kaum Neukunden mit sich gebracht – der Anteil der Neukunden stieg nur leicht von 10% auf 12% an. Sieht man sich jedoch die standortspezifischen Ergebnisse an, werden die unterschiedlichen Reaktionen in den jeweiligen Orten deutlich. Vor allem in Hannover haben die Umbauten zu einem signifikanten Anstieg der Neukunden geführt.

Gleichzeitig zeigte das gleiche Beratungsprojekt, dass wir es mit erheblichen Unterschieden in der Kundenstruktur bei ein und demselben Händler zu tun haben können. So schwankt zum Beispiel der Anteil der unter 20-jährigen Kunden zwischen 5% und 36%. Nachdem das erkannt wurde, musste das Unternehmen sich die Frage stellen, ob die Positionierung in den unterschiedlichen Regionen in diesem Ausmaß sinnvoll ist. Zugleich konnte jetzt die Frage bearbeitet werden, inwieweit der Schlüssel für Optimierungen bei stärkerer Regionalisierung liegt. Hier haben wir noch erhebliche Potenziale zur besseren Kundengewinnung und -bindung. Regional stärker differenzierte Sortimentspolitik oder auch die Anpassung der Promotions an die regionalen Besonderheiten sind nur zwei Beispiele, wie aufbauend auf die heute möglichen Daten kundenspezifischer agiert werden kann.

Diese Erkenntnisse sind nicht neu oder gar revolutionär – aber mit Hilfe der Technologie sind wir jetzt in der Lage, die sich daraus ergebende Komplexität besser zu steuern.

Die Konsequenz für den Handel lautet in Zukunft, dass die Läden nicht mehr nur nach ihrer Größenklasse und nach ihrem Standort klassifiziert werden können. Der Schlüssel für mehr Kundenorientierung liegt in der Regionalisierung. Dabei sollten Einflussfaktoren wie zum Beispiel die Kundenstruktur im Einzugsgebiet,

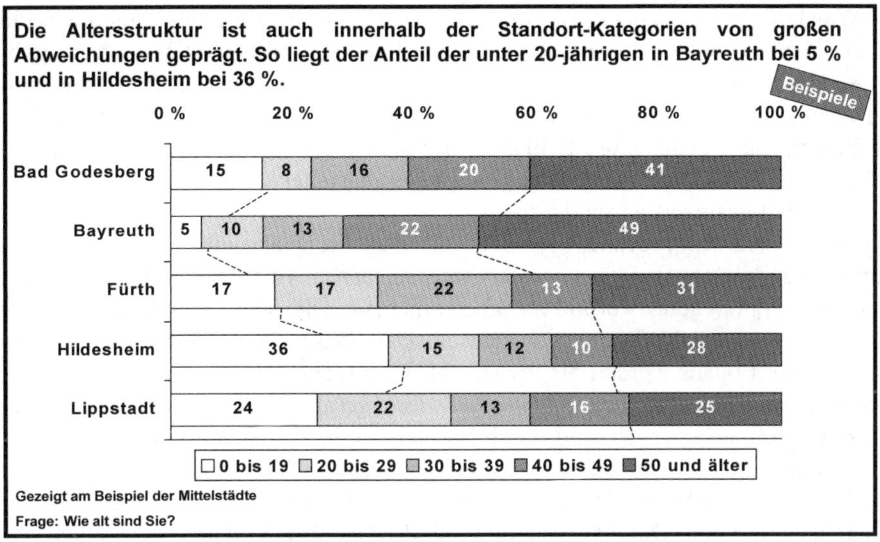

Abb. 2. Altersstruktur nach Standorten

das Kundenverhalten und regionale Präferenzen, die Wettbewerberstruktur und das Wettbewerberverhalten mit einbezogen werden. Dies ist der richtige Weg, den die Vollsortimenter im Lebensmittelhandel gehen müssen, um im Wettbewerb mit den Discountern bestehen zu können. Im Wettbewerb um Preise und Kosten werden sie nicht gewinnen können. Ihre Chance liegt in der spezifischen Kundenansprache.

2. Disziplin: Sei die erste Wahl

Gleichzeitig stellte sich beim soeben beschriebenen Beispiel die Frage, inwieweit die Positionierung des Unternehmens an den verschiedenen Standorten konsistent ist. Die Schwankungsbreite der Kundengruppe der unter 20-Jährigen zwischen 5% und 36% erschien doch zu breit. In diesem Zusammenhang stellte sich jetzt das Thema Retail Brand und Positionierung des Händlers.

Wenn wir Kunden danach befragen, ihren bevorzugten Laden im jeweiligen Handelsformat zu nennen, kann ein überraschend hoher Anteil keine klaren Präferenzen nennen. Dies gilt auch dann, wenn diese Frage in Bezug auf häufig besuchte Einkaufsstätten wie zum Beispiel Supermärkte gestellt wird. In Deutschland können rund 40% keinen präferierten Supermarkt nennen. (In anderen europäischen Ländern sieht diese Zahl im übrigen nicht entscheidend anders aus.) Wenn man weiter danach fragt, die Unterschiede der einzelnen Läden zu beschreiben, können diese kaum benannt werden. Daran wird deutlich, welch hohes Potenzial wir noch im Bereich Kundenbindung durch klares Image und eindeutige Profilierung haben.

Welches Tier assoziieren Sie mit Aldi? Auf diese Frage antworteten deutsche Verbraucher: eine Kuh! Die Kuh ist dabei sehr positiv zu bewerten – sie ist sozusagen die verlässliche Quelle aller wesentlichen Lebensmittel. Andere Handelsunternehmen werden demgegenüber mit einem Hund verglichen, „bei dem man aufpassen muss“ oder einer Schlange, der man nicht trauen kann. Ob man will oder nicht, der Kunde hat sein Bild vom Handelsunternehmen im Kopf – ob es nun bewusst gesteuert wird oder nicht.

Vor diesem Hintergrund wird deutlich, dass die Frage eines systematischen Retail Brandings noch immer zu stark vernachlässigt wird. Nun könnte man meinen, mit Aldi ein gutes Vorbild zu haben und man sollte sein „Branding“ ebenfalls auf den Preis als Profilierung ausrichten. Das könnte in zweierlei Hinsicht ein Fehler sein. Erstens werden die meisten Händler nicht in der Lage sein, das Aldi-Preisniveau nachhaltig anzubieten, weil ihre gesamten Kostenstrukturen nicht entsprechend ausgerichtet sind. Und zweitens stellt Aldi schon lange nicht mehr nur auf den Preis ab – so zumindest die Sichtweise der Verbraucher. Aldi ist mehr als Preis – es gehört zum Beispiel die richtige und aktuelle Auswahl dazu und vor allem auch die gute Qualität. Wussten Sie, dass es über 20 Aldi-Kochbücher verschiedenster Verlage im Buchhandel gibt? Alles in allem haben die Kunden zu Aldi heute ein Vertrauensverhältnis aufgebaut, das über den reinen rationalen Nutzen des preiswerten Einkaufens hinausgeht. Mittlerweile gilt ein Aldi-Käufer als jemand, der intelligent und bewusst einkauft. Der emotionale Nutzen der Aldi-Kunden geboten wird, ist also das Erfolgsgeheimnis. Demgegenüber haben Kunden, die auf Schnäppchenjagd ausgerichtet sind, sofort ein schlechtes Gefühl, wenn das Sonderangebot, das sie gestern gekauft haben, heute noch billiger zu haben ist. Der Preis als alleiniges Profilierungsinstrument kann also nicht zur Kundenzufriedenheit führen.

Es gilt, den Kunden insgesamt mit seinen rationalen und emotionalen Anforderungen an das Einkaufen richtig zu verstehen und seinen Bedürfnissen in beiden Bereichen zu entsprechen. Dabei sollten die emotionalen Faktoren nicht mit dem Einkaufserlebnis allein gleichgesetzt werden. Das Einkaufserlebnis, das sich durch den sauberen Laden, die Kassenbesetzung und genügend Parkplätze schaffen lässt, reicht heute allein nicht mehr aus, um dem Kunden das „gute Gefühl“, das er haben möchte, zu verschaffen. Es geht vielmehr um Aspekte wie beispielsweise Glaubwürdigkeit, Sicherheit und Vertrauen, die durch die Retail Brand geschaffen werden müssen. Diese machen den Erfolg der Handelsmarken wie Ikea oder H&M aus.

Hersteller und Händler scheinen die Zeichen der Zeit erkannt zu haben. Anfang 2003 habe ich für ein führendes deutsches Handelsunternehmen untersucht, worauf sich die Zusammenarbeit von Handel und Industrie in den nächsten drei Jahren konzentrieren wird.

Aus mehr als 20 möglichen Kooperationsfeldern wurden zwei als die wesentlichen genannt: Die Zusammenarbeit im Bereich Handelsstrategie und Shopper Insights steht im Mittelpunkt. Gerade in einem wirtschaftlich schwierigen Umfeld muss sich der Handel klar beim Verbraucher positionieren.

Das nachfolgende Schaubild zeigt die fünf wichtigsten Kooperationsfelder von Handel und Industrie in den kommenden 3 Jahren.

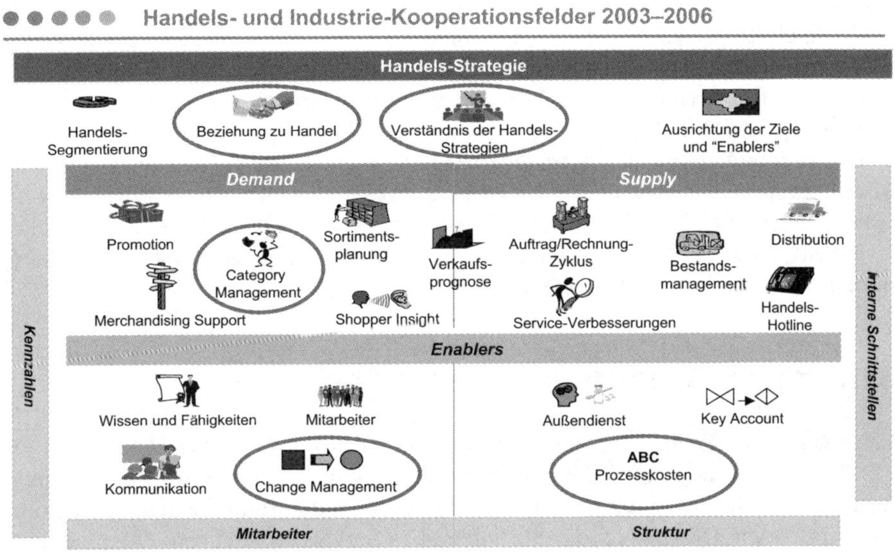

Abb. 3. Handels- und Industrie-Kooperationsfelder 2003-2006

Im Gegensatz zu Produktmarken, die durch die Produkteigenschaften und das Marketinginstrumentarium geschaffen werden können, ist es ungleich schwieriger, Retail Brands erfolgreich aufzubauen und das Brand-Image konsistent aufrecht zu erhalten.

Es wird darauf ankommen, den Kunden den „Reason Why“ zu erklären, den erlebbaren und nachvollziehbaren Unterschied, warum er z.B. nicht beim Discounter, sondern beim Vollsortimenter kaufen soll. Eine Alternative kann es dabei sein, die Eigenmarkenpolitik zu forcieren und der Erfolg der vergangenen Jahre gibt dieser Strategie recht. Längst konzentriert sich die Positionierung der Handelsmarken nicht mehr nur auf die Preiseingangsstufe. Der Preisabstand zu den klassischen Markenartiklern ist deutlich geschrumpft. Die Markenartikelindustrie setzt dagegen weiter auf Profilierung durch die klassischen Marken. Doch damit allein ist keine Retail Brand zu entwickeln – die Marke gibt es auch beim Wettbewerber.

In diesem Zusammenhang beginnt gerade eine Diskussion über sogenannte „Private Brands“. Das sind individuelle Marken des einzelnen Händlers, die aber als Absender den bekannten Markenartikler ausweisen. Ob zum Beispiel der „real,-Gemüse-Eintopf“ made by Erasco Wirklichkeit wird, mag dahingestellt bleiben.

Eines wird zumindest an dieser Diskussion deutlich: Der Handel hat die Notwendigkeit einer klaren Positionierung erkannt. Dennoch ist das Wissen über die

Einflussfaktoren des „Retail Branding“ im Handel heute noch vielfach unterentwickelt.

Hier allerdings lässt sich von Aldi lernen. Aldi ist es gelungen, zunächst mit rationalen Preisargumenten den Kunden nachvollziehbare „Reason Whys“ zu zeigen. Gleichzeitig genießt dieses Unternehmen heute ein fast einzigartiges Vertrauen beim Kunden. Eine starke emotionale Bindung ist die Folge. Rationale und emotionale Faktoren bilden also das entscheidende Zusammenspiel auch zur Markenbildung im Handel.

Das Markenversprechen muss jeden Tag, in allen Handelsfilialen und von allen Mitarbeitern gehalten werden. Das ist eine ungleich größere Herausforderung im Handel im Vergleich zur Markenartikelindustrie, wenn es um Markenbildung geht.

Konsequenz und Disziplin in der Umsetzung stellen danach besondere Anforderungen an das Handelsmanagement.

3. Disziplin: Begeistere deine Mitarbeiter

Die beste Retail Brand nützt nichts, wenn durch das Verhalten der Mitarbeiter vor Ort die Orientierung am Kunden nicht erlebbar wird. Die modernste Technologie hilft, Kunden besser zu verstehen, ersetzt aber nicht den freundlichen Kundenumgang im Laden. Das Image, das Sortiment, das Serviceversprechen, die Sonderangebote, die Parkplätze, der Preis u. a. M. sind sicherlich wesentliche Elemente zur Kundenzufriedenheit und die zentralen „Argumente“, die den Kunden in das Geschäft bringen sollen. Damit ist es selbstverständlich nicht getan. Wesentlich ist das Erlebnis im Laden. Wir alle haben hier unzählige Beispiele zur Hand, wenn wir über die mangelnde Serviceorientierung im Handel reden: Auf die Frage meiner Frau, ob die Verkäuferin im Schuhgeschäft das Paar Schuhe für eine Stunde zurücklegen könnte, um noch eine Alternative zu prüfen, wurde ihr geantwortet: „Das ist absolut unmöglich, wir müssen unsere Umsatzziele erreichen und wenn jemand das Paar in der Stunde kaufen möchte, wird es verkauft.“ Servicewüste Deutschland – also doch?

Fast 70 % aller Kundenverluste resultieren aus dem Verhalten der Mitarbeiter. Was sind die Ursachen? Fehlendes unternehmerisches Denken, gepaart mit unzureichender Motivation – das wäre eine einfache Antwort. Meine Erfahrung ist: Verantwortlich für ein derartiges Verhalten ist meist der Führungsstil der Handelszentralen. Gerade in Sachen Führungskultur und Verantwortung übertragen hinkt der Handel gegenüber der Industrie deutlich hinterher. Aus meiner Sicht geht es um dreierlei:

1. Die gesamte Konsumgüterwirtschaft – und der Handel im Besonderen – muss ihr Image als moderner und interessanter Arbeitgeber radikal verbessern.

2. Eigenverantwortung und Freiräume schaffen, das ist Grundvoraussetzung dafür, dass gut ausgebildete und junge Führungskräfte langfristig im Handel und in der Konsumgüterwirtschaft bleiben.

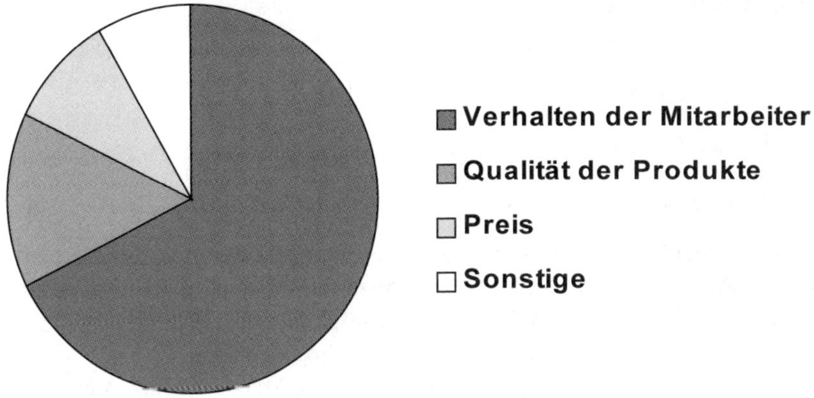

Abb. 4. Ursachen für Kundenverluste

Quelle: SCG St. Gallen in Lebensmittelzeitung, 4. Mai 2003

3. Die interne Personalentwicklung muss verbessert werden, damit alle Beteiligten in den Unternehmen in die Lage versetzt werden, mit den neuen Anforderungen zurecht zu kommen.

Einer Studie zufolge, die von der Lebensmittelzeitung und der Kienbaum Beratung im März 2003 durchgeführt wurde, sind den Jungmanagern die drei Aspekte Spaß an der Arbeit, Identifikation und Karriere wichtig. Eigenverantwortung und Freiräume zu selbstständigem Handeln gestalten sich weder beim Handel noch in der Industrie nach den Vorstellungen der Nachwuchskräfte. Verständlich wäre eine Einschränkung der Spielräume bei absoluten Berufsanfängern, aber die von der LZ und Kienbaum Befragten waren im Schnitt 31,6 Jahre alt und hatten bereits drei bis sieben Berufsjahre absolviert. Dass sie oft an der kurzen Leine gehalten werden, weist im Einzelfall auf eine wenig risikofreudige Unternehmenskultur hin – so die Studie.

Also müssen wir die Organisation den Anforderungen anpassen und Richtlinien und Prozesse zur Kundenorientierung neu gestalten! Falsch – sie können allenfalls Rahmenbedingungen setzen. Die Reorganisation ist jedoch nicht in der Lage, den Kern des Problems zu lösen.

Erfolgsfaktor Führungsstil: Das Vertrauen auf die Fähigkeiten der Verkäuferin im oben erwähnten Schuhgeschäft scheint bei den vorgesetzten Führungskräften nicht stark ausgeprägt zu sein. Wie sonst ist zu erklären, dass das kurzfristige und vordergründige Denken in Filialumsatz die Orientierung am Kunden einschränkt. Dicke Bücher mit Organisationsanweisungen aus der Zentrale helfen allein nicht weiter. Meist werden sie zudem ohne die Verkäuferinnen und Verkäufer vor Ort erstellt. Die Folge: Das Befolgen der Vorgaben wird für den Verkäufer wichtiger als die Zufriedenheit des Kunden.

Meine Erfahrung ist: Alle Veränderungen müssen an der Unternehmenskultur angesetzt werden. Es geht um dreierlei:

1. Eigenverantwortung und Freiräume schaffen;
2. Offene Kommunikation sichern und
3. Involvieren – Betroffene zu Beteiligten machen.

Wenn es um den Kunden geht, können nur Eigenverantwortung und Kreativität des Einzelnen helfen, jeden individuellen Einzelfall kundenorientiert zu lösen. Das Schaffen von Entscheidungsspielräumen ermöglicht individuelle Lösungen und führt die Mitarbeiter in Richtung unternehmerisches Denken.

Anlässlich des MMM Kongresses 2003 hat Jörg Menno Harms, Vorstand von hp Deutschland, seine persönlichen 8 Werte der Arbeitskultur beschrieben, die ich als sehr eindrucksvoll empfand und die jederzeit auf die Konsumgüterwirtschaft übertragen werden können (sollten):

1. „Als Mitarbeiter will ich wissen, welche Rolle ich im Unternehmen spiele, welchen Sinn das Unternehmen bzw. mein Bereich hat.
2. Ich will im Rahmen von verhandelten und nicht diktierten Zielen selbstständig Leistung erbringen, ohne ständig von Mikromanagern kontrolliert zu werden.
3. Wenn mir vertraut wird, laufe ich zur Hochform auf. Wie eine Glühbirne laufe ich den ganzen Tag durchs Unternehmen. Es motiviert, wenn ich meine Arbeit selbst bestimmen kann und wenn alle keine Stechuhren bedienen müssen.
4. Ich will früh Verantwortung tragen und auch Fehler machen dürfen, natürlich nicht den gleichen ständig wieder, ohne dass mir gleich der Kopf abgerissen wird.
5. Ich will, wenn es sein muss, über alle Ebenen hinweg mit allen Vorgesetzten direkt sprechen können, ohne anschließend Vorwürfe meiner unmittelbaren Vorgesetzten zu hören. Das Management muss für mich direkt ansprechbar sein, zum Beispiel in Großraumbüros, durch Präsenz im Betrieb, beim Walking around.
6. Ich fühle mich wohl in einem Unternehmen, in dem die Zusammenarbeit zwischen Mitarbeitern und dem Management offen und kooperativ gestaltet ist und frei von feudalen Sperenzchen ist. Wo die vielen kleinen, hierarchischen Hürden, Titel, Vorzimmer, Vorschriften, Privilegien abgebaut sind, die dem Teamgedanken entgegenstehen, die eher Angst machen als Kreativität aufkommen lassen.

7. Ich will für meine Leistung gut und gerecht bezahlt werden, brauche wegen einer jährlichen Leistungsbeurteilung und Gehaltsüberprüfung nicht um Gehaltssteigerung zu betteln und bin am Gewinn und Kapital des Unternehmens beteiligt.

8. In diesem offenen Arbeitsklima bin ich bereit, weit über das normale Maß hinaus Leistung, Verantwortungsübernahme und Ideen einzubringen und mich mit dem Unternehmen zu identifizieren. Ich bin übrigens auch zu freiwilligen Gehaltseinbußen bereit, wenn es dem Unternehmen einmal schlecht gehen sollte. Mich überzeugt diese Art der Zusammenarbeit."

Das alles zu erreichen erfordert sicherlich durchgreifende Veränderungen. Unternehmen auf Kundenorientierung ausrichten ist Change Management. Die Herausforderung ist, dass der Erfolg der Veränderungen in etwa 90 % der Fälle nicht am Veränderungskonzept, sondern an dessen Umsetzung scheitert. Offene Kommunikation und das Einbeziehen der Beteiligten in den Veränderungsprozess sind deshalb ebenso wichtig wie das Ziel: Eigenverantwortung und Freiräume.

Die Herausforderung für den Handel und die Konsumgüterindustrie wird um so dramatischer, wenn man bedenkt, dass für 2010 vom Institut für Arbeitsmarkt- und Berufsforschung ein dramatischer Angebotsmangel an Arbeitskräften prognostiziert wird. Handel und Konsumgüterindustrie müssen sich dringend und professionell darauf einstellen. Im Kampf um die Talente, der durch die aktuelle wirtschaftliche Situation nur temporär verschleiert ist, müssen sich die Unternehmen unbedingt besser aufstellen. Die Führungskultur zu verändern ist sicherlich eine Aufgabe, für die man einen langen Atem benötigt – umso früher muss jetzt damit begonnen werden. Das allein wird jedoch nicht reichen. Vor allem muss auch die Kommunikation in der Öffentlichkeit besser werden, denn das Image der Unternehmen selbst ist letztlich ausschlaggebend für die Attraktivität als interessanter Arbeitgeber. Aber dahin ist es offenbar noch ein langer Weg.

4. Disziplin: Sei innovationsbesessen

Die zunehmende Austauschbarkeit von Produkten, Sortimenten und Betriebstypen im Einzelhandel sowie die Veränderungen im Kundenverhalten führen dazu, dass Innovationen zum maßgeblichen Erfolgsfaktor werden. Einseitige Preisstrategien können höchstens kurzfristige Effekte erzielen und werden langfristig nur einen Händler überleben lassen, nämlich den Kostenführer. Dazu kommt eine weitere Herausforderung: Der Vorsprung durch Innovation wird immer schneller aufgeholt. Für das Überleben im Wettbewerb werden deshalb kontinuierliche Innovationsaktivitäten immer wichtiger. Und im Mittelpunkt nahezu aller Innovationsaktivitäten stehen die Kundenorientierung und effiziente Prozesse, wie das nachfolgende Schaubild zeigt.

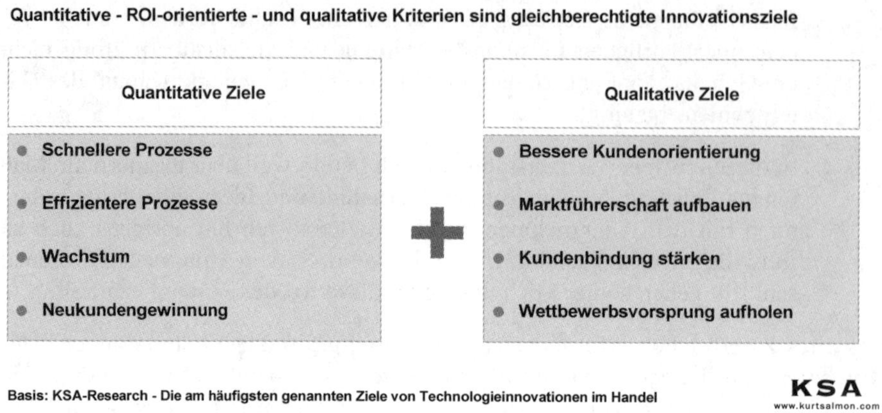

Abb. 5. Kundenorientierung als Zielrichtung von Handelsinnovationen

Dabei spielen technologische Innovationen im Handel im Vergleich zu Sortimentsinnovationen, Dienstleistungsinnovationen, Innovationen im Bereich des Marketing oder Betriebstypeninnovationen eine besondere Rolle. Sie haben einen höheren Freiheitsgrad, sind also weniger von der marktstrategischen Positionierung abhängig. Auch wenn andere Innovationen Risiken in sich bergen, ist die Tragweite technologischer Innovationen meist sehr groß.

Die Chancen der neuen Technologien im Handel sind:

- Mehr Transparenz und Effizienz im Warengeschäft,
- Neuartige Ansprache der Kunden und dadurch bessere Befriedigung spezifischer Kundenbedürfnisse,
- Bessere Information und Produktpräsentation und
- Chance, sich verstärkt auf den Kunden auszurichten.

Das nachfolgende Schaubild zeigt im Überblick aktuelle Beispiele für technologische Innovationen im Handel und deren Ziele sowie die betroffenen Unternehmensbereiche.

Angesichts der Chancen und Risiken und der Besonderheiten neuer Technologien bekommt das Management technologischer Innovationen eine besondere Bedeutung. Was also macht erfolgreiches technologieorientiertes Innovationsmanagement aus?

Wir haben es zur Zeit in der gesamten Konsumgüterwirtschaft mit der Neugestaltung von Wertschöpfungsketten zu tun. Der Händler oder der Lieferant klassischer Prägung steht vor einer vollkommenen Neuordnung der Strukturen. Wir werden es in Zukunft vermehrt mit neuartigen Hochleistungsorganisationen zu tun haben – die Zukunft gehört der fokussierten, offenen und vernetzten Unternehmung. Diese Netzwerke werden die Innovationstreiber der Zukunft sein.

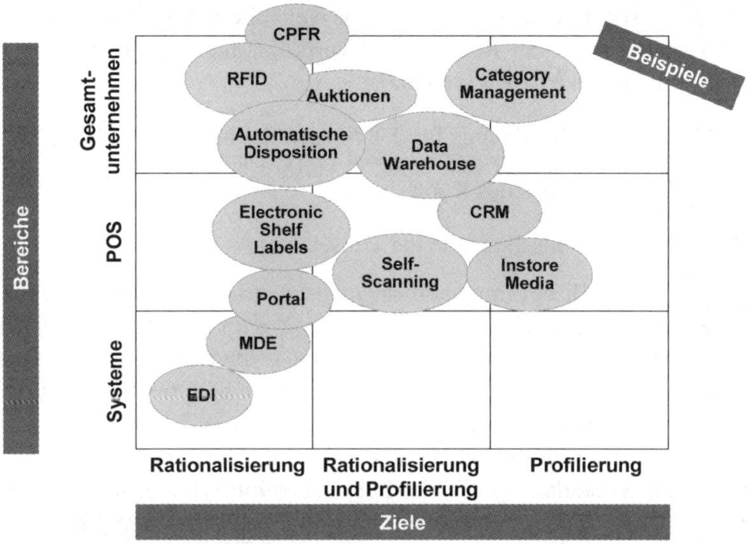

Abb. 6. Technologische Innovationen im Handel

Fokussieren heißt das bewusste Konzentrieren eigener Ressourcen, um an entscheidender Stelle mit überlegenen Kräften agieren zu können. „Fokus" steht nicht für eine Konzentration auf die vermeintlichen sicheren Bereiche – es geht vielmehr darum, die eigenen Stärken besser zu verstehen und durch Allokation und Reallokation der Ressourcen neue Möglichkeiten zu erschließen. Fokus und Vielfalt müssen dabei nicht im Widerspruch stehen.

Fokussierung fragt: „Was tun und was dafür aufgeben?". Dazu braucht es Mut, Weitblick, Visionen und die Fähigkeit, das wirklich Wichtige zu erkennen.

Offen heißt, früh Signale möglichst ungefiltert aufzunehmen und mit Netzwerkpartnern das Bild über die Zukunft immer wieder neu zu entwerfen. Innovationsfähigkeit setzt Interpretations- und Analysegemeinschaften voraus. Um in diesem Rahmen erfolgreich zu sein, darf nicht auf „Signale" von außen gewartet werden. Sie sind selbst zu setzen. Bei aller Kundenorientierung: Kunden können in aller Regel ihre zukünftigen Bedürfnisse nicht richtig artikulieren. Um zu Innovationen zu gelangen, müssen wir uns abseits des Bekannten orientieren. Orientieren wir uns nur am Kunden, wird das den Innovationskorridor unnötig einschränken. Öffnung fragt: „Wieviel Unruhe brauchen wir, um innovativ zu sein?". Das verlangt die Bereitschaft, auf das vermeintlich Sichere verzichten zu können.

Vernetzung heißt, durch „Networking" Synergien und Ideen schnell zu realisieren. Und Innovationen sind oftmals gerade an den Schnittstellen der Netzwerkteilnehmer zu entdecken. Gleichzeitig gestattet die Vernetzung jedem Netzwerkteilnehmer, sich auf seine spezifischen Fähigkeiten zu fokussieren. Networking wird zum Erfolgsfaktor im Innovationsmanagement. Networking fragt: „Welche neuen Beziehungen sind zu knüpfen und welche zu lösen?".

Diese drei Aspekte machen deutlich, vor welch großen Herausforderungen wir hier noch stehen. Und die Risiken sind vorprogrammiert. Die drei wichtigsten Hürden im Innovationsprozess sind dabei:

1. Mangelndes Verständnis für den Nutzen der neuen Technologie,
2. Fehlendes technisches Know-how,
3. Mangelnde Konsequenz in der Umsetzung.

Die Notwendigkeit für ein Innovationsmanagement im Handel haben viele Unternehmen erkannt. Untersuchungen belegen den Zusammenhang zwischen Innovationskraft und Erfolg des Handelsunternehmens. Innovationsmanagement erfordert Visionen. Ohne diese Visionen können wir keine Orientierung auf die Zukunft geben. Innovationsmanagement erfordert dann auch vor allem Leadership, weil heute die Innovationspotenziale in den Unternehmen noch nicht gehoben und weil erhebliche Veränderungen in der Führungskultur erforderlich sind. Organisatorisch ist das Innovationsmanagement im Handel meist nicht verankert. Ein temporäres oder dauerhaftes Verankern von Innovationsmanagement, wie es in der Industrie schon lange existiert, ist nötig.

5. Disziplin: Lebe deine Vision

Die Konsumgüterindustrie und der Handel waren immer schon durch ständige Veränderungen geprägt: „Handel ist Wandel" – jeder kennt diese Erfahrung. Und dennoch: viele Anzeichen deuten darauf hin, dass wir uns nicht nur in einem Veränderungsprozess befinden, sondern dass wir es mit einem Quantensprung zu tun haben werden. Wer im Handel und in der Konsumgüterindustrie in Zukunft erfolgreich überleben will, muss auf die Herausforderungen aus strukturellem Nachfrageschwund, weiteren Discountgewinnen, Internationalisierung, weiterer Vertikalisierung und der zunehmenden Zusammenarbeit in der Supply Chain, dem Wettbewerb um die besten Köpfe sowie den neuen technologischen Möglichkeiten die richtigen Antworten haben. In vielen unserer Beratungsprojekte geht es zunehmend um radikales Infragestellen des Bisherigen, um auf diese Weise zu neuen Antworten zu kommen. Diese Herausforderungen führen zur Zeit bei vielen Unternehmen zur Überprüfung und Neuausrichtung der Vision, der Strategie und interner Leitbilder. Ohne eigene Vision sind die erforderlichen Veränderungen ohne Orientierung. Jedes Unternehmen braucht eine Vision, die die Veränderungen proaktiv fördert, die von allen verstanden wird, besonders in schwierigen Zeiten.

Unter der Überschrift „Visionen für Wachstum und Erfolg" hat Andre Lacroix, Präsident von Burger King International, 10 High-Performance-Thesen formuliert, die seiner Erfahrung nach eine Erfolgsgrundlage seiner Arbeit darstellen. Diese

10 Thesen möchte ich zu Abschluss vorstellen und fragen: Was sind die 10 Thesen Ihres Unternehmens?

Die 10 High-Performance-Thesen von Burger King:

1. Man braucht eine Vision, die Wachstum fördert und von allen verstanden wird – besonders in schwierigen Zeiten.
2. Man muss auf die wichtigsten strategischen Prioritäten fokussiert sein und mit „Executional Excellence" und einer „Zero Defect Philosophy" führen.
3. Glaube an Qualität, Innovation und Fokus rund um die Uhr auf außerordentlichen Kundenservice.
4. Man muss eine differenzierte, motivierende und ehrliche Marke aufbauen.
5. Man muss durchgehend in Werbung und PR-Maßnahmen investieren.
6. Man muss seiner Zeit immer voraus sein, wenn es um organisatorische Fähigkeiten geht.
7. Man muss sichergehen, dass Top-Führungskräfte die Strategie in Aktion umwandeln.
8. Man darf nie aufhören, das System mit Energie anzutreiben und alle mit Herausforderung und Lob in gleichen Maßen zu führen.
9. Man darf nie aufhören, den Wettbewerb herauszufordern und die Spielregeln zu ändern.
10. Man muss das Unternehmen mit Mut, Leidenschaft und Integrität leiten und man darf nie seine Leute im Stich lassen.

Visionen und Leitbilder sind formulierte Grundsätze über eine erfolgreiche Zukunft des Unternehmens. Sie dienen dazu, alle Energien auf die gemeinsamen Ziele auszurichten und zu bündeln – sie sind der Kompass, an dem wir unsere gesamten Aktivitäten ausrichten. Durch die Vision erhalten alle Ziele und Einzelmaßnahmen Richtung und Sinn. Visionen müssen jedoch noch mehr leisten; die gemeinsame Ausrichtung auf die Zukunft muss nicht nur rational nach Märkten, Technologien, Produkten, Sortimenten etc. erfolgen. Die Veränderungen müssen in zweierlei Hinsicht gesteuert werden. Es geht um ein systematisches Change Management, das dafür sorgt, dass wir die Veränderungen schneller, mit weniger Reibungsverlusten und mehr Akzeptanz umsetzen.

Und wir müssen auch die emotionalen Aspekte ansprechen. Es müssen gemeinsame Normen gelebt werden, und wo Normen in Unternehmen übereinstimmen, stimmt auch ihr Verhalten überein. Und dann wird alles in einen dynamischen Veränderungsprozess einmünden können.

Literatur

Biehl B, in: Lebensmittelzeitung, 21. März 2003 – Motiviert von Kopf bis Fuß

Büchner M-G, Marktorientiertes Management technologischer Innovationen im Handel, Dissertation Nr. 2217, St. Gallen 1999

Cevey B, Prange P, Vom Nutzen der Veränderung, in: Spalink H, Werkzeuge für das Changemanagement, 2. Auflage, Frankfurt 1999

Daegling B, in: Lebensmittelzeitung, 4. Mai 2001 – Individuelle Ansprache steigert die Effizienz

Harms J M, in: Antworten auf die Krise, 41. MMM Kongress, Februar 2003 – Wir in der Arbeitwelt von Morgen

Lacroix A, in: Antworten auf die Krise, 41. MMM Kongress, Februar 2003 – Visionen für Wachstum und Erfolg

Aktuelle Spitzenleistungen

Haltung als Erfolgsfaktor

Götz W. Werner

dm-drogerie markt GmbH + Co. KG, Karlsruhe

Wirtschaftlicher Erfolg erfordert überzeugende Produkte, klare Strategien, straffe Organisation, Kapital und nicht zuletzt Manpower. Wenn eine Marktposition durchgesetzt und behauptet werden soll, darf keines davon fehlen. Es sind harte Erfolgsfaktoren. Das Ergebnis stimmt, wenn sich ein Produkt gut absetzen lässt, wenn die Produktivität von Management und Mitarbeitern hoch ist und vor allem, wenn die Kapitalgeber die richtige Rendite erhalten. Auf das Ergebnis kommt es an. Am Ergebnis misst sich der Erfolg. Erfolgsgeschichten sind Ergebnisgeschichten. Man geht zumindest davon aus. Und weil diese Geschichten nicht immer wieder neu erzählt werden, bietet sich kaum ein Anlass zu weiteren Fragen. Nichts scheint selbstverständlicher, als ein Unternehmen am Ergebnis zu orientieren. Der größte Teil der Wirtschaft arbeitet heute ergebnisorientiert. Trotzdem sind Erfolgsgeschichten zu erzählen von Unternehmen, die ihre Arbeit nicht vorrangig am Ergebnis messen.

Dass Unternehmen höchst erfolgreich sein können, auch wenn sie nicht in erster Linie auf ergebnisorientiert arbeiten, bleibt oft unbemerkt. Von außen her gesehen zeigt sich zunächst kein Unterschied zwischen ergebnisorientierten Unternehmen und denen, die nicht nur auf das Ergebnis blicken. Am Ergebnis ist kein signifikanter Unterschied festzumachen. Erfolg schließt gute Ergebnisse ein. Trotzdem sind die Unterschiede einschneidend und von höchster Bedeutung – für alle Menschen, die mit dem Unternehmen zu tun haben, für die Kunden, die Mitarbeiter und die Kapitalgeber. Denn aus eigener Erfahrung kann ich sagen: Die Ergebnisorientierung ist nur ein Weg zum Erfolg unter vielen Wegen. Und obwohl die meisten Unternehmen glauben, ihn beschreiten zu müssen, ist er keinesfalls der beste Weg. Wer Erfolg oder Misserfolg nur am geldwerten Ergebnis festmacht, gefährdet seinen Erfolg. Er läuft Gefahr, seinen Erfolg falsch zu bewerten, indem er weitere Erfolgsfaktoren unterbewertet. Er läuft damit zugleich Gefahr, die wertvollsten Entwicklungspotenziale seines Unternehmens nicht zu nutzen. Wer dagegen das Ziel seiner Arbeit nicht einzig im Erreichen bestimmter Ergebnisse sieht, hat eine breitere Palette von Optionen, mit denen das Unternehmen zum Erfolg geführt werden kann. Provozierend gesagt: Wer sich nicht allein am Ergebnis orientiert, sondern weitere Potenziale seines Unternehmens aktiviert, braucht nicht dauernd auf das Ergebnis zu schielen, er kann die guten Ergebnisse gar nicht verhindern. Es klingt paradox und ist doch wahr: Zu wirklich nachhaltigen Bestergebnissen kommt man gerade dann, wenn man nicht auf sie zielt.

Ich kenne die Skepsis gegenüber solchen Behauptungen. Ich stelle sie aber nicht auf, um irgendwelche exotischen Ideologien zu vertreten. Ich spreche vielmehr von Tatsachen, die sich bei einer unmittelbaren und genauen Beobachtung der wirtschaftlichen Realität zeigen. Man sollte nur die Hindernisse nicht unterschätzen, die sich in den Weg stellen, wenn man Tatsachen dieser Art in den Blick bekommen will. Festgesetzte Denkgewohnheiten und kollektive Urteile, die nur noch selten befragt werden, versperren die Sicht. Deshalb ist es auch schwierig, sich über die Bewertung von Erfolgen zu verständigen, wenn das Geldergebnis nicht als die einzig maßgebliche Größe, sondern nur als eine unter anderen – womöglich noch weit wichtigeren Bezugsgrößen gewertet wird.

Gleich zu Anfang muss deshalb auch klargestellt werden, dass das Ergebnis auch bei einer nicht auf Ergebnisse ausgerichteten Wirtschaft entscheidend wichtig ist. In einer nicht einzig ergebnisorientierten Arbeit erhält das Ergebnis nur eine andere Funktion. Ein gutes Ergebnis gilt hier nicht als Ziel der Arbeit. Anstatt Ziel zu sein, wird das Ergebnis zu einem Indikator für das Gelingen der Arbeit. Durch das Ergebnis wird sichtbar, inwiefern Produkt, Strategie, Kapitaleinsatz, Zusammenarbeit usw. gelingen. Durch das Ergebnis wird die eigene Arbeit mit der Arbeit anderer Unternehmen objektiv vergleichbar.

Fragt man bei den verschiedenen unternehmerischen Maßnahmen nach nichts anderem als „Wieviel Geld kommt dabei am Schluss heraus?“, dann greift das meistens zu kurz. Bei einer realistischen Einschätzung des Erfolgs sollte man nicht einzig die wenigen so genannten *harten* Erfolgsfaktoren im Sinn haben. Stets ist erforderlich, die größeren Zusammenhänge mit zu berücksichtigen, in denen die eine oder andere Maßnahme steht. Auf die Wahrnehmung des Ganzen kommt es an.

Das Ganze wahrnehmen zu lernen, verlangt jedoch, alte Vorstellungen über Bord werfen zu können. Z.B. die Vorstellung über das, was man im eigentlichen Sinn als Erfolg eines Unternehmens anzusehen und zu werten hat. Wer nur auf das Ergebnis blickt, für den ist meist zweitrangig, *wie* dieses zu Stande kommt; Hauptsache, die Kasse stimmt. Will man aber Erfolg nicht allein an der Vermehrung geldlichen Gewinns messen, müssen andere Bezugsgrößen ins Spiel gebracht werden.

Eine dieser nicht durch den Gewinn definierten Bezugsgrößen für die Erfolgbewertung liegt in der *Qualität* eines Erfolgs. Bekanntlich sind Erfolge von verschiedener Qualität: Handelt es sich um eine Seifenblase, die bald zerplatzt, oder handelt es sich um einen nachhaltigen Erfolg, aus dem sich weitere Erfolge ergeben? Außerdem wirkt sich ein Erfolg nur selten in einer einzigen Dimension aus. In der konkreten Arbeit eines Unternehmens ist es immer entscheidend, auch darauf zu achten, wo und für wen sich ein Erfolg auswirkt: Bringt er einzig eine Steigerung des *Shareholder Value* mit sich? Was bedeutet er für die Mitarbeiter? Welchen Einfluss hat er auf die Unternehmenskultur? Hier stellen sich viele Fragen. Die Wirklichkeit eines Unternehmens von heute ist nicht einschichtig. Der Vielschichtigkeit des wirtschaftlichen Handelns können wir nur gerecht werden, wenn wir sie anerkennen. Wir entfernen uns von der Wirklichkeit, wenn wir so tun, als ob sie einschichtig behandelt werden könnte. Die Vorstellung z. B. man könne Erfolg einzig mit dem Blick auf das Ergebnis umfassend bewerten, verkürzt die Wirklichkeit. Urteile, die die Komplexität wirtschaftlicher Wertbildung nicht ernst nehmen, verschärfen meistens sogar die Probleme, die sie lösen wollen. Die Vielschichtigkeit wirtschaftlichen Handelns zu berücksichtigen, ist nichts anderes als Realismus.

Eine Erfolgsbewertung mit dem Blick auf das Ganze nimmt sich vielleicht als eine zu hohe Forderung aus. Wie sollte man unter dem Druck der Ereignisse stets derart viele Faktoren berücksichtigen, die das Ganze enthält? Dies scheint kaum praktikabel. Die Praxis aber lehrt das Gegenteil. Wer von der Vielschichtigkeit wirtschaftlichen Handelns ausgeht und strategische wie auch die verschiedensten Einzelentscheidungen mit dem Blick auf das Ganze fällt, macht das Entscheiden nicht notwendig komplizierter. Mit großer Wahrscheinlichkeit wird das Entscheiden in vielen Fällen sogar erleichtert.

Beim Bewerten und Entscheiden auf das Ganze zu blicken – in meinen Augen macht dies erst den Unterschied von einer gewöhnlichen zu einer unternehmerischen Entscheidung aus. Auf das Ganze zu blicken – oder wenigstens auf größere Zusammenhänge, in denen eine Maßnahme ergriffen werden soll – bedeutet nicht, jede Einzelheit im Kopf zu haben. Es kommt auf einen erweiterten Blick an. Und dieser ergibt sich schon, wenn die unternehmerische Arbeit auf einer Haltung basiert, die nicht nur in der Unternehmensspitze, sondern möglichst von allen im Bewusstsein getragen wird, die im Unternehmen tätig sind oder mit diesem zu tun haben. Bei Entscheidung stets tausend Einzelheiten und Regeln befolgen zu müssen und bei einer Bewertung ständig alle Faktoren der Reihe nach durchchecken zu müssen, lähmt die Produktivität. Von der Kreativität ganz zu schweigen. Dagegen kann gerade die Grundhaltung, das Einzelne mit Blick auf das Ganze zu gestalten, die Handlungsfähigkeit eines jeden beflügeln. Bei einem erfolgreichen Management geschieht dieses ständig. Nur bleibt es meistens unbewusst. Ich halte es deshalb für wichtig, diese Haltung selbst schon als Erfolgsfaktor immer bewusster zu machen. Daher gilt es darauf hinzuarbeiten, dass nicht allein das Management eine den Gesamtzusammenhang berücksichtigende Haltung entwickelt und lebt – was für sich bereits nicht wenig ist – sondern ebenso die Mitarbeiter wie schließlich und nicht zuletzt die Kunden. Denn nicht allein für das Unternehmen wirkt sich diese Haltung positiv aus, sondern sie kommt in erster Linie auch seinen Kunden zugute.

Das lässt sich am Beispiel der *Kundenorientierung* verdeutlichen. Kundenorientierung kann für mehr als nur das Ergebnis folgenreich sein. Sie kann fruchtbar werden in allen verschiedenen Schichten der unternehmerischen Wirklichkeit, angefangen von der Außenwirkung bis hin zur persönlichen Entwicklung der einzelnen Mitarbeiter innerhalb des Unternehmens. Ich will zeigen, dass sich Kundenorientierung auf das Ergebnis gerade dann am besten auswirkt, wenn sie nicht allein dafür instrumentalisiert wird, das Ergebnis zu verbessern. Sie wirkt dann am effektivsten, wenn sie aus der schon beschriebenen das Ganze berücksichtigenden Haltung – mithin aus einer unternehmerischen Haltung – praktiziert wird. Erst wenn diese Haltung im Unternehmen verbreitet ist, kann Kundenorientierung als Prinzip, die Arbeit konsequent an den Bedürfnissen des Kunden auszurichten, seine volle Fruchtbarkeit entfalten. Sie ist Grundlage für das Gelingen von Kundenorientierung. In Kundenorientierung sehe ich nicht lediglich eine Reihe von mehr oder weniger kundenfreundlichen Maßnahmen, die man verfolgt, um die Leistungen und Produkte eines Unternehmens attraktiv erscheinen zu lassen. In Kundenorientierung sehe ich zu allererst eine Haltung, die nicht ein Unternehmen einnehmen kann, sondern nur die Menschen einnehmen können, die in einem Unternehmen zusammenarbeiten.

Ich kann mir kaum denken, dass es ein Unternehmen geben sollte, das nicht gern als kundenorientiert angesehen werden möchte. Nur selten aber wird Kundenorientierung in der Praxis gelebt. Selbst bei den sprichwörtlichen Kaufhäusern in Fernost, wo der Kunde von einem Spalier lächelnder und sich tief verneigender Mitarbeiter begrüßt wird, ist durchaus nicht immer gesagt, dass diese Unternehmen ihre Arbeit an den Bedürfnissen der Kunden ausrichten. Auch in der westlich geprägten Wirtschaftswelt wird in Maßnahmen investiert, die auf den Kunden zielen. Dennoch heißt das nicht, dass Unternehmen, die sogenannte kundenorientierte Strategien verfolgen, tatsächlich kundenorientierte Unternehmen sind. Wie selbstverständlich wird Werbung in einer Weise betrieben, von der man hofft, den Kunden wirksam anzusprechen, seinen Geschmack zu treffen, seine Neigungen zu bedienen und seine Wünsche zu wecken. Auch wurden noch nie so viele Kundenbefragungen durchgeführt wie heute, um sich über die Wirkung der Werbung bei den Kunden zu versichern. Es werden Verkäufer trainiert, um die schlagendsten Argumente und die höflichsten Phrasen für das Kundengespräch parat zu halten. Trotzdem muss es sich auch in diesen Fällen nicht unbedingt um Kundenorientierung handeln, obwohl man Maßnahmen dieser Art so nennt.

Als Kunde mag man inzwischen selbst das freundlichste *Was kann ich für Sie tun?* schon kaum mehr hören. Es sei denn, diese Dame oder dieser Herr vom Service meint es tatsächlich so. Dann – und nur dann – fühlt man sich angesprochen: Ein- und dieselbe Redewendung kann völlig unterschiedlich wirken, kann von völlig verschiedener Wirklichkeit sein. Ob es sich um leere Floskeln handelt, die eine auf Kundenfreundlichkeit trainierte Mitarbeiterin abspult, oder um echte Aufmerksamkeit und Zuwendung – dafür ist einzig die Haltung maßgebend, in der der Mitarbeiter mit mir spricht. Wahre Kundenorientierung kann nicht nur ein Maßnahmenpaket sein.

Gegen die Einführung kundenorientierter Maßnahmen spricht trotzdem nichts. Auch wenn diese nur äußerlich sein sollten, sind sie doch immer noch besser als nichts dergleichen. Bei Unternehmen geht die Moral nicht selten von außen nach innen. Freundliche Floskeln wirken bisweilen ansteckend, sie können auch den freundlich stimmen, der sie zunächst nur äußerlich verwendet. Zum tragenden Erfolgsfaktor wird Kundenorientierung allerdings erst, wenn im Unternehmen die schon erwähnte Haltung vorherrschend geworden ist. Denn das Verhalten der Mitarbeiter ergibt sich aus dieser Haltung auch ohne äußerliche Direktiven. Die

Verkäuferin an der Kasse sollte nicht an das Handbuch denken müssen, wenn sie sich kundenorientiert verhalten soll. Das wäre nur Stress. Sie sollte jedoch auch nicht gedankenlos weitergeben, was ihr beim Training eingetrichtert wurde. Durch die richtige Haltung fällt ihr im richtigen Moment das Richtige ein. Unter dem *Richtigen* meine ich allerdings nicht die Vorgaben des Unternehmens, die sie zu befolgen hat. Wenn das, was sie tut, dem Kunden entspricht, mit dem sie hier und jetzt zu tun hat, und auch ihr selbst entspricht, dann tut sie das Richtige. Kundenorientierung wird nur dann glaubwürdig erlebt, wenn sie authentisch dargelebt wird. Das Richtige ist damit notwendig immer wieder etwas anderes. Ein Unternehmen könnte noch so viele Vorgaben machen; niemals könnte eine für alle Fälle gültige Einheitsnorm für kundenfreundliches Verhalten vorgegeben werden. Kundenorientierung darf letztlich nicht nur die schöne Verpackung sein, mit der ein Unternehmen seine Ergebnis-Geilheit kaschiert.

Wird Kundenorientierung konsequent als die beschriebene Haltung gelebt, dann gilt das gerade nicht nur für die Kassiererin, die ständig im direkten Kontakte mit Kunden steht. Bei einer konsequenten Kundenorientierung muss sich die gesamte Arbeit des Unternehmens an den Bedürfnissen jedes Kunden orientieren – von der Ladengestaltung bis zur Datenverarbeitung. Statt von Kundenorientierung sollte man deshalb lieber von *Kundenorientiertheit* sprechen. Wenn sich die Arbeit eines ganzen Unternehmens an den Bedürfnissen des Kunden orientiert, dann kommt dieser Haltung selbst hohe Bedeutung zu: Sie erweist sich als Basis für das Gelingen von Kundenorientiertheit. Der Erfolg hängt aber nicht an einzelnen Maßnahmen. Eine das Ganze berücksichtigende Haltung – und das ist hier als unternehmerische Haltung zu verstehen – erweist sich als der wahre Erfolgsfaktor. Dies kann erst glücken, wenn nicht nur der Begriff vom Erfolg, sondern auch der vom Kunden über die herrschende Lehre hinaus erweitert wird.

Kunden sollten nicht allein als *Verbraucher* angesehen werden, die die Produkte abnehmen und bezahlen. In einer kundenorientierten Haltung gelten als Kunden alle Menschen, denen die Produkte oder Leistungen des Unternehmens zugute kommen. Kapitalgeber, Management und Mitarbeiter sehen sich gewöhnlich als die Gruppen an, unter denen ein Unternehmen überhaupt erst funktioniert und im eigentlichen Sinne erst produktiv und *lieferfähig* wird. Als Kunden gelten in dieser Sichtweise die Gruppe der Abnehmer, denen sich das Unternehmen gegenübergestellt sieht. Man kann demgegenüber gar nicht genug betonen, dass Kunden nicht nur *von außen* kommen. Jeder Mitarbeitende – gleich in welcher Funktion – ist immer aufs Ganze gesehen Produzent – aber auch Kunde. Wenn sich im Unternehmen das Bewusstsein verbreitet, dass jeder Mitarbeiter für jeden anderen Mitarbeiter auch sein Kunde ist, wird ein extrem hohes Potenzial der Unternehmensentwicklung aktiviert.

Dass es sich hier nicht um eine weltferne Utopie, sondern um eine in der Arbeit jedes Unternehmens prinzipiell veranlagte Gegebenheit handelt, wird offensichtlich, wenn man bedenkt, dass in einem arbeitsteiligen Zusammenhang jeder Mitarbeiter einen Beitrag gibt, durch den die Arbeit des anderen Mitarbeiters ergänzt bzw. überhaupt erst ermöglicht wird. Im Unternehmen liefert jeder und empfängt jeder. Jeder Mitwirkende ist Produzent *und* Kunde. So liefern z. B. die Mitarbeiter der EDV ihren Service für alle anderen Mitarbeiter. Die EDV bekommt von den anderen Mitarbeitern ihre Daten. Arbeitet die EDV gut, dann hat sie ihren Kunden ein gutes Produkt geboten. Werden Daten durch die anderen Mitarbeiter stimmig und zeitgerecht in die EDV eingegeben, dann werden die anderen Mitarbeiter als Kunden der EDV wahrscheinlich eine gute Leistung erhalten. Der einzige Unterschied zu den Kunden *von außen* besteht darin, dass hier statt Geld mit Gegenleistung bezahlt wird. Kundenorientiertheit ist also auch darauf gerichtet, diesen Leistungsaustausch mit allen verfügbaren Mitteln zu begünstigen. Kundenorientiertheit wird in diesem Sinne zu einem wertvollen Faktor der Unternehmenskultur. Kundenorientiertheit, die in dieser Haltung praktiziert wird, optimiert auch die Ergebnisse nachhaltig.

Der Erfolg aber geht weit über das Ergebnis hinaus. Denn für das Unternehmen bedeutet Kundenorientiertheit, die eigene Kultur im Dialog mit den Mitarbeitern ständig in Entwicklung zu halten. Und es lässt sich der Satz geltend machen: Je mehr die Mitarbeitenden im Unternehmen die Bedürfnisse ihrer Kunden stets und selbstständig erkennen, desto unternehmerischer wird das Unternehmen. Damit schließt sich der Kreis.

Eine unter der Maßgabe der Kundenorientiertheit entwickelte Unternehmenskultur bietet jedem Mitarbeiter die Möglichkeit, sich so zu verhalten, wie es seinen Kunden, denen *von außen* und denen *von innen,* entspricht – und wie es ihm selbst entspricht. In dieser Haltung bietet das Unternehmen damit auch jedem einzelnen Mitwirkenden die Möglichkeit, in der Arbeit zu erkennen, was dem anderen taugt und seine eigene Authentizität herauszufinden und zu entwickeln. Als Erfolg ist auch zu werten, dass dadurch jeder die Möglichkeit erhält, mit seinen Aufgaben zu wachsen und sich nicht nur außerhalb seiner Arbeit, sondern durch die Arbeit weiterentwickeln kann, wenn er sich darum bemüht. Als Erfolg ist zu werten, dass das ganze Unternehmen im angeführten Sinne unternehmerischer wird.

Nicht ohne Grund heißt der Claim unseres Unternehmens: *Hier bin ich Mensch, hier kauf ich ein.* Er ist Ausdruck unserer Vision und der von uns angestrebten Praxis.

Insgesamt lässt sich zusammenfassen: Kundenorientiertheit ist bei dm wesentlicher Bestandteil der Unternehmenskultur. Und wie wir im dm-drogerie markt eine kundenorientierte Haltung wecken, entwickeln und als Unternehmenskultur zu pflegen suchen, das ist ein neues Kapitel: Auch hier setzen wir zuallererst bei den Menschen an. Die Mitarbeiter erhalten nicht nur Anweisungen für ihren Job. Sie erhalten Angebote, ihr Denken zu schulen, Zusammenhänge zu erfassen und ihre Wahrnehmungsfähigkeit zu erweitern und zu vertiefen. Das gilt für die Lehrlinge wie für die Führung gleichermaßen. Wir setzen dabei auf Übung in konkretem Denken wie auf Übung im künstlerischen Wahrnehmen und Gestalten. Denn wer in einem kundenorientierten Zusammenhang Verantwortung übernehmen will, muss in der Lage sein, mit komplexen Situationen umzugehen, er muss vor allem sehen können, was seinem Kunden nützt, und wie er dessen Bedürfnissen am besten entsprechen kann. Hier geht es um konkrete Praxis, um die Ausgestaltung der einzelnen Maßnahmen der Arbeitsgestaltung im Einzelnen. Die einzelnen wirtschaftlichen Maßnahmen sind hier unmittelbar Bestandteil der Unternehmenskultur selbst. Dafür können zwei praktische Maßnahmen aus der Arbeit des dm-drogerie markts sprechen:

Beispiel 1: Die Lehrlingsausbildung

Unsere annähernd 1.500 Lehrlinge werden in ihrer Ausbildung durch drei verschiedene Maßnahmen gefördert: *Ausbildung zum Drogisten*, *Lernen in der Arbeit* (LidA) und *Abenteuer Kultur*. Unsere Lehrlingsausbildung zielt nicht nur auf den Erwerb der für die Arbeit im Unternehmen nötigen Fachqualifikation. Um im späteren Beruf die Fachqualifikation im Sinne einer kulturell wirksamen Arbeitsform fruchtbar einsetzen zu können, wird mehr verlangt aber auch geboten, als es die reine Fachqualifikation aus sich heraus zunächst erfordert. Das Ausbildungsprogramm enthält daher auch Komponenten, die über rein fachspezifische Qualitäten hinausführen. Sie soll

- zu einer zunehmend selbstverantwortlichen Arbeitsweise befähigen,
- Kommunikationsfähigkeit anregen und erweitern
- sowie eine ständig erweiterungsfähige Sozialkompetenz veranlagen.

Auch die über die Fachqualifikation hinausführenden Komponenten des Lernangebots sind für jeden Auszubildenden verbindlich.

Berufsziel Drogist

Mit großer Bereitschaft sind die Berufsschulen unserem Interesse entgegengekommen, ihre Arbeit mit unseren Lehrlingen auf das Ausbildungsziel des Drogisten zu fokussieren. Die Fachausbildung hat damit ein klares Berufsbild. In gutem traditionellen Sinne erweitert das die Fachkompetenz unserer Lehrlinge. Das gibt zugleich dem Einzelnen das Rüstzeug für die eigene spätere Aufgabe und verstärkt die eigene Sicherheit einer Fachkompetenz. Die in der Berufsschule veranlagte Fachkompetenz kann sich jedoch noch weit effektiver entfalten, wenn die praktische Arbeit des Lehrlings ihrerseits auf Lernen angelegt ist.

Lernen in der Arbeit – Fördern durch Fordern

Die Arbeit der Lehrlinge in den Filialen von dm-drogerie markt wird deshalb in einer Weise gestaltet, dass sie nicht nur zu immer besserer Routine führt, sondern dass sie immer auch einen unmittelbaren Anlass zum Lernen bietet. Das soll nicht heißen, dass die Arbeit dafür besonders didaktisch aufbereitet und damit künstlich fürs Lernen arrangiert würde. Die Arbeit, die anfällt, muss erledigt werden. Nur die Weise, wie man mit den einzelnen Aufgaben umgeht, muss entsprechend gehandhabt werden. Der Leiter einer Filiale kann z.B. die Anweisung geben, eine Lieferung von Putzmitteln an einer bestimmten Stelle in ein Regal zu stellen. Dann kommt es für den Lehrling nur noch darauf an, seine Anweisung zu befolgen. Wenn er seine Aufgabe weisungsgemäß erfüllt, dann hat er seine Arbeit gut getan – auch dann, wenn das Ergebnis einmal ganz unsinnig sein sollte. Ob das Ergebnis seiner Arbeit Sinn macht oder nicht, liegt nicht in seiner Verantwortung. Die Chance zu lernen, ist dabei sehr klein. Trotzdem ist gerade diese Form der Arbeitsgestaltung von Lehrlingen nicht eben unüblich.

Andere Chancen bei und an der Arbeit zu lernen, bieten sich dagegen für den Lehrling, wenn ihn sein Filialleiter auffordert, selbst eine gute Lösung für die Platzierung der eingetroffenen Ware zu finden. Bereits im kleinsten Rahmen wird ihm damit die Chance eingeräumt, die nötige Verrichtung selbstständig und aus dem Zusammenhang heraus zu gestalten. Wenn die von ihm gefundene Lösung unsinnig sein sollte, so ist er dafür mit in die Verantwortung genommen. Zum anderen wird seine Lösung, falls sie die Erwartung seines Vorgesetzten erfüllt oder womöglich übertrifft, sein eigener Erfolg, da er den Weg zur Lösung selbst gefunden hat. Dies schließt nicht aus, dass ein Lehrling sich bei Bedarf von erfahrenen Mitarbeitern den nötigen Rat oder auch Hilfe einholt. Der Lehrling, der so gefordert wird, lernt nicht allein selbstständig zu handeln. Er lernt auch, sich selbst den Rat zu holen, den er braucht. Allein hierin liegt bereits ein hoher Lernwert: Wahrnehmen zu lernen, dass man Rat braucht, und ihn sich selbst zu holen, ist eine der wesentlichen Grundlagen für ein lebenslanges Lernen, die leicht übersehen und nur selten bewusst gepflegt wird. Noch immer ist das eingeschränkte Urteil verbreitet, wer Rat hole, zeige Schwäche.

Putzmittel an die geeignete Stelle zu stellen, ist natürlich keine sehr bedeutende Aufgabe. Die Aufgaben eines Lehrlings aber werden im Verlauf der Ausbildung zunehmend anspruchsvoller. Die Arbeit als Lernbereich bewusst so zu gestalten, dass die Aufgaben zunehmend umfassender werden, gibt jedem Lehrling die Möglichkeit, mit der erweiterten Komplexität seiner Aufgaben seine eigenen Fähigkeiten zu erweitern. Mit den wachsenden Aufgaben der konkreten Arbeit können auch seine Fähigkeiten wachsen. Es handelt sich beim Einsortieren einer Ware um die unscheinbaren Anfänge einer Lernmöglichkeit, die Arbeit aus eigener Einsicht in die Notwendigkeiten und Möglichkeiten zu ergreifen. In diesem Sinne werden unsere Lehrlinge in der konkreten Arbeit durch Fordern gefördert.

Abenteuer Kultur – Erweiterung der Wahrnehmungs- und Kommunikationsfähigkeit durch Kunst:

Aus eigener Einsicht kann nur handeln, wer selber in der konkreten Situation das Notwendige sieht. Wir fördern diese Fähigkeit zur eigenständigen Wahrnehmung bei unseren Lehrlingen nicht allein beim Lernen in der betrieblichen Arbeit, sondern mit einem zusätzlichen Angebot – wir fördern sie durch Kunst.

Jeweils im ersten und im zweiten Ausbildungsjahr nehmen die Auszubildenden an einem achttägigen Workshop zu Bewegung, Geste, Sprache, Gesang, Tanz u. a. M. teil. Ein solcher Workshop besteht aus sieben Übungs- bzw. Entwicklungstagen. Diese Tage können relativ dicht aufeinander folgen, können jedoch auch auf mehr als zwei Monate verteilt sein. An einem achten Tag erfolgt eine Aufführung in Form einer Präsentation oder Performance, bei der Angehörigen, Freunden, Mitarbeitern und Vorgesetzten die Ergebnisse der Arbeit vorgeführt werden. Die Workshops leiten erfahrene Theaterpädagogen, Schauspieler, Bewegungskünstler und Regisseure. Diese künstlerische Arbeit beginnt ohne jede künstlerische Voraussetzung oder Vorerfahrung der Teilnehmer. Die meisten Lehrlinge stehen hier zum ersten Mal vor einem Publikum. Zum ersten Mal haben sie Gelegenheit, sich in die Entwicklung eines kreativen, künstlerischen Prozesses einzubringen, Szenen zu planen und zu erüben, Worte und Bilder zu finden. Zumeist gestaltet der Leiter des Workshops mit den Lehrlingen gemeinsam, was zur Aufführung kommen soll. In vielen Fällen werden auch die verschiedenen Grundübungen in Bewegungs- oder Wortgestaltung vorgeführt.

Die Auswirkungen dieses Angebots sind so individuell wie die Lehrlinge selbst. Für viele Teilnehmer ist es nicht einfach, sich auf einen für sie völlig neuen Erfahrungsbereich einzulassen. Andere finden sich schnell zurecht und begeistern sich spontan. Bisweilen kommt es zu Krisen, da die Einzelnen immer wieder an die Grenzen ihrer Fähigkeiten stoßen – um diese schließlich doch zu überwinden. Immer wieder kann man hier über die großen und raschen Entwicklungsschritte einzelner Lehrlinge nur staunen. Ebenso wertvoll zeigt sich auch, wie die einzelnen Lehrlinge in der Gruppe zusammenfinden und zu welchen Höhepunkten intensiver Zusammenarbeit eine solche oft von Angehörigen vieler Nationen gebildete Gruppe fähig ist. Die gegenseitige Wahrnehmung, das Eingehen auf die Ideen anderer, der konstruktive Umgang mit Widersprüchen wie auch die Meisterung des Lampenfiebers und letztlich die Überwindung der eigenen Befangenheiten im Dienste der ergriffenen Rolle – all dieses wird zur Schlüsselerfahrung, die bisweilen zu einem dramatischen Durchbruch führt: Eine Situation entsteht, in der die Lehrlinge geistesgegenwärtig wahrnehmen und die offene Kommunikation mit anderen bewusst gestalten können.

Das Lernangebot *Abenteuer Kultur* dient nicht allein den beruflichen Fähigkeiten. Es dient nicht einzig der Erweiterung der Kommunikationsfähigkeit mit den Mitarbeitern und vor allem: mit den Kunden. Es gibt entscheidende Anstöße für die Persönlichkeitsbildung eines jeden Einzelnen. Das Projekt ist eine integrierte Kulturmaßnahme, in der sich der Sinn der Arbeit erschließen kann und die zugleich den eigenen Beitrag als Entwicklungsschritt in der Biografie erlebbar macht.

Diese Maßnahme strahlt zudem kulturell in die Umgebung aus, in der sich die Filialen des dm-drogerie markts befinden. Sie bereichert das Leben der Familien, Freunde, Gäste und Interessenten. Darüber hinaus weckte das Projekt nahezu das Interesse der gesamten Theaterszene in Deutschland: Über siebenhundert Bewerbungen gingen auf unsere Anzeige hin ein, z. T. einzig motiviert durch die eigene Begeisterung für das Projekt. Auch für den Kreis der Workshop-Dozenten bildet die Arbeit mit unseren Lehrlingen eine wichtige Herausforderung. Sie gibt ihnen Anstöße und ein Erfahrungsfeld, ihre Fähigkeiten zugunsten dieser speziellen Aufgabe zu erweitern.

Für das gesamte Konzept der Lehrlingsausbildung ist jedoch der Zusammenhang aller Maßnahmen entscheidend. Erst deren Einheit führt zur angestrebten kulturellen Durchdringung der Arbeit. Und erst in dieser Einheit wird die Lehrlingsausbildung bei dm-drogerie markt zum Kulturfaktor des Unternehmens nach innen wie nach außen.

Beispiel 2: Kulturauftrag Werbung

Die Weise, wie sich ein Unternehmen mit seinen Kunden verständigt, ist oft einseitig darauf ausgerichtet, Käufer zu finden. Bekannt sind die Formen der Werbungskommunikation. Bedürfnisse werden suggeriert. Fast jedes Mittel ist recht – vom unhaltbaren Qualitätsversprechen bis hin zur mehr oder weniger verdeckten Angstmache. Weitgehend ungeniert nimmt die Wirtschaft dafür alle Kulturmittel in ihren Dienst – Philosophie, Geschichte, Dichtung, Musik, Bildkunst, Schauspiel usw. Mit Sponsoring und Mäzenatentum kultureller Initiativen erhöhen Unternehmen ihr Ansehen in der Gesellschaft. Die Wirtschaft bedient sich nahezu aller Formen der Medien. Sie ist damit omnipräsent und drängt sich ins Bewusstsein in nahezu allen Lebensgebieten.

Wir nutzen die notwendige Aufgabe zu werben als eine Gelegenheit, als Chance für einen positiven Kulturbeitrag. Werbung kann als Weg dienen, im einzelnen Menschen individuelles Interesse zu wecken. Nicht einzig seine Kauflust soll stimuliert werden, um die Kundschaft des Unternehmens zu vergrößern. Eine entsprechend ausgerichtete und gestaltete Werbung kann den Einzelnen anregen, über Qualitäten und Werte nachzudenken und sein Kaufverhalten immer bewusster zu handhaben. Wir rechnen mit dem mündigen Kunden. Wir versuchen, neue Sichtweisen zu eröffnen. Vor der letzten totalen Sonnenfinsternis z.B. wiesen schwarze Plakate, die nichts anderes als die Sonnenkorona und das Wort *Stille* zeigten, auf die Möglichkeit, den Augenblick des mitten im Tage verschwundenen Tageslichts als einen Moment der Stille zu erleben. Das hat zwar mit einem Drogeriemarkt nichts zu tun. Wohl aber mit der Kultur, in der wir alle gemeinsam stehen, und mit dem Leben, das wir durch Kultur mit Sinn erfüllen wollen.

* * *

Antoine de Saint-Exupéry hat darauf hingewiesen, dass es unsere Aufgabe sei, dem Leben einen Sinn zu geben, da es diesen Sinn nicht von selbst offenbart. Es war ein Leitmotiv seines Schaffens.

Dem Leben einen Sinn zu geben bis hin in die realen Anforderungen der Arbeitsgestaltung eines Unternehmens und zum tagtäglichen Umgang mit unseren Kunden sehe ich als Ziel unserer Unternehmenskultur und damit auch jeder Kultur, die den Ansprüchen unserer heutigen Lebenswelt gerecht werden will.

Die Future Store Initiative der METRO Group

Zygmunt A. Mierdorf

METRO AG, Düsseldorf

1 Einleitung

Die technologische Modernisierung des Handels steht eigentlich erst am Anfang. Neue Technologien werden erheblich zur Umgestaltung des heute noch geläufigen Bildes vom Handel beitragen. Sie werden schon bald eine wichtige Rolle im Bereich der Kommunikation zwischen dem Handel und seinen Kunden spielen. Und sie werden außerdem eine Steigerung der Effizienz von Prozessabläufen im Handel mit sich bringen. Durch den Einsatz moderner Technologien werden Handelsunternehmen mit einem breit gefächerten, großen Kundenpotenzial in der Lage sein, eine an den individuellen Kundenwünschen ausgerichtete Marketingstrategie zu realisieren und die langfristige Kundenbindung zu verstärken. Das sind die Grundvoraussetzungen für den geschäftlichen Erfolg in der Zukunft. Der Kunde möchte verstärkt als Individuum wahrgenommen werden. Er verlangt die bestmögliche Befriedigung seiner persönlichen Wünsche in Bezug auf das Warenangebot, die Sortimentstiefe, die Qualität, die Beratung im Markt und den Service. Wer diese individuellen Bedürfnisse im Handel so gut wie möglich zu erfüllen vermag – was betriebswirtschaftlich gesehen zweifellos nur unter verstärktem Einsatz moderner Technologien gelingen kann – verschafft sich auf den nationalen und internationalen Märkten einen erheblichen Wettbewerbsvorsprung.

Wer darüber hinaus die neuen technischen Errungenschaften in effizienter Weise auch zur Optimierung der Geschäftsprozesse einzusetzen versteht, die für den Kunden nicht direkt sichtbar sind, der braucht die absehbare weitere Verschärfung des Kampfes um Marktanteile nicht zu scheuen. Die durch die Weiterentwicklung der Technik möglich gewordenen neuen Formen der Kommunikation zwischen dem Kunden und „seinem" Handelsunternehmen zu nutzen und moderne Technologien zur Effizienzsteigerung von Prozessabläufen einzusetzen, heißt daher nicht weniger, als den geschäftlichen Erfolg eines Handelsunternehmens von morgen zu sichern.

Die Zukunftsaufgaben und die damit zusammenhängenden technologischen Herausforderungen weiter aktiv anzugehen, stellt angesichts dieser Zusammenhänge für die METRO Group eine wirtschaftliche Notwendigkeit dar.

Gleichzeitig erfüllen wir damit aber auch den von uns selbst formulierten hohen Anspruch an unsere technische Innovations- und Leistungsfähigkeit, die wir in der Vergangenheit vielfach bewiesen haben. So verfügt die METRO Group u. a. über das europaweit größte Data Warehouse und unsere Märkte sind bereits heute weltweit miteinander vernetzt. Die Leistungen der METRO Group im Bereich der Logistik wurden im letzten Jahr mit der Verleihung des Deutschen Logistik-Preises 2002 und im Bereich der IT mit der Verleihung des Goldenen Zuckerhutes ausdrücklich gewürdigt.

Ihren hohen Anspruch versucht die METRO Group weiter in der Future Store Initiative (FSI) umzusetzen. Im Future Store der METRO-Vertriebslinie Extra sind brandaktuelle Technologien in einer weltweit einmaligen Vernetzung zu sehen, die Zukunft des Handels ist für den Kunden unmittelbar erlebbar. Wir präsentieren hier die Technologien, die möglicherweise in 5 bis 10 Jahren zum Standard in der Handelsbranche gehören und die Handelswelt erheblich verändern werden.

2 Neue Technologien im Handel

Neue Technologien werden die Prozesse im Handel schneller, transparenter und effektiver machen. Bestellvorgänge, Lieferungen und die Lagerung von Waren werden vereinfacht. Der Transport und Verbleib der Ware wird über die gesamte Lieferkette hinweg nachvollziehbar.

Die neuen Technologien bieten darüber hinaus zahlreiche Möglichkeiten, mit zielgruppenorientierten Angeboten auf die Bedürfnisse der Kunden besser einzugehen. Der Handel profitiert davon gleich zweifach: Die optimierten Prozessabläufe führen zu Kosteneinsparungen und zu mehr Kundenzufriedenheit.

Die zeitgenaue Verfügbarkeit aller relevanten Produkt- und Logistikdaten an einem Ort führt zu wesentlichen Vorteilen für den Handel:

Vorteile der neuen Technologien für den Handel

+ Beschleunigung der Prozesse im Handel

+ Waren- und Marktmanagement transparenter

+ Steigerung der Effektivität

Schnelligkeit

Die Future Store-Technologien beschleunigen die Prozesse im Handel:

- Die Lagerbestände können besser überwacht und dadurch schneller nachbestellt werden
- Zeitverluste durch Fehllieferungen sind ausgeschlossen
- Der Future Store wird bei Bedarf schneller beliefert, was die Warenverfügbarkeit im Markt spürbar verbessert
- Mitarbeiter des Future Stores erkennen schneller, wenn Leerstand in den Verkaufsregalen droht – „Out of Stock“ gehört damit der Vergangenheit an.

Transparenz

Die neuen Technologien machen das Waren- und Marktmanagement auf vielen Ebenen transparenter:

- Mit Hilfe der RFID-Technologie lässt sich der Verbleib der Waren auf dem Transportweg jederzeit genau verfolgen.
- Die Bevorratung in den Lagern und Verkaufsregalen wird übersichtlicher.
- Neue elektronische Systeme machen die Preisauszeichnung verständlicher und zuverlässiger.
- Das Absatz-Controlling wird verbessert: Im Warenfluss-System lässt sich leichter feststellen, in welchen zeitlichen Abständen und unter welchen Bedingungen die Waren verkauft werden.

Effektivität

Die neuen Technologien des Future Stores wirken sich in vielen Bereichen effektivitätssteigernd aus:

- Die Bestellmenge kann bedarfsgerechter gesteuert werden.
- Hersteller können ihre Produktion besser planen.
- Es ist weniger Lagerplatz notwendig, was Lager- und Handlingkosten einspart.
- Neue Serviceleistungen erhöhen die Treue der Kunden zu ihrem Markt und fördern den Verkauf.
- Der Markt kann sich besser vor Diebstählen schützen.

3 Die Future Store Initiative (FSI) der METRO Group

Die „Zukunft des Handels" ist das Kernthema der METRO Group Future Store Initiative (FSI). Sie unterstützt das Ziel, den Innovationsprozess im Handel auf nationaler und internationaler Ebene voranzutreiben.

Die METRO Group, IBM, Intel und SAP sowie andere Partnerunternehmen aus der Konsumgüterindustrie, der Informationstechnologie- und Dienstleistungsbranche arbeiten im Rahmen dieser Initiative zusammen. In komplexen praxisnahen Anwendungsbereichen werden Technologien und technische Systeme getestet und entwickelt, die bereits realisierbar sind. Außerdem entwerfen die Partner Visionen und Perspektiven für den Handel der Zukunft. Langfristig werden Standards für den Handelsbereich entwickelt, die einheitlich implementiert werden können.

Im Future Store werden die Anwendung und das Zusammenspiel von verschiedenen neuen Technologien für den Handel in der Praxis getestet. Das Ziel ist die Entwicklung von nutzenorientierten Lösungen, die zu Vorteilen sowohl für den Konsumenten, als auch gleichzeitig für die Handelsseite und die Konsumgüterindustrie führen. Bislang gab es auf Handelsseite lediglich allein stehende Lösungen innovativer Technologien oder Systeme. Im Future Store werden bahnbrechende Technologien erstmals in einem komplexen Zusammenspiel verbunden. Weiter werden mobile Self-Scanning- und Self-Check-out-Systeme getestet, die entwickelt wurden, um den Bezahlvorgang effizienter zu gestalten und somit die Wartezeiten an der Kasse zu verkürzen. Die Kommunikation mit dem Kunden im Geschäft wird ebenfalls reorganisiert. Die neuesten Informationsmedien und -werkzeuge wie die Info-Terminals oder der persönliche Einkaufsberater unterstützen den Kunden bei der Suche nach Produkten und bieten zusätzliche Informationen.

Durch die METRO Group Future Store Initiative zeigt die METRO Group ihre Innovations- und Umsetzungskraft. Sie arbeitet als Motor für die Entwicklung von Konzepten und Technologien für den Einzelhandel. So unterstreicht die METRO Group ihre Wichtigkeit als treibende Kraft im Einzelhandel. Die Initiative unterstreicht die Rolle der Gruppe als Schrittmacher und treibende Kraft für Innovationen im Handel.

Weiter gewinnt die METRO Group folgende Benefits aus der Initiative:

- Moderne Technologien unterstützen die METRO Group bei einer systematischen Optimierung ihrer Verkaufs- und Marketingkonzepte.
- Die Gruppe profitiert von globalen technischen Standards im Einzelhandel.
- Der Fokus auf Benefit-orientierte Lösungen ist ideal für die Kunden der METRO Group und unterstützt umfangreich die Kooperationen der Gruppe mit ihren Partnerunternehmen.
- Die METRO Group übernimmt die Hauptrolle bei der Entwicklung von Visionen und Aussichten für die Zukunft des Einzelhandels.

4 Kernelemente der FSI und Nutzen für den Kunden

Die Ansprüche und Erwartungen der Kunden im Konsumgüterhandel haben sich in den vergangenen Jahren verändert. Moderne Technologien unterstützen den Handel dabei, die Bedürfnisse der Verbraucher noch besser als bisher erfüllen zu können.

Technologisches Herzstück des Future Stores ist die Radio Frequency Identification, kurz RFID. Diese Technik ermöglicht das Lesen spezieller, auf Produkten und Verpackungen angebrachter Etiketten per Funksignal. In Verbindung mit dem Warenwirtschaftssystem des Future Stores lassen sich durch RFID wesentlich mehr Informationen zu Produkten und Logistik speichern, als dies mit dem herkömmlichen Barcode möglich ist. Das bringt erhebliche Vorteile für Lagerhaltung, Qualitätssicherung und Warengruppenmanagement.

RFID kommt als Basistechnologie im Future Store vor allem beim Lager-Management, aber auch beim Kassiervorgang und beim Check-out zum Einsatz. Beispiele sind:

- Warenausgang im Lager
- Anlieferung im Store und Lagerung im Backstore-Bereich
- Transport der Waren in den Verkaufsraum
- Intelligente Regale
- Ausbuchen von „getaggten" Waren beim Kassiervorgang
- Diebstahlsicherung

RFID-Etiketten kann man mit entsprechenden Geräten aus einer Entfernung von bis zu einem Meter lesen – und zwar beliebig viele Etiketten auf einmal. So kann

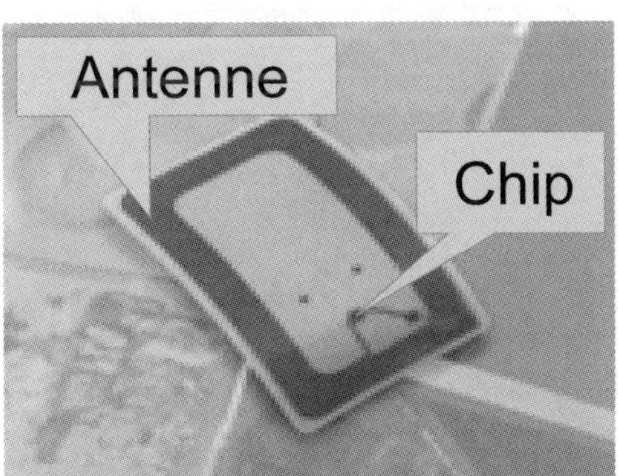

Abb. 1. RFID-Tag

eine ganze Warenpalette identifiziert werden, sobald sie einen RFID-Kontrollpunkt passiert. Der Arbeitsaufwand und die Fehlerquote beim Erfassen von Waren werden dadurch deutlich gesenkt. Zudem ist es mit RFID möglich, die Produkte auf ihrem Weg vom Hersteller bis in den Future Store lückenlos zu verfolgen.

Der Standort der Waren wird entlang der gesamten Logistikkette stets aktuell im zentralen Rechnersystem hinterlegt, auf das alle Prozesspartner zugreifen können. Probleme in der Lieferkette lassen sich dadurch frühzeitig erkennen und lösen. Gleichzeitig kann das Personal des Future Stores die Bestände im Lager und im Verkaufsraum besser überwachen. Die Mitarbeiter erkennen zum Beispiel immer rechtzeitig, wenn die Produkte in den Regalen zur Neige gehen. Sie können dadurch früher als bisher die Regale auffüllen und Waren bedarfsgerecht nachbestellen. Eine permanent hohe Warenverfügbarkeit wird dadurch gewährleistet.

Neben den Prozessoptimierungen durch RFID kann der Kunde im Future Store einen Service in Anspruch nehmen, der auf ihn persönlich zugeschnitten ist. Die neuen Technologien machen Einkaufen individueller, verlässlicher und bequemer. Zusätzlich erhält der Kunde deutlich mehr Informationen zu Waren und aktuellen Verkaufsaktionen.

Technische Geräte wie der Persönliche Einkaufsberater oder Selbstzahlerkassen ohne Kassierer machen den Einkauf leichter und schneller. Die Technologien erschließen neue Möglichkeiten der Kundenansprache: Die gesamte Kommunikation mit dem Kunden im Markt wird im Future Store neu ausgerichtet: Info-Terminals, elektronische Preisschilder und Werbedisplays informieren über die angebotenen Produkte und beraten bei der Auswahl der Waren.

Technologie wird im Rahmen der METRO Group Future Store Initiative aber nicht als Selbstzweck verstanden. Bei allen Anwendungen, die im Markt umgesetzt werden, steht der konkrete Nutzen an erster Stelle: sowohl für die Kunden als auch für den Handel. Die Partnerunternehmen der METRO Group Future Store Initiative sind überzeugt, dass die innovativen Technologien das Einkaufen für die Kunden attraktiver machen.

Vorteile der neuen FSI-Technologien für den Kunden

+ Beratung und Service nach Maß

+ Intelligente Ladeneinrichtung

+ Zusätzliche Produktinformationen

+ Schnelles und komfortables Bezahlen

+ Mehr Individualität bei der Kundenansprache

+ Mehr Verlässlichkeit bei Warenverfügbarkeit und Preisauszeichnung

+ Mehr Komfort beim Einkaufsvorgang

Die neuen Services sind grundsätzlich ergänzende Angebote. Das heißt: Wenn ein Kunde die zusätzlichen Leistungen nicht nutzen will, kann er seine Einkäufe auch in gewohnter Weise tätigen. Die Mitarbeiter des Future Stores stehen jedoch jederzeit bereit, um Kunden mit den neuen Möglichkeiten vertraut zu machen. Die eingesetzten Systeme werden kontinuierlich weiterentwickelt – zu den bereits eingeführten Services werden daher in Zukunft laufend neue hinzukommen.

Beratung und Service nach Maß

An einem Schalter im Eingangsbereich des Future Stores können sich die Kunden einen kleinen mobilen Computer aushändigen lassen, der sich am Einkaufswagen befestigen lässt – den ***Persönlichen Einkaufsberater***. Ausgestattet mit einem interaktiven Bildschirm und einem Scanner bietet er umfassende Beratung, Informationen und Hilfefunktionen. In Betrieb genommen wird das Gerät mit einer personalisierten Kundenkarte, der Extra-Future Card. Der Kunde scannt die Karte ein und wird daraufhin persönlich mit Namen begrüßt. Auf dem zweigeteilten Display erscheint sodann die individuelle Einkaufsliste des Kunden, die er mit dem Gerät selbstständig verwalten kann. Das heißt, er kann ihr Produkte hinzufügen oder Artikel aus der Liste löschen. Diese Liste setzt sich aus den vorhergehenden Einkäufen des Kunden zusammen.

Welche darüber hinaus gehenden Vorteile bietet der Persönliche Einkaufsberater dem Kunden noch? Er weist den Kunden beispielsweise auf Sonderangebote hin und empfiehlt ihm bestimmte Produkte. Außerdem erleichtert er die Orientierung im Markt und beschleunigt den Einkauf. Ähnlich einem Navigationssystem zeigt er an, wo der Kunde die ihn jeweils interessierende Produktgruppe innerhalb eines Marktes vorfindet. Auch Scannen ist mit dem Gerät möglich. So kann der Kunde mit einem einfachen Handgriff seine Einkaufsliste ergänzen, indem er das jeweilige Produkt vor das Gerät hält – automatisch werden dann der Artikel und sein Preis eingegeben. Sie erhalten dadurch zusätzliche Wareninformationen und einen Überblick über den Gesamtpreis der Artikel, die sie kaufen möchten.

4.1 Eine intelligente Ladeneinrichtung

Ein weiterer Vorteil für die Kunden: Die Einrichtung des Future Stores denkt mit. So sind zum Beispiel fast alle Regale mit ***elektronischen Regalpreisschildern*** ausgestattet, die stets korrekt und gut lesbar die aktuellen Preise anzeigen. Preisänderungen werden aus einem zentralen System automatisch an das Regal und die Kasse gesendet. Fehlauszeichnungen oder Abweichungen zwischen Regal- und Kassenpreis sind somit weitgehend ausgeschlossen. Der Kunde kann sich ungeprüft darauf verlassen, dass der am Regal angegebene Preis später auch auf dem Kassenausdruck stehen wird. Das schafft zusätzliches Vertrauen und Sicherheit im Interesse des Kunden.

Den Kunden steht außerdem eine „*Intelligente Waage*" zur Verfügung. Sie erkennt zum Beispiel dank einer integrierten Spezialkamera selbstständig, ob Äpfel oder Bananen auf der Waage liegen, kann sogar Strauchtomaten von Fleischtomaten unterscheiden und druckt das entsprechende Preisetikett aus. Die bisher notwendige und überaus lästige Eingabe von Zahlencodes entfällt. Das Etikett lässt sich dann wie gewohnt auf die Plastiktüte oder auf das Produkt kleben.

4.2 Rundum gut informiert

Im Future Store können die Kunden auch einen Zwischenstopp an den ***Info-Terminals*** einlegen. Hier finden sie nützliche Informationen und Ratschläge zu verschiedenen Produktgruppen wie etwa Fleisch, Wein oder Babycare. Der Kunde kann dort Waren einscannen und auf Wunsch interessante Produktinformationen abrufen. Zum Fleisch werden zum Beispiel Kochrezepte offeriert, die zum Nachkochen einladen, zum Wein werden Informationen über Anbaugebiete und Rebsorten angeboten, bei Babycare kann fachkundige Beratung über die besten Produkte fürs Baby abgerufen werden. Die Kunden können Produkte und Preise vergleichen und Rezepte ausdrucken. An weiteren Terminals können Ausschnitte von CDs oder DVDs abgespielt werden.

Elektronische Werbedisplays informieren die Kunden über aktuelle Verkaufsaktionen und Sonderangebote, zum Beispiel durch das Einspielen von kurzen Videofilmen.

4.3 Schnell und komfortabel bezahlen

Was der beruflich und familiär gestresste Kunde besonders gerne vernehmen wird, ist die Tatsache, dass das in Stoßzeiten zuweilen unvermeidliche Ausharren in der Schlange vor der Kasse im Future Store der Vergangenheit angehört. Dank High Tech wird der Kassiervorgang deutlich beschleunigt.

Je nach Wunsch haben die Kunden mehrere Möglichkeiten zu bezahlen:

- an einer Selbstzahlerkasse
- auf herkömmliche Art und Weise
- mit dem Persönlichen Einkaufsberater

Höchsten Komfort bietet beispielsweise die *vollautomatische Selbstzahlerkasse*:

Hier managt der Kunde den Kassiervorgang vom Anfang bis zum Ende allein und ohne fremdes Zutun. Er zieht die Artikel aus seinem Warenkorb einfach über einen Scanner, packt sie ein und zahlt die im Display angezeigte Gesamtsumme durch Eingabe des geforderten Barbetrags oder seiner EC- oder Kreditkarte.

Alternativ zur vollautomatischen Selbstzahlerkasse kann derjenige Kunde, der auf die persönliche Ansprache und ein nettes Lächeln einer freundlichen Kassiererin auch in Zukunft nicht verzichten möchte, sich an hochmodernen *Touchscreen-Kassen* einreihen. Diese Kassen werden in bekannter Art und Weise vom hauseigenen Personal bedient, allerdings läuft der Kassiervorgang wesentlich schneller ab als es bei konventionellen Kassen gegenwärtig noch üblich ist.

Eine zeitsparende Alternative ist vor allem die Verwendung des *Persönlichen Einkaufsberaters* bei der Bezahlung. Wenn ein Kunde mit dem Persönlichen Einkaufsberater bezahlen möchte, scannt er alle Produkte bereits beim Einkauf. Bei der Kassiererin zahlt er dann nur noch den Preis, der per Funk direkt an die Kasse übertragen wird. Der Vorteil: Die Waren müssen nicht mehr auf das Laufband gelegt werden. Wir nennen diesen alternativen Bezahlvorgang „Komfortzahlen".

Mehr Individualität

Das Einkaufsverhalten der Verbraucher ist sehr unterschiedlich. Manche Kunden mögen es, sich beim Aussuchen der Produkte Zeit zu lassen, Preisvergleiche anzustellen und sich über die Waren eingehend zu informieren. Andere haben es eilig und wollen ihre Einkäufe so schnell wie möglich erledigen. Im Future Store werden Technologien eingesetzt, die beiden Kundentypen gleichermaßen gerecht werden.

Schon beim Betreten des Future Stores wird der Kunde persönlich begrüßt – von seinem Persönlichen Einkaufsberater, einem praktischen Kleincomputer, den er für seine Kundenkarte ausgehändigt bekommt. Mit diesem Gerät kann er seine eigene Einkaufsliste aufrufen, die sich aus den Einkäufen der letzten Woche zusammensetzt. Auch das Selbst-Einscannen von Produkten ist mit dem Persönlichen Einkaufsberater möglich. Das spart Zeit an der Kasse und ist für den Kunden bequemer, da er die Artikel nicht mehr aus dem Einkaufswagen nehmen muss.

Mehr Verlässlichkeit

Die innovative RFID-Technologie des Future Stores macht viele Abläufe im Markt zuverlässiger und verbessert den Kundenservice (s. o.).

Auch in der Kundeninformation gibt es viele neue Möglichkeiten. So geben so genannte Info-Terminals detaillierte Auskünfte über spezifische Produkte wie etwa Fleisch oder Wein – eine wichtige Maßnahme, um das Vertrauen der Kunden für die angebotenen Produkte zu gewinnen.

Zuverlässigkeit heißt auch, Fehler bei der Preisauszeichnung auszuschließen. Im Future Store funktioniert dies auf elektronischem Wege. Ein einheitliches System sorgt dafür, dass die an den Regalen auf elektronischen Displays angegebenen Preise mit denen, die in den Kassen hinterlegt sind, übereinstimmen. Ändert sich ein Preis, so wird er durch die RFID-Technik am Regal und in den Kassen automatisch und gleichzeitig neu ausgezeichnet.

Mehr Komfort

Im Markt nach einem bestimmten Produkt suchen – das ist im Future Store kein Thema mehr. Der Persönliche Einkaufsberater zeigt dem Kunden auf Knopfdruck an, in welcher Abteilung und in welchem Regal er die gewünschte Ware findet.

Neue Technologien wie diese helfen dem Kunden, seinen Einkauf schneller und angenehmer zu gestalten.

Mehr Komfort bieten auch die so genannten „Intelligenten Waagen“: Der Kunde braucht sich keine Nummern mehr zu merken. Die mit einer Digitalkamera ausgerüsteten Waagen erkennen die Obst- und Gemüseprodukte selbstständig.

Deutlich schneller und bequemer geht es im Future Store auch an den Kassen zu. Der Kunde kann mit seinem Persönlichen Einkaufsberater zahlen und braucht dabei seine Waren nicht mehr aus dem Einkaufswagen auszuräumen. Oder er zahlt an der Selbstzahlerkasse – ganz ohne Kassiererin.

5 Die Rollen und Aufgaben der METRO Group, der Industriepartner und der Dienstleister

Die METRO Group Future Store Initiative ist eine Kooperation leistungsstarker Partner: Dazu zählen die METRO Group, SAP und Intel als Gründungsunternehmen der Initiative. Die METRO Group bringt in die Initiative ihr Wissen und ihre Kompetenz als eines der führenden, zukunftsorientierten Handelsunternehmen ein. Intel stellt sein Technologie-Know-how zur Verfügung. Intel-Prozessoren bilden die Grundlage für den Future Store. Weiterhin erlauben die RFID-Anwendungen im Markt, dass Produktinformationen, Lagerbestandsdaten und auch Kundeninformationen ohne Verzögerung an die Rechnersysteme übertragen werden. Intel liefert dazu die notwendige Rechenleistung, um die Datenmengen in Echtzeit zu verarbeiten. SAP bringt seine Kompetenz als führender Anbieter von Software-Lösungen in die Initiative ein. Die von der Basistechnologie RFID erzeugten Daten werden in einem RFID-Warenfluss-Steuerungssystem von SAP verarbeitet. Dadurch können die Umverpackungen jederzeit in der gesamten Logistikkette lokalisiert und damit auch verfolgt werden. Daneben sind zahlreiche weitere Partner aus der Konsumgüterindustrie, der Informationstechnologie und der Dienstleistungsbranche eingebunden. Die Vielfalt der Partner reicht von großen, multinationalen Konsumgüterherstellern wie Gillette, Nestlé, Procter & Gamble, Coca Cola, Johnson & Johnson und Kraft bis hin zu kleinen mittelständischen Anbietern von Speziallösungen, wie der Einkaufswagenhersteller Wanzl oder der Anbieter für Kataloginhalte für einen Weinberater: die Firma WMS. Die Teilnehmerliste der beteiligten IT-Hersteller liest sich wie das Who-is-Who der Informationstechnologiebranche.

Alle großen Hardware- und Software-Hersteller sind ebenso vertreten wie lokale Software-Firmen, die notwendige Basistechnologien einsetzen, wie die Firma PiroNet NDH aus Köln, die den sog. Content Bus – eine Software-Plattform zur Darstellung von Informationsinhalten auf verschiedenen Endgeräten – im Future Store liefert. Alle diese Partner zu koordinieren, ihre Rolle und Aufgabendurchführung zu überwachen und die Zeitplanung einzuhalten, war die Aufgabe der METRO Group-Projektbeteiligten. Ein Team von IT-Experten aus der METRO-

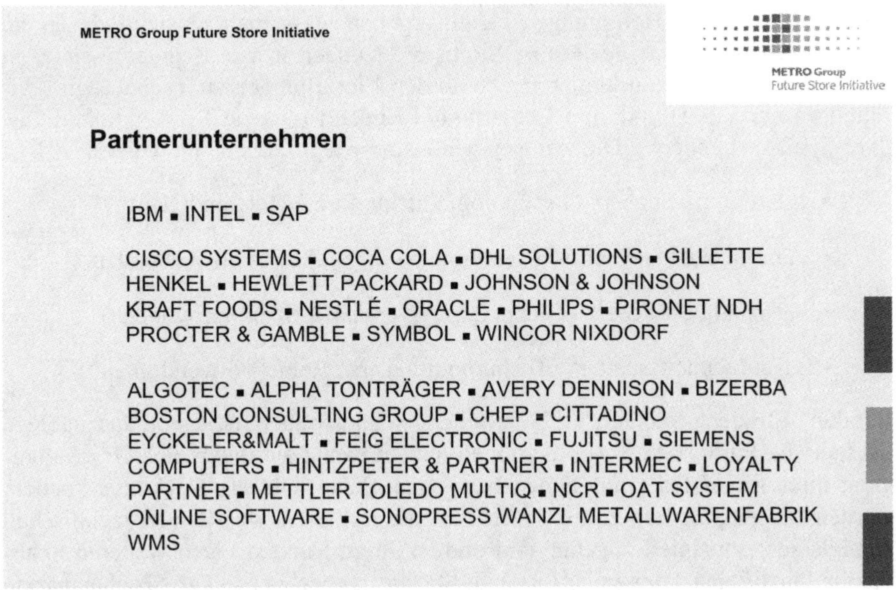

Abb. 2. Industriepartner FSI

Servicegesellschaft MGI METRO Group Information Technology war 10 Monate mit dieser Koordinationsaufgabe beschäftigt. In verschiedenen Projektausschüssen und Projektsteuerungsgremien erfolgte die Projektarbeit.

Im Rahmen der METRO Group Future Store Initiative entsteht ein einmaliger Testmarkt, der große Chancen für alle Beteiligten eröffnet. Er bietet die Möglichkeit, Zukunftstechnologien unter realen Bedingungen zu erproben und Erfahrungswerte aus erster Hand zu sammeln. Alle Mitglieder der Initiative können das erworbene Know-how für sich nutzen und auf dieser Basis weitere Innovationen entwickeln. Zudem profitieren sie von dem Multiplikatoreneffekt der METRO Group Future Store Initiative. Sie werden in die Öffentlichkeitsarbeit zum Thema eingebunden und können mit dem Projekt Future Store werben. Zudem steht ihnen die Teilnahme an Marketing- und Informationsveranstaltungen offen.

6 Erste Erfahrungen

In den der Eröffnung des Future Stores folgenden sechs Monaten werden die eingesetzten Technologien einem Praxistest unterzogen. Danach entscheiden die METRO Group und ihre Partner über die weitere Zukunft der Technologien. Dabei spielen sowohl die Kundenakzeptanz der Technologien wie auch die damit verbundenen Prozessverbesserungen eine wichtige Rolle. Unterstützt durch ein externes Beratungsunternehmen wurden bereits vor Eröffnung des Future Stores qualitative und quantitative Befragungen bei Extra-Kunden und Nicht-Kunden durchgeführt. Diese Befragungen haben ergeben, dass man hinsichtlich der zu erwartenden Akzeptanz des Future Stores die Kunden in vier Segmente einteilen kann. Diese Segmente orientieren sich an den Einstellungen zu Technologie (Affinität vs. Aversität) und zum Lebensmittel-Einkauf („Reine Notwendigkeit" vs. „Mit-Spaß-verbunden"). Die vier Segmente sind wie folgt benannt worden:

- „Effizienz-Sucher" (Technologie-affin/„Reine Notwendigkeit")
- „Entdeckungs-Sucher" (Technologie-affin/„Mit-Spaß-verbunden")
- „Nostalgie-Sucher" (Technologie-avers/„Mit-Spaß-verbunden")
- „Einfachheitssucher" (Technologie-avers/„Reine Notwendigkeit")

Bei den „Effizienz-Suchern", z.B. arbeitenden Hausfrauen, ist davon auszugehen, dass sie die Future Store-Applikationen nutzen, wenn sie ihnen eine Beschleunigung ihres Einkaufes ermöglichen bzw. garantieren. Die „Entdeckungs-Sucher" werden die Applikationen auf jeden Fall ausprobieren, da sie von technischen Neuigkeiten prinzipiell angetan sind und so ihrem Einkauf einen weiteren Spaß-Faktor hinzufügen können. „Nostalgie-Sucher" gehen gerne auf Wochenmärkte und legen beim Einkaufen hohen Wert auf soziale Interaktion. Sie stehen den technischen Applikationen kritisch gegenüber und würden sie ablehnen, wenn Sie zu einer Einschränkung der sozialen Komponente, z.B. durch starken Personalabbau, führen. Die „Einfachheits-Sucher" sind prinzipiell ablehnend gegenüber technologischen Innovationen und werden die Future Store-Elemente nicht nutzen. Es ist unerlässlich, diesem Segment weiterhin das „traditionelle" Einkaufen zu ermöglichen, da sonst die Gefahr besteht, diese Kunden zu verlieren.

Erste Beobachtungen nach Eröffnung des Extra-Future Stores in Rheinberg haben die Einteilung der Segmente und ihr erwartetes Verhalten bestätigt. Besonders interessant ist dabei die Tatsache, dass die technischen Applikationen unabhängig vom sozidemografischen Hintergrund, d.h. von Alter, Geschlecht, Ausbildungs-Niveau und Haushaltseinkommen, angenommen werden. So beschäftigen sich z.B. auch ältere Personen aktiv mit der neuen Technik und nutzen diese gewinnbringend während ihres Einkaufs.

Über Kundenfragebogen bzw. Beobachtungen der Mitarbeiter im Markt bekommt die METRO Group bereits frühzeitig ein Gefühl dafür, welche Technologien schnell auf andere Gesellschaften übertragbar sind und welche noch Verbesserungen benötigen. Die intelligente Waage beispielsweise oder die Selbstzahlerkasse sind relativ leicht in anderen Märkten einzusetzen. Auch die Informations-Terminals werden von den Kunden begrüßt und sofort akzeptiert. Andere Technologien benötigen Prozessänderungen, deren Aufwand nicht zu unterschätzen ist.

Die nächsten Phasen der Marktforschung, eine detaillierte Beobachtung und Befragung der Kunden bei Nutzung der Applikationen und eine Telefonbefragung, beides ergänzt mit einer Bon-Analyse, werden weiteren Aufschluss über Kundenakzeptanz und deren Auswirkung geben.

7 Ausblick: Handel der Zukunft

Der Handel wird seine aktive Rolle im Customer Relationship Management (CRM) weiter ausbauen, indem er seinen Kunden zielgerechte Angebote macht, die auf die individuellen Bedürfnisse zugeschnitten sind. Ermöglicht wird dieses durch neue verfügbare Data Mining-Technologien. In der Zukunft wird Technologie den Handel in einer noch nie da gewesener Art und Weise dominieren. In der Folge können – basierend auf der bisherigen Einkaufshistorie – Empfehlungen an den Kunden gerichtet werden.

Im Bereich Supply Chain Management (SCM) wird es große Fortschritte geben. Durch vertikal integrierte und synchronisierte Supply Chains werden die Produkte in optimierten Mengeneinheiten „Just in Time“ ausgeliefert.

Die erhöhte Datenverfügbarkeit über Kundenwünsche wird zu genaueren Forecasts führen, so dass Lead Times verkürzt werden können. Es werden sich virtuelle Netzwerke (oder Partnerschaften) bilden, um das richtige Produkt zur richtigen Zeit am richtigen Ort zum richtigen Preis anbieten zu können. Die „Ernte“ der Kooperation und deren Kosten wird zu gleichen Teilen entlang dieser Netzwerke verteilt. Die Kooperation zwischen Herstellern und Händlern wird zur Norm werden. CRM und SCM werden in virtuellen Netzwerken organisiert, geführt und weiter optimiert.

Mit dem Future Store stellt sich die METRO Group diesen neuen Herausforderungen. Realisierbare Technologien werden im komplexen Zusammenspiel erprobt und weiterentwickelt, Visionen und Perspektiven erarbeitet. Den „Handel der Zukunft“ testet die METRO Group bereits heute, und ist so bestens gerüstet und aufgestellt für die Anforderungen der Zukunft.

Vision und Leitbilder prägen die OBI-Unternehmenskultur

Harald Lux

Emil Lux GmbH & Co. KG/OBI Gruppe, Wermelskirchen

1 OBI – Markterfolg seit drei Jahrzehnten

1.1 Vor 33 Jahren ...

Die Erfolgsgeschichte der OBI Bau- und Heimwerkermärkte begann 1970. Die zum damaligen Zeitpunkt revolutionäre Grundidee war, unter einem Dach alles zum Bauen, Renovieren und Heimwerken anzubieten. Dr. Emil Lux und Manfred Maus setzten die Idee des Bau- und Heimwerkermarktes nach dem Vorbild eines amerikanischen „One Stop Shopping"-Centers unter dem Namen OBI in Hamburg-Poppenbüttel erstmals um. 12 Mitarbeiter zählte damals der erste OBI-Markt. OBI bot als erstes Unternehmen ein zielgruppenorientiertes breites Sortiment an.

Der Name „OBI" ist aus der französischen Aussprache des Wortes „Hobby" entstanden. Entgegen allen Vermutungen sind die drei Buchstaben keine Abkürzung. Zur Marke OBI gehörte von Anfang an auch der Biber als Synonym für Fleiß und das Bauen.

Heute ist OBI unangefochten die Nummer 1 in der Bau- und Heimwerkerbranche. Über 465 OBI-Märkte erwirtschafteten 2002

- mit 24.000 MitarbeiterInnen
- über 5,8 Mrd. Euro Umsatz
- in 10 Ländern
- auf 6,3 Mio. qm Verkaufsfläche.

1.2 OBI Franchising

Untrennbar verknüpft mit dem Namen OBI ist die Unternehmensform des Franchisings, ebenfalls entwickelt nach amerikanischem Vorbild.

Franchising ermöglicht es, die Vorteile eines Großunternehmens mit den Vorteilen einer selbständigen Existenz in einem mittelständischen Betrieb zu kombi-

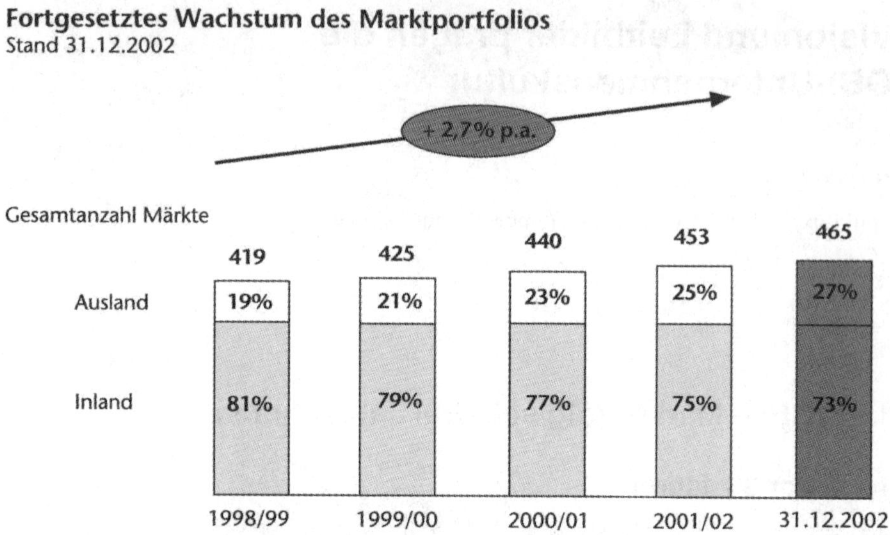

	1998/99	1999/00	2000/01	2001/02	31.12.2002
Neueröffnungen:	40	31	33	24	26
Schließungen:	15	25	18	11	14
Saldo:	25	6	15	13	12

Abb. 1. Fortgesetztes Wachstum des Marktportfolios

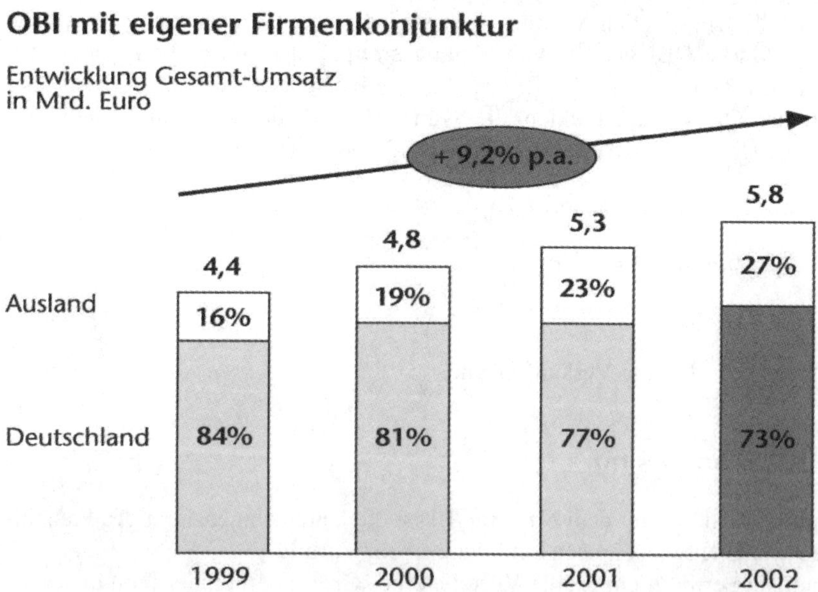

Abb. 2. OBI mit eigener Firmenkonjunktur

nieren. So vernetzen sich ein enormes Marktpotenzial mit Eigeninitiative, Flexibilität mit gebündeltem Know-how, Individualität mit ganzheitlichem Denken. OBI bietet seinen überwiegend mittelständischen Franchise-Partnern das Dach der Marke OBI, den gemeinsamen Marktauftritt, die partnerschaftlich orientierte Corporate Identity, den gemeinsamen weltweiten Einkauf, Finanzwirtschaft und Controlling, Personalentwicklung, und viele weitere Dienstleistungen, die im Verbund effizienter und kostengünstiger zu erbringen sind.

Alle OBI-Märkte werden im sogenannten Führungsdreieck geführt. Das bedeutet Marktleiter, Franchise-Nehmer und die OBI-Systemzentrale führen die Märkte partnerschaftlich vor Ort. Dabei gilt das Prinzip der Einstimmigkeit. Die überzeugende Qualität der Vertriebskonzepte und Dienstleistungen der OBI-Systemzentrale ist die Grundvoraussetzung für diese Art der Führung. Nur wenn Entscheidungen von allen Entscheidungsträgern akzeptiert und verabschiedet werden, sind auch alle bereit, Verantwortung zu übernehmen. Die daraus resultierende Effizienz bei der Entscheidungsumsetzung gleicht die Dauer der Entscheidungsfindung mehr als aus.

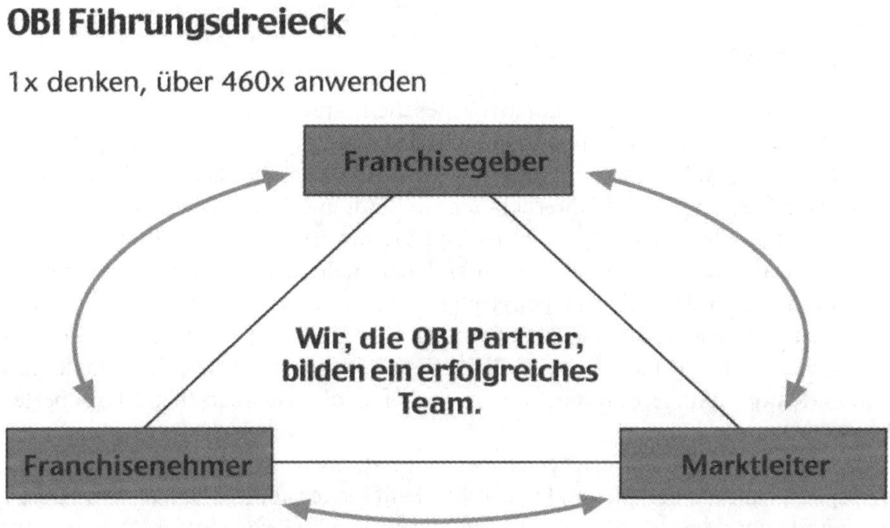

Abb. 3. OBI-Führungsdreieck

1.3 All Business Is Local

Die Einhaltung dieses Grundsatzes markiert vielleicht am schärfsten die Trennlinie zwischen zentral gesteuerten Filialsystemen und dezentral organisierten Franchise-Systemen. Die OBI-Franchise-Nehmer als selbstständige Unternehmer vor Ort können jederzeit kurzfristig und flexibel auf die jeweilige Marktsituation reagieren.

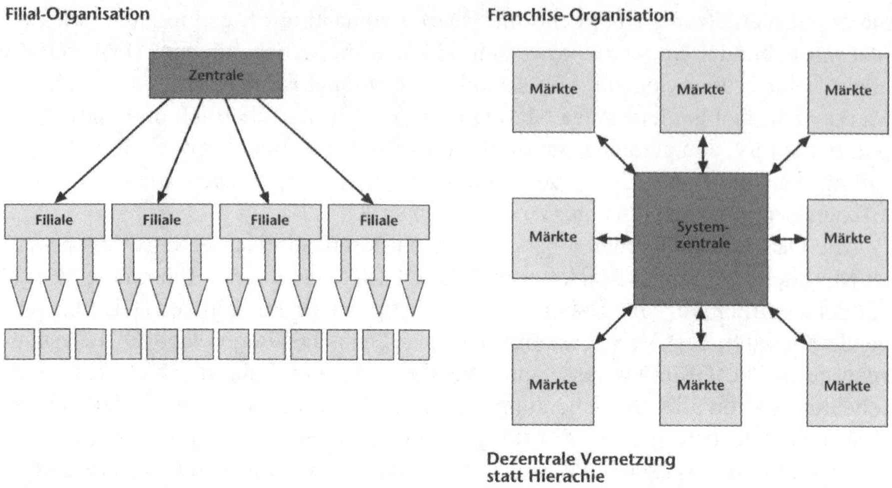

Abb. 4. Filial- und Franchise-Organisation

1.4 Branche und Märkte

Was ist unser Markt? Rein statistisch gesehen, sprechen wir in der Bau- und Heimwerkerbranche über ein Marktpotenzial von jährlich rund 37,0 Mrd. Euro (Deutschland 2002), über 64 Millionen Kunden, über 3394 Bau- und Heimwerkermärkte (der 30 größten Unternehmen) in Stadt und Land. Die Daten beziehen sich auf den Einzelhandel mit Bau- und Heimwerkerbedarf, Gartenware und Hausrat. Dabei haben sich die Verkaufsflächen in den letzten Jahren überproportional erhöht, so dass die Flächenproduktivität insgesamt in Deutschland rückläufig ist. Es besteht ein Flächenüberhang von geschätzten 20 %, vor allem in den ostdeutschen Bundesländern. Marktbereinigungen werden deshalb folgen und im Kampf um die Marktanteile werden nicht alle Baumarktbetreiber überleben können.

Heute gilt: wer nicht erfolgreich expandiert, wer nicht grenzüberschreitend denkt und handelt, hat auch in Deutschland auf Dauer keine Chance mehr. Dabei hat gerade der deutsche Markt den Ruf, einer der schwierigsten der Welt zu sein. Die Mentalität der deutschen Kunden, die Standortbedingungen, die Bürokratie, die langen Amortisationszeiträume für Investitionen – all das führt dazu, dass viele Unternehmen hart ums Überleben kämpfen müssen, aber auch dazu, dass die ausländischen Wettbewerber auf dem deutschen Markt bislang wenig erfolgreich waren.

OBI sieht sich hier im Vorteil. Das Franchise-System, so hat sich erwiesen, kann sehr erfolgreich auf diese Anforderungen reagieren. Bereits seit Anfang der 90-er Jahre wurden die strategischen Weichen gestellt, die im Inland ein qualitativ orientiertes Flächenwachstum bedeuten und im Ausland die gezielte Expansion in jene Länder, in denen OBI mindestens mittelfristig die Chance auf eine marktführende Position realisieren kann.

Das geschieht durch individuelle Länderstrategien, die es ermöglichen, die jeweiligen Landesbedingungen und das OBI-Franchise-System optimal aufeinander abzustimmen. Wegweiser hierfür sind die verschiedenen Joint Ventures, die OBI in den letzten Jahren geschlossen hat.

Beispiele:

- mit dem großen Einzelhandelsunternehmen Unicoop in Italien,
- mit dem marktführenden Handelsunternehmen der Schweiz, Migros,
- mit einem der weltweit größten Produzenten von weißer und brauner Ware, Haier, in China.

Der Anteil des Auslandsumsatzes am Gesamtumsatz beträgt zur Zeit etwa 27% und wird sich in den nächsten Jahren auf nahezu 50% erhöhen. OBI betreibt heute Märkte in:

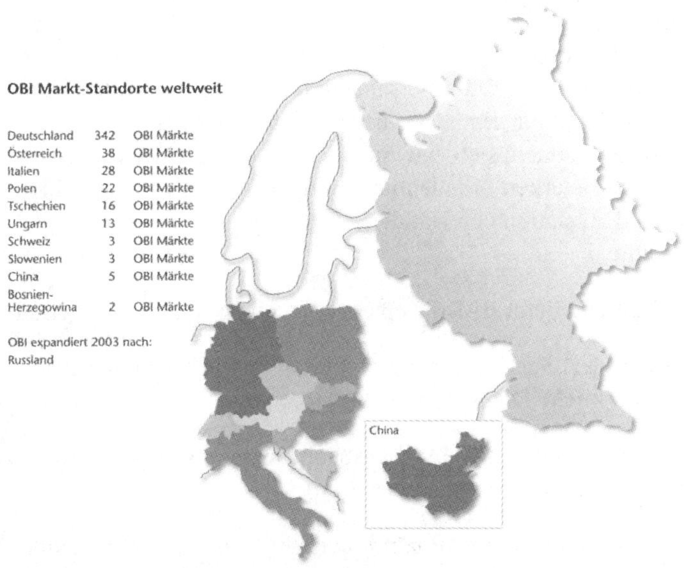

Abb. 5. OBI Markt-Standorte weltweit

Während in China in den nächsten zehn Jahren rund 100 OBI-Märkte geplant sind, führt die weitere Expansion nach Moskau (zwei Märkte im Herbst 2003) und Bosnien (zwei Märkte 2003).

Besonders auf dem asiatischen Markt und in Osteuropa sieht OBI auch in den nächsten Jahres große Wachstumschancen.

1.5 Pionierleistungen im Wettbewerb

Einer der größten Erfolgsfaktoren für OBI in Deutschland ist die marktführende Position auf der Basis von Wettbewerbsvorteilen, die damals wie heute durch Innovationen und Investitionen erreicht wird.

Neben der reinen Flächenexpansion – heutzutage beinhaltet das zahlreiche Betriebsverlagerungen oder -erweiterungen an bereits erfolgreichen Standorten – hat OBI immer wieder Pionierleistungen hervorgebracht, neue Vertriebs- und Servicekonzepte entwickelt und eingeführt, die zu Kernkompetenzen und damit zu Wettbewerbsvorteilen ausgebaut werden konnten.

Als 1978 das erste OBI-Gartenparadies in Aachen an den bestehenden Bau- und Heimwerkermarkt angegliedert wurde, wurde OBI von der gesamten Branche belächelt. Niemand konnte sich vorstellen, dass die OBI-Gartenparadiese heute bis zu 25 % des Umsatzes tragen. Die OBI-Gartenparadiese trugen dazu bei, dass auch der weiblichen Kundschaft der Weg in die Baumärkte leicht gemacht wurde. Keinem Wettbewerber ist es bisher gelungen, ein vergleichbares Konzept zu realisieren. Die OBI-Gartenparadiese sind die einzigen Gartenmärkte, deren Qualität durch die Experten der Insel Mainau regelmäßig zertifiziert wird und daher den höchsten Kundenansprüchen genügen kann.

Marktführend in der Branche ist OBI auch beim Thema E-Commerce. 1998 wurde ein Joint Venture mit dem Otto Versand geschlossen, das Unternehmen OBI@OTTO. Ziel ist es, nicht nur Baumarktartikel im Internet und über Katalog zu vertreiben, sondern es handelt sich um die professionelle Umsetzung einer Multichannel-Strategie mit starken Kundenbindungseffekten und um die Erzielung von Synergien mit dem stationären Handel.

Weitere Beispiele sind:

- die Einführung des Mietprofi-Konzeptes (Maschinen- und Geräteverleih)
- die Ergänzung der Serviceleistungen durch den OBI-Renovierungsservice (handwerkliche Dienstleistungen)
- das Angebot von kompletten Innenausbaupaketen für Bauherren (Kooperation mit dem Fertighaushersteller Bien)
- die branchenexklusive Kooperation mit dem größten deutschen Kundenkartenunternehmen Payback
- die OBI-Serviceline, die Kundenhotline, die inzwischen jährlich über 50.000 OBI-Kunden zwischen 7:00 und 21:00 Uhr, auch an Sonn- und Feiertagen, mit umfassenden Produktanwendungshinweisen und für alle sonstigen Fragen und Anregungen zur Verfügung steht

Wer sind die Kunden?

Tabelle 1. Wer sind die Kunden? Quelle: Verbauchs- und Medienanalyse 2003/DIY-Online Februar 2003/OBI-Kommunikation 2003

Einkauf in Bau- und Heimwerkermärkten in den letzten sechs Monaten nach Unternehmen								
	Erwachsene ab 14 Jahren			Geschlecht		Alter		
	BRD Ges.	BRD West inkl. Berlin West	BRD Ost inkl. Berlin Ost	Männer	Frauen	14–29 Jahre	30–49 Jahre	50+ Jahre
Basis in Mio.	64,254	51,102	13,152	30,694	33,560	12,809	22,876	28569
Basis Gew.	24609	19572	5037	11756	12853	4906	8761	10942
Fallzahl	24609	17110	7499	11466	13143	4947	9387	10275
...								
OBI	**25,3**	**25,5**	**24,8**	**30,2**	**20,9**	**22,1**	**31,5**	**21,9**
...								

Die Kundenstruktur der Bau- und Heimwerkerbranche hat sich in den letzten Jahren erheblich verändert bzw. erweitert. Zu den klassischen Heimwerkern, Selbermachern und Bastlern kamen die Frauen hinzu, kamen die jungen Familien hinzu, kamen jene hinzu, die zwar selbst aussuchen wollen, aber nicht selbst anwenden wollen oder können. Der Frauenanteil liegt heute bei etwa 50 %, die weitaus meisten Kunden kommen aus der Altersgruppe zwischen 30 und 60 Jahren. Diese Merkmale reichen aber zur Differenzierung des Angebots nicht aus. OBI fragte schon sehr früh nach den Gründen, warum jemand in einen Bau- und Heimwerkermarkt oder in ein Gartenparadies geht, was also seine Vorhaben sind und was er dazu benötigt. Die Schlussfolgerung „Der Nutzen von Bauen ist Wohnen“ wurde gezogen und hatte zur Konsequenz, dass das Sortiment nicht nur viel gezielter in diese Richtung positioniert wurde, sondern auch, dass die Gestaltung der Märkte und die Präsentation der Waren den Kundenbedürfnissen angepasst wurden.

Die neueste Generation der OBI-Märkte zeigt sich daher in erster Linie als Wohnmarkt, als Zentrum für Dekoration und Ausstattung, ohne dass natürlich die klassischen Sortimente vernachlässigt werden. Aktuell sind es insbesondere die Renovierungskunden, die angesprochen werden wollen. Statistisch gesehen, haben 60 % der Deutschen oder mehr als 20 % der Haushalte in den letzten drei Jahren in ihren Häusern und Wohnungen selbst modernisiert und renoviert. 14 Mio. Bundesbürger hatten für 2002 diesbezüglich konkrete Pläne, weitere 13 Mio. die Absicht (Quelle: DIY-Plus, 2003). Auf Grund der wirtschaftlichen Lage werden allerdings auch viele Vorhaben zurückgestellt – hier gewinnen Änderungswünsche an der Dekoration von Haus und Wohnung oder absolut notwendige Reparaturen an Bedeutung.

Wir stellen zudem fest, dass die Bedürfnisse unserer Kunden hinsichtlich Sortiment und Service zunehmend individueller werden. Was dem einen gefällt, ist durchaus nicht das, was der andere möchte; einer ist zufrieden, wenn er seinen Wunsch schnell und effizient erfüllen kann, ein anderer möchte umfangreich beraten und betreut werden. Das bedeutet, dass die Analysen der Zielgruppen und der Kundenwünsche immer feiner werden müssen. Die Basiskonzepte der verschiedenen Vertriebstypen sind bei OBI so flexibel gehalten, dass die standortbedingten Besonderheiten berücksichtigt werden können.

Zu den klassischen Sortimentsbereichen „Bauen und Ausbauen", „Erfolgreich Heimwerken" und „Schöner Wohnen" sind in Folge dessen mittlerweile weitere Bereiche hinzugekommen. Küchenstudios, Farbmischcenter, Heimtierabteilungen und Mitnahmemöbel, exklusive Badpräsentationen (Wellness) sind neben den Standardprodukten, Bauelemente und Fliesenstudios heute in vielen OBI-Märkten selbstverständlich.

2 Vision und Leitbilder als Steuerungsinstrumente der Strategieumsetzung

„Aber was ist eigentlich ein Leitbild? ... Ist die Leitbild-Entwicklung nur die Kunst der Formulierung von hehren Zielvorstellungen, welche die Realität als einen veränderungsbedürftigen IST-Zustand erscheinen lassen oder kann mit einem Leitbild tatsächlich gearbeitet, geführt, motiviert und weiterentwickelt werden? Und vor allem: Hat ein Unternehmenslcitbild wirklich Auswirkungen auf den Erfolg eines Unternehmens?"

(*Quelle*: Mortsiefer Management Consulting, Mit dem Leitbild zum Unternehmenserfolg, 2002)

Diese Fragen muss sich jedes Unternehmen, das es ernst meint mit einer Strategie der Kundenorientierung beantworten. Wir bei OBI sind überzeugt, dass Vision und Leitbilder erstrangige Steuerungsinstrumente der Strategieumsetzung darstellen *und* dass das in erheblichem Umfang zur Maximierung der Wertschöpfung beiträgt.

2.1 Kundenorientierung im Mittelpunkt

Schon bei der Gründung des ersten OBI-Marktes stand der Begriff der Kundenorientierung im Mittelpunkt der neuen Idee. Gerade das war doch *revolutionär* zum damaligen Zeitpunkt: waren die Kunden bis dato im stark zersplitterten Einzelhandel gezwungen, für ein Ausbauprojekt viele verschiedenen Fachgeschäfte aufzusuchen, sich mit sehr verschiedenen Öffnungszeiten abzufinden, an Samstagen oder nach Feierabend nicht unbedingt Einkaufen zu können, keine sortimentsübergreifende Fachberatung vorzufinden, so bot der neue Markt nun das Sortiment von 12 Fachgeschäften unter einem Dach, es gab Berater für die verschiedenen Sortimente, der Markt hatte Öffnungszeiten, die der Freizeit der Heimwerker und Selbermacher entgegenkamen. Kundenorientierung war demzufolge bereits in die Wiege des neuen Unternehmens und der Entwicklung einer noch völlig unbekannten Marke gelegt.

Am Prinzip und der Verankerung der Kundenorientierung hat sich nichts geändert. Natürlich gibt es inzwischen andere Instrumente und die Marke OBI beinhaltet heute eine umfassendere Coporate Identity, die unnachahmlich ist und deshalb ebenfalls zu den Kernkompetenzen der Organisation zählt.

2.2 GRID-Management als Führungsansatz für Kundenorientierung

Historisch gesehen, war die Einführung des GRID-Managementsystems als Führungsinstrument und Instrument der Personalentwicklung seit 1970 der erste Schritt zur Verankerung der Kundenorientierung im Franchise-System. Es besteht nach wie vor eine Schulungsverpflichtung für alle Führungskräfte, ergänzt durch Teamwork-Seminare für alle Mitarbeiterinnen und Mitarbeiter. Auf der Basis des GRID-Systems fordert der Grundsatz „Führen durch Vorbild“ ein aktives und sichtbares Engagement der Führungskräfte. Sie füllen die Vision, die Leitbilder und die Strategien der OBI-Gruppe mit Leben und geben das an alle Mitarbeiterinnen und Mitarbeiter weiter. GRID als verhaltenswissenschaftlich begründeter Führungsansatz modelliert leistungsbezogene und zwischenmenschliche Aspekte zu einem teamorientierten Führungsansatz, der der Maxime Kundenorientierung stark entgegenkommt.

2.3 Visionsentwicklungsprozess

Seit Mitte der 80-er Jahre wurde die Entwicklung einer Corporate Story und die Identifizierung der für die Organisation wichtigsten Leitbilder durch den Vorstand und die Partner des Unternehmens stark forciert. Gleichzeitig wurde ein Qualitätsmanagementsystem eingeführt, zunächst in Einzelprojekten, die Anfang der 90-er Jahre zusammengefasst und völlig neu strukturiert wurden. Ein wichtiger Meilenstein auf diesem Wege war auch die Entscheidung, regelmäßig Mitarbeiterbefragungen (seit 1992) und Kundenzufriedenheitsumfragen (seit 1994) durchzuführen. Die erste Unternehmenszertifizierung nach der DIN ISO 9001ff. erfolgte bereits 1995.

Die erste Generation der OBI-Leitbilder umfasste naturgemäß eine Vielzahl von Einzelregularien, Spielregeln und Zielen, die zusammenfassten, was damals zu den Mindestanforderungen an die Qualität der OBI-Märkte zählte und was OBI unter Kundenorientierung verstand. Dass alle diese Leitbilder richtig waren und

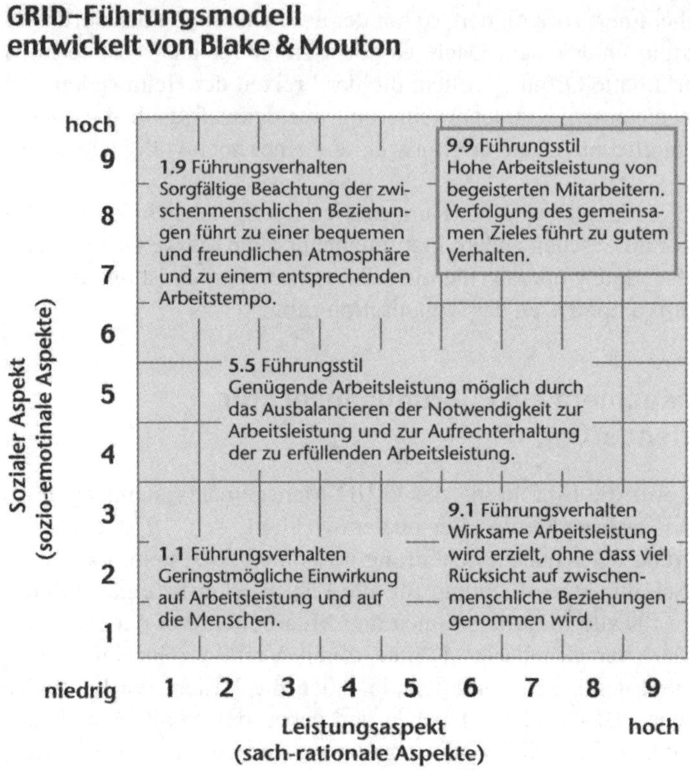

Abb. 6. GRID-Führungsmodell

die Führungskräfte in ihrer Aufgabe unterstützten steht außer Frage. Es war nun auch möglich, den eigenen Anspruch an die Kundenorientierung in die externe Kommunikation aufzunehmen und den Kunden damit mitzuteilen, was sie von OBI erwarten konnten. Das lässt sich sehr gut nachvollziehen an den Werbekampagnen. Hieß es zu Anfang noch: „Bei Eisen Karl …. oder bei OBI!“, kam wenig später die Aussage „12 Fachgeschäfte unter einem Dach“ hinzu. Eine Erweiterung bedeutete der Slogan „Bei OBI bekommen Sie nicht nur alles zu kaufen, sondern auch alles erklärt“, während die Aussage „Alles in OBI“ seit Jahren an vielen Stellen, auch solchen, die keinen direkten Bezug zu OBI haben, als Synonym für „Alles in Ordnung“ bekannt ist und genutzt wird.

Einen großen Nachteil gab es aber doch. Die Vielzahl der Leitbilder machte es unmöglich, diese insgesamt und vollständig an alle Mitarbeiterinnen und Mitarbeiter weiterzugeben. Es blieb nicht viel Freiraum für eigene Kreativität der Marktleiter und ihrer Mitarbeiter und es fehlte eine Überschrift, ein Dach für die vielen Aussagen, die sich niemand vollständig merken konnte und die deshalb auch nicht gezielt weiterentwickelt werden konnten.

Aus diesem Grund wurde in der zweiten Hälfte der 90-er Jahre ein gruppenweiter Prozess der Visionsentwicklung in Gang gesetzt, an dem nicht nur Vorstände und Führungskräfte, sondern Mitglieder aus allen Bereichen der Organisation beteiligt wurden. Wir fragten uns in zahlreichen Teamsitzungen und in vielen begleitenden Modellprojekten, „Was ist eigentlich der Sinn unseres Unternehmens, wozu sind wir da und wo wollen wir in 10 Jahren stehen?"

Aus den Ergebnissen wurde die OBI-Vision „Mit OBI das individuelle Zuhause verwirklichen" entwickelt und die Leitsätze:

- OBI ist „Mehr als nur vier Wände" (Kundenperspektive)
- OBI ist „Mehr als nur ein Job" (Mitarbeiterperspektive) und
- OBI ist „Mehr als Rendite" (Partnerperspektive)

als Ausdruck der gemeinsamen Grundüberzeugungen verabschiedet.

Unter diesem Dach war es nun möglich, den Geist und die Werte der Marke OBI gruppenweit zu transportieren und zugleich dem Marktauftritt der Marke OBI sowie der Unternehmenskommunikation einen wirksamen und zielorientierten Rahmen zu geben.

Die Kommunikation der Vision wurde sowohl auf eine stark emotionalisierte Ebene als auch auf eine objektiv messbare Ebene ausgerichtet.

Neben den eher klassischen Instrumenten wie einer Broschüre für alle Mitarbeiterinnen und Mitarbeiter und der Thematisierung in allen internen Medien, konnte OBI Udo Jürgens dafür gewinnen, zur OBI-Vision ein Lied zu texten und zu komponieren, das unter dem Titel „Mehr als nur vier Wände" all das vermittelt, was uns im Zusammenhang mit Wohnen, Wohlfühlen und Geborgenheit berührt. Das Lied wurde anschließend in einem Video umgesetzt, das allen Partnern und Märkten zur Verfügung gestellt wurde. Udo Jürgens konnte außerdem für eine Reihe von Auftritten bei nationalen Veranstaltungen der OBI-Gruppe gewonnen werden. Der Höhepunkt war hier sicherlich die Feier zum 30. Geburtstag des Unternehmens, bei der annähernd 20.000 Mitarbeiterinnen und Mitarbeiter aus dem In- und Ausland in der Köln-Arena unter dem Motto „OBI ist mehr" zusammenkamen.

Wurde hiermit die emotionale Seite des Themas angesprochen, so bedurfte es doch auch weiterer Instrumente zur gruppenweiten Penetration.

3 Der OBI FOX (Balanced Scorecard)

„Nur Messen führt zu Veränderungen" ist ein Bekenntnis, dessen Nutzen für eine Organisation und ihre ständige Verbesserung unbestreitbar ist. Es genügt indessen nicht, in regelmäßigen Abständen Kunden- oder Mitarbeiterbefragungen durchzuführen und diese zwar mit Maßnahmen auszustatten, aber nicht miteinander zu vernetzen oder auch den Bezug zu den Geschäftsergebnissen nicht herzustellen.

An dieser Stelle bietet sich das Instrument der Balanced Scorecard an. Mit der „balancierten Vernetzung" der vier Perspektiven aus Geschäftsergebnissen, Kundenergebnissen, Mitarbeiterergebnissen und Prozessergebnissen bietet sich die Möglichkeit, die Unternehmensstrategie bis in die kleinste Unternehmenseinheit zu transportieren und den Erfolg oder Misserfolg darstellbar zu machen sowie relativ schnell auf Abweichungen zu reagieren. OBI führte die Balanced Scorecard nach intensiver Vorbereitung unter dem Namen OBI FOX im Jahr 1998 ein. Zu berücksichtigen war hierbei, dass die Einführung eines solchen Instrumentes sich in einem Franchise-Unternehmen naturgemäß anders gestaltet als in Filialunternehmen. Die Länge der Einführungsphase wurde jedoch mehr als kompensiert durch die rasche und überzeugende Umsetzung in der gesamten Gruppe.

Mit Hilfe dieses Instrumentes ist es OBI möglich, die strategischen Ziele marktindividuell zu markieren und die Erfolgsmessung zeitnah und präzise durchzuführen. Im Rahmen der Budgetplanung, die nun nicht mehr nur quantitativ (finanziell) ist, sondern auch qualitative Maßnahmen zur Verbesserung der Kundenorientierung enthält, kann in festen Zeitrhythmen festgehalten werden, wo es Erfolge und wo es Verbesserungsbedarf gibt. Bezüglich der Vision und der Leitbilder bietet sich hier ein hervorragendes Instrument, Werte, Motive und Lernerfahrungen zu kommunizieren. Der OBI FOX trägt außerdem dazu bei, die Ergebnisse der unternehmensinternen Benchmarks transparenter und verständlicher zu machen.

Da Vision und Leitbilder internationalen Charakter haben, ist es mit Hilfe der marktindividuellen Anwendung des OBI FOX auch möglich, die übergeordneten Werte und Ziele an die Gegebenheiten der einzelnen Länder anzupassen. Diese

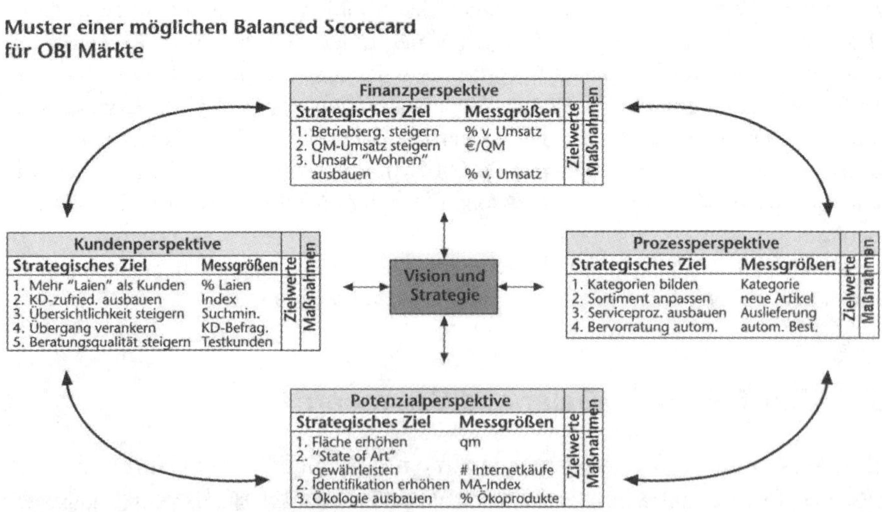

Abb. 7. Muster einer möglichen Balanced Scorecard für OBI-Märkte
Quelle: OBI-Kommunikation 2003

Art der Strategieumsetzung eignet sich für die OBI-Märkte in China ebenso wie für die OBI-Märkte in Slowenien, da es immer die Möglichkeit der individuellen Anpassung gibt. Ergebnisse aus den Ländern, Kenntnisse über erfolgreiche Mittel und Wege, Erfahrungen mit neuen Ideen – all das wird zielgerichtet in der deutschen Zentrale ausgewertet und weitervermittelt.

4 2003 ff.: Vision und Leitbilder dienen der strategischen Neuausrichtung

„Wir sind sehr froh, dass gerade in wirtschaftlich schwierigen Zeiten eine Überarbeitung und Verbesserung der Leitbilder stattgefunden hat.", so schreiben uns die Mitarbeiter eines Marktes Anfang 2003, „Und dass wir damit eine stabile Richtlinie für unsere Arbeit haben."

Dem vorausgegangen ist eine Präsentation der „neuen" OBI-Leitbilder auf der internationalen Franchise-Partner und Marktleitertagung Ende 2002.

Das ganze Jahr 2002 wurde dazu genutzt, Vision und Leitbilder zu überarbeiten, noch einmal zu verdeutlichen, was es bedeutet oder bedeuten kann, Mitglied der OBI-Organisation zu sein, welche Verpflichtungen und Rechte sich aus der gemeinsamen Zielsetzung ergeben, welche Schwerpunkte in den nächsten Jahren gesetzt werden müssen. Nach dem letzten Entwicklungsschritt aus dem Jahr 1998 wurde es nun Zeit, Vision und Leitbilder neu zu justieren und Meilensteine für die nächsten Jahre zu setzen. Wie zuvor wurden an diesem Prozess Mitglieder aus allen Bereichen der Organisation beteiligt, also sowohl Franchise-Partner wie Marktleiter, Mitarbeiter aus den Märkten und aus der Systemzentrale, und nicht zuletzt fühlte sich der gesamte internationale Vorstand verpflichtet, an diesem Prozess nachhaltig mitzuwirken.

Während sehr schnell Übereinstimmung darin bestand, dass die Vision und die einzelnen Perspektiven, Kunden, Mitarbeiter, Partner nicht zu verändern waren, wurde auf der Ebene der einzelnen Leitbilder länger diskutiert. Wir fragten „Ist das noch so? Gibt es das noch? Hat das noch Zukunft? Ist das ergebnisorientiert? Kann jede Mitarbeiterin, jeder Mitarbeiter damit etwas anfangen? Wie können wir das messen?"

Wir verständigten uns darauf, die Anzahl der Leitbilder möglichst gering zu halten. Sie sollten auch so formuliert sein, dass die Themen Eigenverantwortung und Freiraum nicht zu kurz kommen und dass alle Mitarbeiterinnen und Mitarbeiter sich darin wiederfinden können.

Im Ergebnis entstanden Leitbilder, die – und das sehen wir als großen Erfolg der unternehmenskulturellen Entwicklung an – viele Elemente enthalten, die seit langem in Politik und Strategie verankert sind und hier ausdrücklich „wiederbelebt" werden und andere Elemente, die eine neue Bedeutung bekommen haben.

4.1 Die OBI Vision

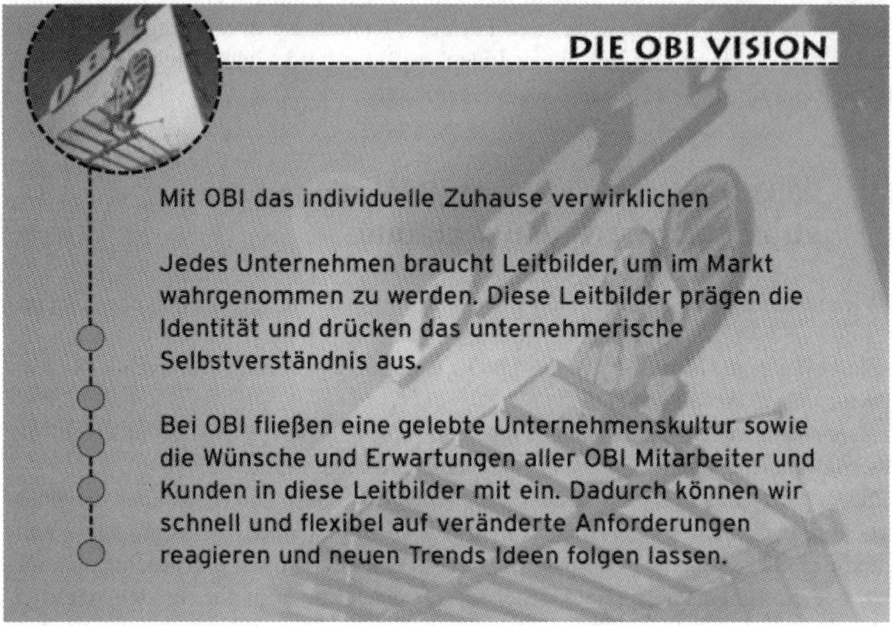

Abb. 8. Die OBI-Vision

Auf der Ebene der Vision sind wir bei unserem Leitsatz „Mit OBI das individuelle Zuhause verwirklichen" geblieben. Hierin enthalten sind die Elemente: Partnerschaft zwischen OBI und seinen Kunden, das Eingehen auf die individuellen Wünsche unserer Kunden, die Sortimentsführung im Sinne des Kundenbedürfnisses nach Geborgenheit, Sicherheit und Wohlfühlen in den eigenen vier Wänden, sei es nun das Haus, die Wohnung oder der Garten, schließlich die Aufforderung zum Selbermachen und zum kreativen Gestalten, wobei wir unterstützen wollen.

4.2 Mehr als nur vier Wände ...

Unter der Überschrift „Mehr als nur vier Wände" beschäftigen wir uns mit den Ansprüchen, die unsere Kunden heute an uns haben und damit, was wir tun können, um diesen Ansprüchen gerecht zu werden. Es sind nur vier Punkte, von denen wir glauben, dass sie den größten Anteil an der Zufriedenheit oder optimalerweise an der Begeisterung der Kunden für OBI haben:

- Perfekter Service – durch kompetente Beratung und umfassenden Service machen wir es unseren Kunden leicht, ihre Vorhaben in die Tat umzusetzen.

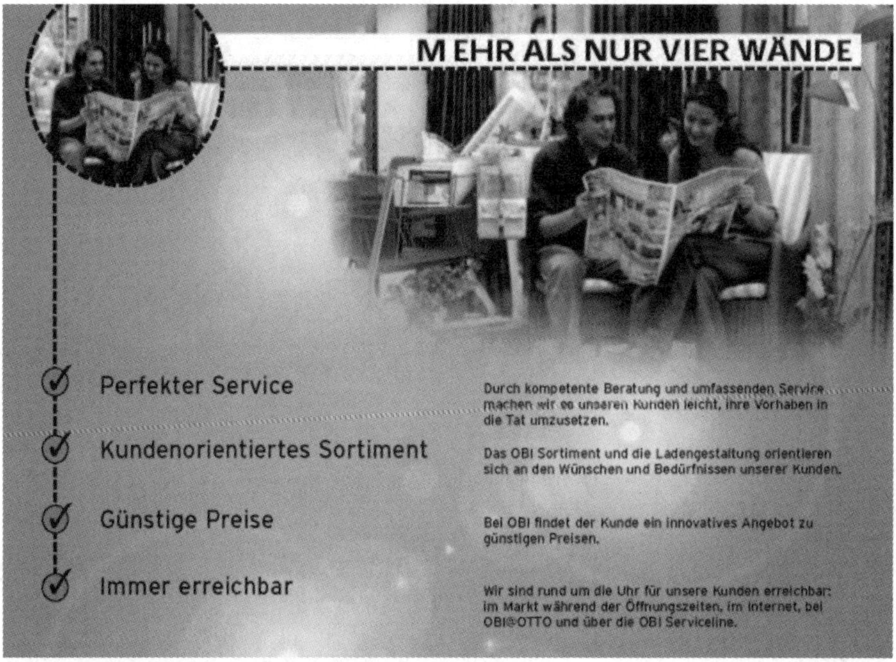

Abb. 9. Mehr als nur vier Wände

- Kundenorientiertes Sortiment – das OBI-Sortiment und die Ladengestaltung orientieren sich an den Wünschen und Bedürfnissen unserer Kunden.
- Günstige Preise – Bei OBI findet der Kunde ein innovatives Angebot zu günstigen Preisen.
- Immer erreichbar – Wir sind rund um die Uhr für unsere Kunden erreichbar: im Markt während der Öffnungszeiten, im Internet, bei OBI@OTTO und über die OBI-Serviceline.

Hinter diesen Leitbildern steht eine Strategie der Differenzierung vom Wettbewerb, die es OBI erlaubt, auch in Zukunft seine Spitzenposition beizubehalten. Auf welche Art schaffen wir es auch in Zukunft, unseren Kunden ein einmaliges Angebot zu bieten, wo doch die Produkte vielfach die gleichen sind und sich Unterschiede höchstens noch in der Farbe ausmachen lassen? Wir sind der Überzeugung, dass die Umsetzung der vier Leitbilder unter der Überschrift „Mehr als nur vier Wände" dazu beitragen wird, dass sich der Wiedererkennungswert der Marke OBI (der ohnehin bei 91 % liegt), mit den wichtigsten positiven Aspekten, die Kunden heute einem Handelsunternehmen zuschreiben würden, verbinden lässt. Hier entsteht zweifellos ein Nutzen, ein Mehrwert für Kunden, aber auch für das Unternehmen.

4.3 Mehr als nur ein Job ...

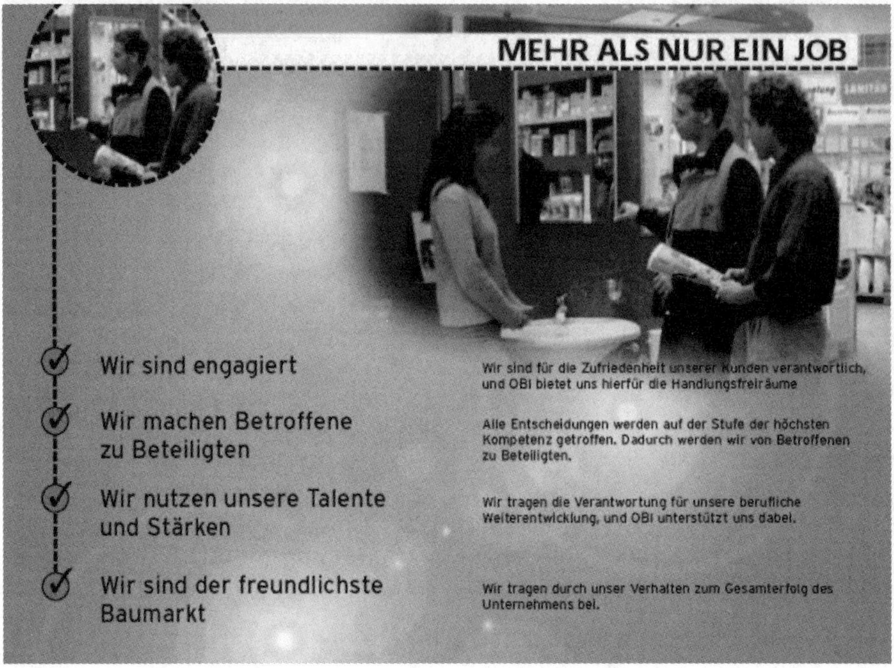

Abb. 10. Mehr als nur ein Job

Die meisten Umfragen, Untersuchungen und Studien zum Thema „Mitarbeiter" weisen nach, dass das Engagement und die Zufriedenheit der Mitarbeiter extrem wertschöpfende Faktoren in einem Unternehmen sind. Um Kundenorientierung im Unternehmen zu verankern, müssen in erster Linie die Mitarbeiterinnen und Mitarbeiter dafür gewonnen werden, die Ziele des Unternehmens engagiert und kreativ umzusetzen.

„Mehr als nur ein Job" vermittelt bestimmte Werte der OBI-Unternehmenskultur, die schon seit den Anfängen gelten. So ist das Leitbild „Betroffene zu Beteiligten machen" eine der bekanntesten Aussagen in der internen Kommunikation. Es handelt sich hier um eine große Verpflichtung für die Führungskräfte und trägt dem Teamgedanken Rechnung.

Alle Entscheidungen werden auf der höchsten Stufe der Kompetenz getroffen, heißt nichts anderes, als z.B. zu akzeptieren, dass die Fachverkäufer in bestimmten Bereichen mehr Fachkompetenz haben als die Marktleiter und demzufolge auch die Entscheidungskompetenz haben sollen.

„Wir nutzen unsere Talente und Stärken" fordert die Mitarbeiterinnen und Mitarbeiter auf, sich nicht nur mit dem Tagesgeschäft zu identifizieren, sondern sich auch Gedanken über ihre Weiterentwicklung zu machen und dies auch zu realisieren.

Wir wissen, dass die Menschen zufriedener und ausgeglichener sind, wenn der Wert der Arbeit nicht einspurig ist und dass Arbeit sinn- und wertvoller wird, wenn Selbstverantwortung und Entscheidungsfreiheit unterstützt werden.

OBI bietet seinen Mitarbeiterinnen und Mitarbeitern ein umfangreiches Trainingsprogramm in fachlichen und fachübergreifenden Themen, weitergehende Bildungsabschlüsse, die Möglichkeit, in höhere Positionen aufzusteigen, von den Märkten in die Systemzentrale zu wechseln oder umgekehrt, Auslandsaufenthalte und vieles mehr.

Mindestens ein jährliches Entwicklungsgespräch zwischen Vorgesetztem und Mitarbeiter muss stattfinden und kann von den Betroffenen eingefordert werden. Dass hiermit auch ein entsprechender Anspruch an die Leistungen einhergeht, ist klar. Werden die Mitarbeiter jedoch an der Zielvereinbarung beteiligt, so zeigt sich auch die Bereitschaft zur Zielerreichung.

Unter der Überschrift „Mehr als nur ein Job" finden sich indessen auch zwei Leitbilder, die einen unmittelbaren Bezug zur Kundenorientierung von OBI haben. „Wir sind engagiert" und „Wir sind der freundlichste Baumarkt" sind eindeutige Appelle an die Mitarbeiterinnen und Mitarbeiter. Es wird hiermit anerkannt, dass Jeder, gleich ob Mitarbeiter der Warenannahme oder Führungskraft der Systemzentrale, seinen Anteil am Gesamterfolg des Unternehmens hat.

„Wir sind der freundlichste Baumarkt" stellt außerdem ein Differenzierungsmerkmal innerhalb der Branche dar. Freundlichkeit in Verbindung mit den Leitbildern aus „Mehr als nur vier Wände" verschafft OBI einen erheblichen Wettbewerbsvorteil. Engagement ist gefordert. In diesem Leitbild findet sich eine Aufforderung zu selbstverantwortlicher Aktivität – es gilt, nicht abzuwarten, bis jemand anderer etwas macht. Entscheidungen, z. B. bei Kundenwünschen oder in Reklamationsfällen, dürfen in vereinbartem Umfang selbst getroffen werden. Bürokratie soll wo immer möglich vermieden werden.

4.4 Mehr als nur Rendite

OBI ist auch deshalb so erfolgreich, weil das partnerschaftliche Franchising eine unumstößliche Grundvereinbarung zwischen den Beteiligten ist. Die Pflege der Beziehungen zu den Franchise-Partnern ist bei OBI eine nicht delegierbare Aufgabe des Vorstands. Die Systemzentrale definiert sich in erster Linie als Dienstleistungszentrale, deren Kunden nicht nur die Endverbraucher sind, sondern auch die Franchise-Partner und die OBI-Märkte. Aus diesem Grund finden auch hier regelmäßig Zufriedenheitsmessungen statt, deren Kennzahlen Grundlage für Maßnahmen in den Abteilungen der Systemzentrale sind.

Ein ebenso eherner Grundsatz des OBI-Franchisings ist die Führung der OBI-Märkte durch das sogenannte Führungsdreieck. Investor, Marktleiter und Systemzentrale treffen die Entscheidungen auf fest vereinbarter Basis und es besteht eine Übereinkunft darüber, dass das der beste Weg ist, das Know-how zu bündeln und erfolgreich für das Unternehmen und für jeden einzelnen Markt einzusetzen.

Abb. 11. Mehr als nur Rendite

„OBI – eine internationale Marke mit unverwechselbarem Profil“ ist für alle, für die Systemzentrale wie für die Partner, der wertvollste Baustein der Zukunft. Hier werden von beiden Seiten Engagement und Loyalität eingefordert. Das Corporate Design der Marke OBI und die mit ihr vermittelten Werte dürfen nicht angetastet werden und müssen aktiv gefördert und unterstützt werden.

Schließlich ist auch das Leitbild „Engagement für Mensch und Natur“ eine bewusste Entscheidung der Beteiligten für Ziele, die über die reine Geschäftspartnerschaft hinausgehen, also mehr als nur Rendite bedeuten. In den Bereichen Umwelt-Sponsoring, umweltbewusste Sortimente und umweltbewusstes und gesundheitsförderndes Verhalten will OBI deshalb Maßstäbe setzen. Der Mitgründer des Unternehmens, Manfred Maus, wurde 1998 zum Ökomanager des Jahres gewählt. Das hatte Signalwirkung für die gesamte Organisation.

4.5 Kommunikation der Leitbilder

Parallel zur Überarbeitung der Leitbilder wurde ein begleitendes Kommunikationskonzept entwickelt. Wenn man Vision und Leitbilder in eine Organisation tragen will, hat man oft das Problem, dass zunächst alle denken, „ – Ach wieder etwas Neues, was uns nur zusätzliche Arbeit verschafft“, sich das durchlesen und dann wieder ad acta legen. Auch eine große Veranstaltung reicht nicht aus, um hier einen nachhaltigen Lerneffekt zu erzielen, der dazu führt, dass die Leitbilder gelebt und umgesetzt werden. Ziel muss sein, die Kommunikation so zu gestalten, dass die Leitbilder als fester Bestandteil des Arbeitsalltags und nicht als zusätzliche Last empfunden werden.

Im ersten Schritt ist natürlich die umfassende gruppenweite Information über die Vision und die Leitbilder notwendig. Wir haben uns hier entschieden, kaskadenförmig vorzugehen. Franchise-Partner und Marktleiter sowie die Führungskräfte der Systemzentrale erhielten entsprechende Informationen auf der jährlichen Tagung. Die Wichtigkeit des Themas wurde dadurch unterstrichen, dass der gesamte Vorstand die Präsentation der Leitbilder übernahm. Alle Vorstände haben inzwischen „Patenschaften" für einzelne Leitbilder übernommen und stehen hier jederzeit zur Verfügung.

Im Nachgang zu der Tagung sind Vision und Leitbilder noch einmal Thema eines Vorstandsschreibens an alle Partner und Marktleiter gewesen. Diese werden darin gebeten, die Leitbilder zum Gegenstand der alltäglichen Kommunikation in den Märkten zu machen: Leitbilder sind Thema der Morning Meetings, der Mitarbeiterbesprechungen, der Planungs- und Zielerreichungsgespräche. Zeitgleich erhielten alle Mitarbeiterinnen und Mitarbeiter eine handliche Broschüre mit den Leitbildern und alle Märkte Plakate zum Aushang in den Sozialräumen.

Jeder Markt erhielt außerdem einen Feedback-Bogen, auf dem die Meinung der Mitarbeiter, Anregungen und Kritik sowie die Maßnahmen in jedem Markt protokolliert werden.

In der hausinternen Mitarbeiterzeitschrift wird über Ergebnisse aus den Feedback-Bögen berichtet, werden Fragen beantwortet und Beispiele für Diskussionsergebnisse vorgestellt. Beschwert sich ein Kunde über ein Thema, das von allgemeiner Bedeutung ist, wird das als Anregung für eine Besprechung des Leitbilds aufbereitet.

Im Intranet finden sich regelmäßig neue Kurzchecklisten, die es den Märkten erlauben, die Umsetzung der Leitbilder vor Ort zu überprüfen und die Mitarbeiterinnen und Mitarbeiter zum Mitmachen zu motivieren.

Das Mitarbeitervideo berichtet regelmäßig über besondere Aktivitäten und zeigt, wie das Thema in den einzelnen Märkten und Regionen gehandhabt wird.

Diese Art der Kommunikation wird während des gesamten Jahres fortgesetzt, wobei quartalsweise Schwerpunktthemen gesetzt sind und das letzte Quartal der Überprüfung der Umsetzung dienen wird. Im nächsten Jahr werden anhand der Ergebnisse die Schwerpunktthemen mit neuen lernorientierten Aktivitäten wieder aufgegriffen.

Im Beschwerde-Management sind die Kriterien so geändert worden, dass eine Beziehung zu Erfolg oder Misserfolg bei der Leitbilderumsetzung gemessen werden kann. Bestimmte Fragen der Kundenumfrage und der Mitarbeiterumfrage sowie der Dienstleistungsumfrage werden über die Balanced Scorecard so indiziert, dass es auch hier nachvollziehbare Ergebnisse geben wird.

Ergänzt wird diese Vorgehensweise durch einzelne Aktivitäten, wie etwa eine Direct Mail-Aktion, einen Kreativwettbewerb der Märkte und Mitarbeiter und andere Aktivitäten mehr.

6 Was hat eigentlich der Kunde davon?

Betreten die Kunden demzufolge schon das Kundenparadies, wenn Sie in die OBI-Märkte kommen? Wir sind uns natürlich darüber im Klaren, dass Visionen und Unternehmensleitbilder eine große Zielkomponente enthalten. Im Alltagstrott passieren trotz allem viele Nachlässigkeiten und die Werte, die wir in den Kundenzufriedenheitsumfragen erzielen, stellen uns nicht zufrieden. Wichtig ist aber, dass wir über gemeinsame Ziele und Werte verfügen und dass wir die Instrumente haben, diese auch umzusetzen.

Ein chinesisches Sprichwort heißt: *Wenn der Wind des Wandels weht, bauen die einen Mauern, die anderen Windmühlen.*

Wir sind bei OBI der Überzeugung, dass wir auf dem Weg zu mehr Kundenzufriedenheit, zu mehr Mitarbeiterzufriedenheit und zum erfolgreichen Wachstum unseres Unternehmens große Schritte getan haben, zumindest die Fundamente der Windmühlen gegossen haben und den Ausbau erfolgreich vorantreiben werden.

Wie muss man sich ein Kundenparadies hierzulande vorstellen? Die Frage kann nicht allgemeingültig beantwortet werden. Uns geht es darum, unseren Kunden wahrnehmbar zu machen,

Abb. 12. Das sind wir!

- dass sie uns willkommen sind,
- dass wir sie gut beraten wollen,
- dass wir sie darin unterstützen wollen, ihre individuellen Projekte und Vorhaben umzusetzen,
- dass sie Vertrauen in unsere Leistungen und Preise haben können,
- dass wir ihnen nicht nur Bohrmaschinen und Zement verkaufen wollen, sondern ihnen bedarfsorientierte Produkt- und Beratungsqualität bieten können.

Wenn wir das erreichen, ist schon viel gewonnen.

* * *

Dieser Artikel wurde gemeinsam verfasst mit Frau Dr. Schumacher-Müller, OBI-Kommunikation.

Lands' End – am Anfang steht der Kunde!

Stephen Bechwar

Lands' End GmbH, Mettlach

1 Die Geburt einer Geschäftsidee

Alles begann an einem langen Wochenende im Jahr 1962, als sich der damalige Werbetexter Gary Comer im Alter von 36 Jahren Gedanken machte, wie er seinen weiteren Lebensweg gestalten sollte. Tag für Tag in einer Werbeagentur zu sitzen, um gute Texte für manchmal nicht so gute Produkte oder Marken zu schreiben, erschien ihm nicht mehr besonders erstrebenswert. Und es war letztendlich seine Passion für den Segelsport, die ihn 1963 inspirierte, zusammen mit einem Segelmacher ein Ladengeschäft in Chicago für „Racing Sailors' Equipment" zu eröffnen. Sein Name: Land's End – wo das Land aufhört. Sein Markenzeichen: ein Leuchtturm. Vom ersten Tag an galt: Der Kunde hat immer das Recht auf das beste Material zum bestmöglichen Preis, gepaart mit einem exzellenten Kundenservice. In den Seglerkreisen am Lake Michigan wurde der „Land's End Yacht Store" schnell zur beliebten Einkaufsstätte für die Segler. Und wenn ein Kunde in einen anderen Bundesstaat umzog, bestellte er sein gewünschtes Bootsequipment auf dem Postweg. So entwickelte sich der kleine Laden im Gerberviertel von East Chicago mehr und mehr zu einem kleinen Versandhaus. Gary und sein Partner entschlossen sich daher im Jahr 1964, ihren ersten Katalog für Segelboot-Ersatzteile und nautische Instrumente drucken zu lassen: THE RACING SAILORS' EQUIPMENT GUIDE. Unglücklicherweise schlug bei dieser ersten Ausgabe der Druckfehler-Teufel zu: Der Apostroph im Firmennamen Land's End war falsch gesetzt und stand in allen Katalogen hinter dem S. Da das Geschäft noch klein war und beide Partner nicht das Geld für einen Neudruck hatten, entschlossen sie sich für die unkonventionelle Lösung dieses Problems. Sie ließen den Katalog, wie er war, stellten eine Leiter vor der Ladenfront auf und verschoben den Apostroph an der Fassade einfach ein Stückchen nach rechts: Lands' End. Und so wurde dieser „Fehler" zu unserem Markenzeichen. Unkonventionelle Lösungen suchen wir auch heute noch, wenn es darum geht, Herausforderungen zu meistern. Sie gehören zu der Art, wie wir unser Geschäft betreiben.

2 Der Weg zum Marktführer in den USA

In den Folgejahren wächst das kleine Ladengeschäft in Chicago solide weiter, bis im Jahr 1975 eine „folgenschwere" Entscheidung fällt. Lands' End gibt den ersten farbigen Katalog heraus: Im ersten, 30-seitigen Farbkatalog werden technisches Segelzubehör und erstmals zwei Seiten Bekleidung angeboten. Diese beiden Seiten übertreffen von Anfang an alle Erwartungen bei weitem. Und so konzentriert sich das kleine Unternehmen mehr und mehr auf den Handel mit Textilien. Ab 1977 werden in den neuen Katalogen auf 13 von insgesamt 40 Katalogseiten sogenannte Bekleidungs-Basics angeboten. Das Geschäftsvolumen wächst sprunghaft an und der Lands' End Standort in Chicago wird zu klein. Gary Comer entschließt sich daraufhin, 1978 nach Dodgeville in den benachbarten Bundesstaat Wisconsin umzuziehen. Noch im selben Jahr führt Lands' End als eines der ersten US-Unternehmen den gebührenfreien Telefonservice ein. Achtzehn Monate später ist dieser dann bereits rund um die Uhr und an sieben Tagen in der Woche besetzt. 1985 erscheint der Lands' End-Katalog dann schon im monatlichen Rhythmus und 1986 geht das Unternehmen an die Börse. Das Unternehmen wächst rasant weiter und wagt schon 1993 den erfolgreichen Schritt nach Europa, mit der Gründung der ersten internationalen Niederlassung in Oakham, Großbritannien. Lands' End ist inzwischen der größte Spezial-Versandhändler für Bekleidung in den USA. Bereits ein Jahr später, 1994, eröffnet Lands' End eine weitere Niederlassung in Yokohama, Japan. Am 10. Juli 1996 steigt Lands' End schließlich in den deutschen Markt ein und eröffnet die Lands' End GmbH im saarländischen Mettlach. Aus dem kleinen Ladengeschäft in East Chicago ist ein großes internationales Unternehmen geworden, das in den saisonalen Spitzenzeiten über 8000 Menschen weltweit beschäftigt, mit einem Gesamtumsatz von weit mehr als einer Milliarde US Dollar. Das Internet wird im Jahr 1997 zu einem weiteren, bedeutenden Meilenstein in der Unternehmensgeschichte, Landsend.com ist heute der weltgrößte Onlinehändler für Bekleidung. Im Juni 2002 stimmt die Lands' End Inc. der Übernahme durch den US-amerikanischen Einzelhandelskonzern Sears, Roebuck and Co. zu. Sears lässt sich diese Übernahme rund 1,9 Milliarden US Dollar kosten.

3 Der Kunde soll immer ein gutes Geschäft machen

Als sich Lands' End in den Jahren zwischen 1975 und 1980 von einem Spezialisten für technisches Yachtenzubehör zu einem Spezialversender für Bekleidung wandelte, stand Gary Comer vor völlig neuen Herausforderungen. Die technischen Bootsausrüstungen kaufte er fertig ein, doch was ihm die Zwischenhändler an Bekleidungsartikeln anboten, entsprach seinen hohen Qualitätsansprüche in keiner Weise. Mit der Geschäftsidee „Service und höchste Qualität zu besten Preisen" war das, was ihm vorgelegt wurde, nicht in Einklang zu bringen. Aus dieser Herausforderung heraus, wurde das Produktkonzept des „Direct Merchants" geboren. Verkürzt bedeutet dies:

- Entwickle jedes Produkt im eigenen Haus
- Suche weltweit nach den Herstellern mit den höchsten Qualitätsniveaus
- Finde die Verarbeiter, die aus diesen Stoffen hochwertige Bekleidung schneidern
- Gründe mit den einzelnen Herstellern langfristige und auf Vertrauen basierende Partnerschaften.
- Versehe jedes Produkt mit sorgfältig gearbeiteten Details, die andere Anbieter im Laufe der Zeit vielleicht weggelassen haben, um Kosten zu sparen
- Verzichte auf Zwischenhändler, die die Herstellungskosten – und damit den Verkaufspreis – nur unnötig durch Provisionen nach oben treiben
- Achte immer darauf, dass der Kunde das bestmögliche Produkt für sein Geld bekommt
- Stehe jederzeit voll und ganz für die Qualität deiner Produkte ein.

4 Garantierte Kundenzufriedenheit

Dieser letzte Punkt, der die Lands' End-Garantie beschreibt, ist durch das dritte Lands' End-Geschäftsprinzip fixiert:

Wir akzeptieren jede Rücksendung, aus jedem Grund
und zu jeder Zeit. Unsere Produkte sind garantiert.
Kein Kleingedrucktes. Keine Diskussion.
Wir meinen genau, was wir sagen: „GUARANTEED.PERIOD.®".

Diese Garantieleistung wird immer wieder fälschlicherweise als „lebenslange Garantie" beschrieben. Das aber wäre – zumindest zeitlich – einschränkend. Wir stehen jedoch für jeden Lands' End-Artikel ein, ohne jegliche Einschränkungen. Natürlich können wir auch nicht garantieren, dass unsere Produkte auf immer und ewig halten. Aber wir wollen sicherstellen, dass unsere Kunden immer und 100%-ig mit unseren Produkten zufrieden sind. Und die Entscheidung, wie lange ein Artikel halten muss oder darf, überlassen wir ihnen. Im Tagesgeschäft wird Guaranteed.Period.® so umgesetzt: Ein Kunde kauft ein Lands' End-Poloshirt und ist vielleicht nach neun Jahren oder neunzig Jahren mit der Qualität nicht mehr zufrieden, weil er der Meinung ist, dass ein Poloshirt für € 24,50 mindestens zehn/neunundneunzig Jahre lang tiptop sein muss. Er schickt es uns daraufhin zurück, und wir stellen ihm nur zwei Fragen:

1. Sollen wir Ihnen einen Ersatzartikel zusenden ?

oder

2. Wünschen Sie die volle Erstattung des Originalverkaufspreises?

Wir interessieren uns natürlich für den Grund, um daraus für die Entwicklung zukünftiger Produkte zu lernen. Aber wir verlangen vom Kunden keine Begründung seiner Rückgabe und nach dem Kaufbeleg fragen wir auch nicht. Alles ist ganz einfach, ganz fair und völlig unkompliziert. Wir wollen mit jedem unserer Kunden ein Verhältnis wie unter guten Freunden aufbauen. Das mag sich auf den ersten Blick wie eine Phrase anhören, basiert aber auf dem folgenden Gedanken: Nehmen wir an, Sie möchten von einem guten Freund ein Produkt kaufen. Dann erwarten Sie eine ausführliche, ehrliche und freundliche Beratung. Die Ware muss von einwandfreier Qualität sein und Sie möchten sie zu einem fairen Preis erwerben. Sollte sich jedoch zu einem späteren Zeitpunkt herausstellen, dass Sie mit dem Produkt Ihres Freundes nicht zufrieden sind, dann erwarten Sie, dass er den Artikel wieder zurücknimmt und Ihnen Ihr Geld zurückgibt.

Darüber hinaus betreiben wir ein Massengeschäft. Und obwohl wir eine der besten und sorgfältigsten Qualitätskontrollprozesse in der Branche haben, stecken wir doch nicht in jedem einzelnen Produkt. Doch das soll nicht zum Nachteil für den Kunden werden, der vielleicht erst nach mehrmaligem Tragen und Waschen merkt, dass das Produkt nicht 100%-ig in Ordnung ist. Das verstehen wir unter einem fairen, freundschaftlichen Geschäft.

Als wir Guaranteed.Period.® 1996 in Deutschland vorstellten, bekamen wir von allen Seiten zu hören, dass „man das den deutschen Konsumenten nicht anbieten könne“. Es wurde immer wieder die Überzeugung geäußert, dass unsere Garantie „von den Deutschen schamlos ausgenutzt werden würde“. Doch nach über sechs Jahren beweisen uns die Zahlen, dass unsere deutschen Kunden genau so vertrauenswürdig sind, wie die Lands' End-Kunden in den anderen 175 Ländern der Erde, in die Lands' End inzwischen seine Bekleidung verkauft. Sie verstehen und akzeptieren unser Prinzip „fair gegen fair“. Gemessen an 10.000 verkauften Artikeln, erhalten wir ca. drei bis vier Kleidungsstücke zurück, die entweder langfristig getragen und/oder beschädigt worden sind. Dazu kommen dann noch ungefähr zwei Artikel, bei denen sich der Kunde einfach verkauft hat. Dazu ein Beispiel: Eine Dame mit blonden Haaren und blassem Teint kauft sich einen leuchtend gelben Pullover. Nach zweimaligem Tragen signalisiert ihr soziales Umfeld, dass Gelb „wohl nicht ganz so ihre Farbe“ sei. Was passiert danach normalerweise? Richtig, sie wird den Pullover waschen, bügeln und zusammen gelegt auf dem Pulloverstapel in ihrem Schrank verstauen. Doch irgendwann kommt der „Tag der Wahrheit“: der gelbe Pullover wandert in die Altkleidersammlung oder in die Auslage eines Second Hand-Ladens. Und ihr Unterbewusstsein wird sie schelten: „Du warst nicht erfolgreich. Du hast dein Geld für einen Fehlkauf verschwendet.“ Da jedoch das Wesen des

Menschen immer danach strebt, erfolgreich zu handeln, wird sie sich vielleicht verteidigen: „Die Werbung des Pulloverherstellers hat mich beeinflusst und zu diesem Fehlkauf verführt!" Damit ist das Markenvertrauen geschädigt und sie steht diesem Hersteller/dieser Marke in Zukunft negativer gegenüber. Bei Lands' End gibt sie den Pullover einfach zurück und erhält, je nach Wunsch, ihr Geld erstattet oder tauscht ihn gegen das gleiche Modell in dunkelblau um. Diese Erfahrung wird sie begeistern und wir haben erreicht, dass wir bei den zukünftigen Kleidungskäufen dieser Konsumentin mit zur ersten Wahl gehören. Zusätzlich wird sie ihre Begeisterung mindestens sieben anderen Menschen in ihrem Umfeld mitteilen. Und wir erhalten so vielleicht den einen oder anderen Neukunden.

Ihren zurückgesandten Pullover, der zwar immer noch in Ordnung, aber eben keine 1A-Ware mehr ist, werden wir nochmals reinigen und dann in einem unserer englischen Ladengeschäfte als B-Ware zu einem sehr günstigen Preis an interessierte Kunden weiterverkaufen.

5 Tue Gutes – aber du darfst nicht mehr darüber reden!

Diese Vorgehensweise, erscheint nun nicht mehr als „wirtschaftlich unvernünftig". Aber genau das war eine der Urteilsbegründungen des Oberlandes Gerichtes (OLG) Saarbrücken, welche uns 1998 die Bewerbung unserer Guaranteed.Period.® verbot. Nachdem die Zentrale zur Bekämpfung unlauteren Wettbewerbs e.V. im Jahr zuvor gegen die Bewerbung der Lands' End Guaranteed.Period.® eine Klage beim OLG einreichte. Gegen das Leisten der Garantie ging die Gegenpartei nie vor. Das Urteil basierte auf einem angeblichen Verstoß gegen die deutsche Zugabeverordnung von 1932. Voran gegangen war eine Abmahnung durch die Wettbewerbszentrale im Jahr 1997. Dieser Abmahnung haben wir natürlich widersprochen, da es für uns nicht akzeptabel war, unseren deutschen Kunden einen schlechteren Service zu bieten als den Lands' End-Kunden in allen anderen Ländern der Erde. Daraufhin kam es im Sommer des gleichen Jahres zu einer Verhandlung vor dem Landgericht Saarbrücken. In diesem Verfahren wurden wir freigesprochen. Die Zentrale zur Bekämpfung unlauteren Wettbewerbs e.V. beantragte danach sofort ein Berufungsverfahren vor dem OLG, das das Urteil der ersten Instanz aufhob und, wie oben beschrieben, gegen uns entschied.

Im August 2001 beschlossen Bundestag und Bundesrat die Abschaffung der Zugabeverordnung. Das bedeutete für Lands' End, dass wir auch unsere deutschen Kunden wieder uneingeschränkt über unsere Garantieleistungen informieren durften, nachdem die damalige Gegenpartei auf das Urteil verzichtete.

Strategisch hat die Guaranteed.Period.® zwei wichtige Bedeutungen für die Leistungen unseres Unternehmens:

1. Mit einer so kompromisslosen und konsequent ehrlichen Garantie setzen wir uns selber „unter Druck". Jeder Produkt-Manager bei Lands' End kennt die Bedeutung der Garantie. Er oder sie wird sich niemals darauf einlassen, einen Artikel in einer minderwertigen Qualität herstellen zu lassen oder wichtige Details wegzulassen, um Herstellungskosten einzusparen. Die Produktverantwortlichen sind sich bewusst, dass die späteren, qualitätsbedingten Rücksendungen die betriebswirtschaftlichen Ergebnisse ihrer Verantwortungsbereiche schlecht aussehen lassen würden. Er oder sie ist also gezwungen, immer nach der besten Qualität zu streben.

2. Das Lands' End-Geschäftsmodell basiert nicht auf „dem schnellen Euro". Wir wollen eine langfristige Beziehung zu unseren Kunden aufbauen. Dazu gehört auch, dass sie sich jederzeit auf die Lands' End-Produkte verlassen können. Sie kaufen nicht die „Katze im Sack" und müssen sich auch nicht fragen, ob sie bei der getroffenen Kaufentscheidung richtig gehandelt haben (Vermeidung kognitiver Dissonanzen). Guaranteed.Period.® trägt also auch dazu bei, dass die Kundenbindung deutlich gestärkt wird und „Customer Lifetime Value" steigt. Hinzu kommt der Fakt, dass zufriedene Kunden das erfolgreichste „Marketing Tool" sind. Sie werden zu positiven Multiplikatoren und damit zu „Lands' End-Botschaftern". Ein sehr großer Anteil an Erstkäufern kommt heute aufgrund von Weiterempfehlungen zu uns.

Höchste Produktqualität ist aber nur eine von zwei Säulen, die das Lands' End-Geschäftskonzept tragen. Die andere ist der bestmögliche Kundenservice.

6 Service wie im „Tante Emma-Laden"

… oder Beziehungsmarketing. Ich war noch gar nicht geboren, da haben die kleinen Einzelhändler schon dieses Service-Konzept praktiziert. Da sich ihre Läden nicht wesentlich von ihren gleichgroßen Mitbewerbern unterschieden, war ihr wichtigstes Differenzierungsmerkmal die enge Beziehung zu ihren Kunden. Sie wussten um deren Produktvorlieben (…der Käse wie immer am Stück?), um deren Einkaufsgewohnheiten (…Frau Schulze hat es immer so eilig…) oder persönliche Dinge (…geht es Ihrem Dackel Waldi wieder besser?). Jeder Kunde kam wieder, weil er das gute Gefühl hatte, als Mensch wahrgenommen und bedient zu werden.

Auch aus unserer Sicht kann guter Dienst am Kunden nicht automatisiert werden. Service ist eine sehr persönliche Angelegenheit, die auch das „Sich-Zeit-Nehmen für den Kunden" beinhaltet. Die Lands' End-Mitarbeiter werden niemals danach beurteilt, wie viele Beratungsgespräche sie innerhalb einer bestimmten Zeit führen. Während viele andere Handelsunternehmen sich auf die Steigerung der Produktivität in Abläufen und Service-Prozessen konzentrieren, mit dem Ziel, Personalkosten immer weiter zu senken, verfolgt Lands' End das „Prinzip des Einfachen und der Ruhe“. Das betrifft unsere Produktpalette an klassischer Freizeitbekleidung, denn den schnellen, hektischen Modetrends wollen und werden wir nicht folgen, ebenso, wie unsere Konzentration auf die individuellen Kundenwünsche. Wir nehmen uns Zeit für jeden einzelnen Kunden. Emails und Anrufe werden sofort beantwortet, wenn nicht ein überdurchschnittlicher Recherchebedarf zur Beantwortung notwendig ist. Wenn sie unsere gebührenfreie Servicenummer (0800 9090100) wählen, müssen sie nach spätestens sechs Sekunden mit jemandem aus unserem Serviceteam verbunden sein. Wir hören ihnen genau zu und sind ganz für ihre Fragen und Wünsche da. Wir versuchen immer aus Kundensicht zu denken und überlegen: Wie möchte ein Mensch einkaufen, wobei möchte er beraten werden, was für einen Service erwartet er, wie können wir einen Kunden positiv überraschen, wie können wir den Einkauf einfach und unproblematisch machen? Und wir machen uns auch Gedanken darüber, wie wir bereits während der sorgfältigen Beratungsphase spätere Rücksendungen oder Umtäusche, also Enttäuschungen, vermeiden können. Die Antwort auf diese Fragen sehen wir in der Investition in Mitarbeiter-Training und Ausbildung. Denn sie vermitteln auf der einen Warenkunde, also textilbezogene, fachliche Trainings und auf der anderen, sensibilisieren und trainieren sie für Beratungsgespräche. Während die fachliche Schulung in größeren Gruppen erfolgt, findet das reine Servicetraining in kleinen, regelmäßigen Workshops statt. Die einzelnen Gruppen sind nicht größer als sechs bis sieben Mitarbeiter und werden von externen oder internen Coachs begleitet. Dabei werden die Beratungsgespräche von der gesamten Gruppe analysiert und kritisiert. Der Coach hilft, Service-Gelegenheiten herauszuarbeiten und in die Gesprächsführung einzubauen. Gerade am Anfang ist es für neue Mitarbeiter sehr aufschlussreich, sich selbst im Gespräch zu hören. Die Frage: „Wie hätte ich dieses Gespräch als Kunde empfunden?“ begleitet das ganze Training. Dabei ist gerade das Empfinden von Service eine wichtige Fähigkeit, an dem wir ständig arbeiten. Wie war das noch mit „Tante Emma“? Sie nimmt sich Zeit für jeden ihrer Kunden. Sie hört zu, plaudert auch mal über Alltagsthemen, während sie die Einkaufswünsche erfüllt. Der Verkaufsprozess bekommt eine persönliche Ebene, die als sehr angenehm empfunden wird. Da wird der Mensch nicht durch eine Einkaufsliste oder im Versandhandelsfall durch eine Bestellmaske auf dem Computer „gehetzt“, sondern bedient. Der Begriff „Dienen“ scheint aber vielen Menschen in Europa/in Deutschland unangenehm zu sein. Sie scheinen sich selbst im Weg zu stehen, denn Dienen wird hier sehr oft als etwas „Unterwürfiges“ missverstanden. Dabei kann exzellenter Service auch ein wahrer Spaßfaktor für den Dienstleister sein. Es ist für mich immer wieder ein sehr schönes Erlebnis zu sehen, wie sich gerade neue Mitarbeiter über positive Kundenreaktionen freuen, wie sie erleben, wieviel Positives sie zurück bekommen, wenn sie sich um guten Service bemühen.

7 Wieviel Service erwartet ein Kunde ?

Wir haben für Lands' End wichtige Serviceanforderungen aus Sicht der Konsumenten definiert und richten unser Unternehmen konsequent danach aus :

- **Hochwertige Produkte.** Wir verkaufen ausschließlich Produkte in der bestmöglichen Qualität, die sorgfältig hergestellt wurden. Wir verbessern die Materialien und fügen Details hinzu, die andere im Laufe der Jahre weggelassen haben. Wir verringern niemals die Qualität, um einen Artikel billiger zu verkaufen.

- **Faire Preise.** Wir kalkulieren unsere Preise immer fair und ehrlich. Wir machen uns nicht die häufig verbreitete Verkaufspraxis zu eigen, erst die Handelsspanne zu erhöhen, um dann anschließend vielleicht einen unechten „Ausverkauf" durchzuführen.

- **Kaufen ohne Risiko.** Unsere uneingeschränkte Garantie – GUARANTEED.PERIOD.® – gilt für jeden Lands' End-Artikel und gibt dem Kunden die Sicherheit, nicht die berühmte „Katze im Sack" zu kaufen.

- **Freundschaftliche und bevorzugte Behandlung.** Wir sind immer persönlich erreichbar, rund um die Uhr und an 364 Tagen im Jahr, auch an Sonn- und Feiertagen. Und der Kontakt, egal ob Telefon, Fax, Brief oder Internet, kostet den Kunden nicht einen Euro-Cent. Wir nehmen uns für jeden Anrufer soviel Zeit, wie er möchte. Der Anrufer beendet immer das Gespräch, nicht wir.

- **Ausführliche Beratung.** Sie beginnt bereits mit einer ausführlichen Beschreibung der jeweiligen Produkte im Katalog oder auf unseren Internetseiten. Und geht weiter mit einer gründlichen und individuellen Beratung am Telefon oder im Internet-Chat während des Bestellvorgangs.

- **Geringer Zeitaufwand.** Die Kunden suchen sich den für sie bequemsten „Eingang" in unser Geschäft aus. Egal, ob schriftlich, telefonisch oder per Internet geordert wird, den zeitlichen Aufwand bestimmen immer die Kunden. Es ist unsere Aufgabe, „Zeitfresser" zu eliminieren. Keine Warteschleifen am Telefon, einfache und schnelle Navigation im Internet – das sind zum Beispiel Abläufe, die wir für unsere Kunden optimieren.

- **Schnelle Lieferung.** Obwohl wir unser europäisches Warenlager in Großbritannien haben, sind wir in der Lage, die georderten Artikel innerhalb von nur vier Werktagen innerhalb Deutschlands auszuliefern. Bei Aufträgen mit eingestickten Monogrammen oder mit Hosen, die kostenlos auf die individuelle Beinlängen der Kunden gefertigt werden, dauert die Lieferung nur einen Werktag länger.

- **Optimierung der Kundenzufriedenheit.** Wir sind ständig auf der Suche nach neuen, sinnvollen Serviceleistungen, um die Lands' End-Kunden immer wieder positiv zu überraschen.

- **Warenverfügbarkeit.** Wir verwenden viel Zeit und Planungsaufwand darauf, aktuelle Produkte immer dann vorrätig zu haben, wenn unsere Kunden es wünschen.

- **Ein übersichtliches und einfaches Angebot**. Schauen Sie sich das Konfitüren-Regal im Supermarkt an oder das Angebot an weißen Herrenhemden in einem Kaufhaus. Die angebotene Vielfalt ist für den Konsumenten erdrückend. Bei Lands' End konfrontieren wir die Kunden nicht mit einem unübersichtlichen Warenangebot. Wir machen es ihnen ein fach und bieten unsere Produkte klar nach Linien strukturiert an. Sie erhalten so bis zu acht 120-seitige Kataloge im Jahr, deren Angebote auf die jeweilige Jahreszeit abgestimmt sind.

8 Service vorleben

Jede Strategie, jeder Aufwand oder jedes Training wäre nutzlos, hätten wir nicht von Anfang an die richtigen Grundbedingungen für ein angenehmes und offenes Arbeitsklima bei Lands' End geschaffen. Guter und sensibler Kundenservice kann den Mitarbeitern nicht befohlen werden. Er muss von der Unternehmensleitung gelebt und vorgelebt werden. Das Management-Team bei Lands' End versteht sich als Dienstleister für alle Mitarbeiter, die sich wiederum ganz um unsere Kunden kümmern sollen. Es grenzt sich nicht durch Statussymbole vom übrigen Teil des Teams ab. So gibt es bei uns grundsätzlich:

- keine Firmenwagen;

- keine Sekretariatsangestellten, die ihre Chefs „beschützen";

- keine formelle Bürokleidung (kein Anzug oder Kostüm);

- keine luxuriös ausgestatteten Büros mit geschlossenen Türen.

- Auch die „üblichen" Geschäftsleitungs-Parkplätze vor dem Gebäude fehlen. Wer später kommt, parkt eben weiter hinten.

Bei Lands' End sprechen wir uns alle per „Du" und mit Vornamen an, egal für welche Aufgabe wir im Unternehmen verantwortlich sind. Das hat nichts mit bierseliger Vertrautheit zu tun, sondern fördert die interne Kommunikation. Anregungen und Kritiken erreichen so direkt und offen die Mitglieder des Management-Teams. Nur so können wir vermeiden, dass diejenigen, die für strategische Entscheidungen verantwortlich sind, auf einem gefährlichen „Elfenbeinturm" versauern und den wichtigen Bezug zur Realität verlieren. Guten Kundenservice kann man nicht befehlen – man muss ihn vorleben. Dazu gehören auch Leitsätze, an denen sich die Mitarbeiter orientieren können und die ihnen Sicherheit geben. Zwei der wichtigsten Lands' End-Leitsätze, die Gary Comer schon zu Beginn der Unternehmensgeschichte aufgestellt hatte, lauten wie folgt: :

- An erster Stelle steht die absolute Zufriedenheit aller Kunden, danach folgt sofort die Zufriedenheit aller Mitarbeiter. Sind beide zufrieden, kommt derProfit von alleine.
- Ich werde Euch niemals für etwas kritisieren, das Ihr zum Wohle eines Kunden getan habt.

9 Service und Technik

Bei Lands' End sind wir technikbegeistert, aber nicht technikbesessen. Unsere Service-Technologien sind immer auf die Bedürfnisse der Konsumenten ausgerichtet. Und darauf, dass unsere Mitarbeiter die bestmögliche Unterstützung bei Ihrer Arbeit für die Kunden erhalten. Das beginnt mit unseren gebührenfreien Telefon- und Fax-Nummern. 800-er Verbindungen sind in den USA ein absolutes Muss und für uns selbstverständlich. Hier in Deutschland ist Lands' End das einzige mir bekannte Versandhaus, das diesen Service anbietet. Wir waren bei unserem Start in Deutschland der Meinung, dass schon bald nach unserem deutschen Start der eine oder andere Mitbewerber nachziehen würde. Aber das ist bis heute nicht geschehen.

Die Übernahme der Telefongebühren für unsere Kunden verstehen wir nicht als Kostenfaktor, sondern als sinnvolle Investition. Der Gebührenzähler im Kopf der Anrufer wird dadurch ausgeschaltet und die Bereitschaft, sich ausführlich beraten zu lassen, steigt. Und gerade eine ausführliche Beratung hilft, die für den Versandhandel so problematischen Rücksendungen gering zu halten. Natürlich sind wir für unsere Kunden da, wenn es ihnen passt. Lands' End hat nur an einem einzigen Tag im Jahr geschlossen – am 25. Dezember. Ansonsten sind wir rund um die Uhr und immer persönlich erreichbar. Den seelenlosen Anrufbeantworter gibt es bei uns nicht. Auch die Beratung unserer Kunden überlassen wir keinem externen Dienstleister. Telefonagenturen kommen nur dann zum Einsatz, wenn im Rahmen einer Anzeigen- oder TV-Kampagne die Adressen von Kataloganforderern entgegen genommen werden müssen. Denn Service und Beratung sind nach unserem Verständnis nicht delegierbar.

Ein weiterer kostenloser Lands' End-Service ist das individuelle Kürzen und Umsäumen von Hosen. Dazu bitten wir unsere Kunden, eine eigene, vorhandene Hose, die ihnen in der Länge am besten passt, zur Hand zu nehmen und deren Beinlänge innen auszumessen. Hierfür liegt ein kostenloses Maßband jeder Willkommenssendung nach einer Kataloganforderung bei. Nach dem so ermittelten Maß werden die bestellten Hosen dann gekürzt und umsäumt.

Kostenlos ist ebenfalls unser Stoffmuster-Service. Wer das Material der Lands' End-Kleidungsstücke gerne fühlen möchte, bevor er bestellt oder wer sich die Farben der Produkte vorher im Original anschauen will, erhält von uns die gewünschten Proben zugesandt.

10 Online Service-Technologie am Kundennutzen ausrichten

Für uns ist der Verkauf über das Internet nicht eine eigenständige Betriebsform, sondern ein weiterer Zugang zu unserer Marke – in unser „virtuelles Ladengeschäft". Aus diesem Grund haben wir auch im Jahr 2000 als erstes Unternehmen in Deutschland die technische Möglichkeit geschaffen, unser Web-Angebot kostenlos zu nutzen. Zusammen mit einem Systementwickler in Neu-Isenburg bei Frankfurt haben wir dafür eine Software entwickelt. Diese wird vom Internet-Nutzer auf seine Festplatte heruntergeladen und installiert eine 0800-Dialer. Wird dieser aktiviert, wird die kostenpflichtige Verbindung zum jeweiligen Service Provider unterbrochen und auf eine gebührenfreie 0800-er Online-Verbindung umgeleitet. Dieser Service – Lands' End Freesurf® – funktioniert jedoch nur für die Verbindung zu den Lands' End Online-Seiten. Gibt der Nutzer eine andere URL ein, erscheint eine Informationsseite, die ihn fragt, ob er wieder zu seiner kostenpflichtigen ISP-Verbindung zurückkehren möchte. Diese wird, nach dem Klick auf den entsprechenden Button, automatisch durch das Programm wiederhergestellt. „Lands' End Freesurf" ist ein gutes Beispiel, wie wir technische Möglichkeiten im Internet bewerten und einsetzen. Jeder Online-Service, den wir anbieten, richtet sich nach den Offline-Bedürfnissen der Konsumenten.

Gleiches gilt auch für das Service Tool „My Virtual Model™". Damit kann der Online-Kunde sein eigenes „virtuelles Pendant" entwerfen und daran die gewünschte Kleidung anprobieren. Die Grundidee kam aus den Erfahrungen in der telefonischen Kundenberatung. Eine der meist gestellten Fragen zu den Produkten ist die nach der Länge von Pullovern oder Jacken. Durch das virtuelle Modell kann der Kunde das jeweilige Produkt nun anprobieren oder sich ansehen, ob die ausgesuchten Bekleidungsoberteile und Hosen auch farblich zueinander passen.

My Virtual Model™ ist schnell und einfach erstellt – das Ausfüllen eines Online-Fragebogens genügt, um die Körperform des Modells zu bestimmen. Auch Kopf und Gesicht können dem eigenen Aussehen angepasst werden. Die Formen der Augen, des Mundes und der Nase sind wählbar. Das gleiche gilt für die Haare. Bis zu zwölf verschiedene, wirklichkeitsnahe Frisuren und sechs Haarfarben stehen zur Wahl. Einmal erstellt, lässt sich das „virtuelle Ich" mit Passwort abspeichern und kann jederzeit aktualisiert werden, falls sich das Gewicht oder der Haarschnitt ändern. Das Modell wird in einer 3D-Ansicht erstellt und lässt sich auch drehen, sodass sich der Kunde von allen Seiten, wie vor einem Spiegel, betrachten kann. Die positive Annahme durch die Online-Kunden ist der Beweis für den Sinn dieses Service Tools. Über ein Drittel der Online-Besteller nutzen es für ihren Einkauf.

11 „Inter-Nett" oder E-Commerce ?

Nur wenn neue Service-Ideen sinnvoll sind, werden sie vom Konsumenten akzeptiert. Wenn sie dann auch noch überraschen können, werden sie begeistert angenommen. Genau das erleben wir mit Lands' End Live™, unserem Online-Beratungsservice. Mit dem Start der deutschen Internet-Plattform im November 1999 wollten wir gleichzeitig auch das einsame Einkaufen vor dem Computer beenden und ein Stück „Tante Emma" ins Internet bringen. Lands' End Live™ bietet professionelle Beratung „von Mensch zu Mensch". Dazu genügt ein Mausklick auf den entsprechenden Button und eine Auswahlseite erscheint. Auf ihr wählt der Online-Kunde aus, ob er telefonisch oder per Live Chat beraten werden möchte. Dann noch Vorname und Familienname eintragen und die Telefonnummer, falls die Beratung per Telefon gewünscht wird. Anschließend auf den „Verbinden"-Button klicken und schon meldet sich umgehend ein Lands' End-Berater. Gemeinsam kann jetzt der Einkauf vorgenommen werden und der Online-Kunde kann sich zum Beispiel direkt bei der Auswahl der richtigen Größe oder des passenden Pullovers beraten lassen. Er spart sich auch die Suche nach einem bestimmten Produkt. Auf Nachfrage erscheint der gewünschte Artikel auf seinem PC-Bildschirm, ohne dass er die Tastatur oder die Maus benutzen muss. Durch die miteinander verbundenen Internet-Browser sehen beide gleichzeitig dieselbe Seite und der Lands' End-Mitarbeiter hat die Möglichkeit, den Kunden auf Wunsch durch das Angebot zu führen. Diese Art von Online Service bezeichnen wir als „Inter-Nett" und er führt dazu, dass wir unsere Kunden begeistern können. Dies ist auch einer der Gründe, warum der im Internet getätigte Umsatz am Lands' End-Gesamtgeschäft in den letzten Jahren enorm gestiegen ist. Immer mehr unserer Kunden nutzen heute die verschiedenen angebotenen Medien gleichzeitig. Sie verschaffen sich einen Überblick im aktuellen Katalog, übermitteln ihren Auftrag per Internet und nutzen, wenn notwendig, zusätzlich die persönliche Beratung durch das Lands'-End-Service-Team.

12 Lands' End – am Anfang steht der Kunde!

Zusammengefasst: Oberstes Unternehmensziel ist die 100%-ige Zufriedenheit unserer Kunden. Dieser Anspruch ist der Ausgangspunkt für alle Entscheidungen. Es ist unsere Aufgabe, alles zu tun, um ihre Erwartungen zu erfüllen oder sogar zu übertreffen.

Dabei denken wir langfristig: Nicht nur ein einmaliges positives Erlebnis, sondern dauerhafte Kundenzufriedenheit wollen wir vermitteln. Ein umfassender Service und hohe Produktqualität zu fairen Preisen sollen die Kunden an Lands' End binden.

Als innovatives Unternehmen leisten wir beides auf bewusst „altmodische" Weise:

Die Grundlage für eine erfolgreich umgesetzte Service-Kultur sind gute ausgebildete und motivierte Mitarbeiter. Beim Service setzen wir auf Herz und gesunden Menschenverstand statt auf ein enges Regelwerk. Sollte ein Kunde jemals unzufrieden sein, weiß jeder Lands' End-Mitarbeiter, was er zu tun hat: Versetze Dich in die Lage des Kunden und überlege, was Dich zufrieden stellen würde, dann handele entsprechend zum Wohle des Kunden. Diese positive Einstellung zum Kunden kann aber nicht „von oben" befohlen werden, sondern muss durch die Unternehmensleitung vorgelebt werden.

Die eingesetzten Service-unterstützenden Technologien sollen sinnvoll und nützlich sein und unsere Kunden begeistern. Nur begeisterte Kunden machen uns zu ihrer „ersten Wahl" und bleiben uns treu.

Kümmere Dich nicht darum, ob es das Beste für das Unternehmen ist.
Sorge Dich darum, dass es das Beste für den Kunden ist!

(Leitsatz des Gründers von Lands' End, Gary Comer)

Strategie und ihre Umsetzung als Schlüssel zum Erfolg

Ulrich Hemel

PAUL HARTMANN AG, Heidenheim

1 Ausgangslage

Ein Unternehmen zu führen, das bedeutet auch, Leidenschaft für die Kunden und ihre Bedürfnisse zu empfinden und weiterzugeben. Einfach gesagt und schwer getan: denn je stärker ein Unternehmen wächst, je stärker Kraft durch notwendige Anpassungs- und Veränderungsmaßnahmen gebunden ist, desto schwieriger ist die Durchlässigkeit von Kundenwunsch und organisatorischer Reaktionsgeschwindigkeit zu bewirken. Es ist auch klar, dass ein Katamaran schneller zu Kursveränderungen befähigt ist als ein Tanker, und zwar selbst dann, wenn ein Eisberg schon in Sicht wäre.

Veränderung ist allerdings auch kein Selbstzweck. Sinnvolle Veränderungsprozesse in einem Unternehmen zeichnen sich durch einen längerfristigen Zielhorizont aus, der gerade nicht einer kurzfristigen Mode folgt, sondern eine Konstanz der Ziele und der Ausrichtung gewährleistet, die den mit und in dem Unternehmen beschäftigten Menschen einen gewissen Halt in Zeiten großer Unsicherheit gibt.

Eine verbindlich wirkende Strategie kann einen solchen Orientierungsrahmen und die daraus abzuleitenden konkreten Ziele und Handlungen gewährleisten. Aufgrund langjähriger Erfahrung bei The Boston Consulting Group war mir der Wert einer „wirksamen" Strategie ebenso vertraut wie die Gefahr von schönen Folien mit guten Ideen, die niemals umgesetzt werden und letztlich im Papierkorb landen. Als ich im Oktober 1996 als Leiter der neu geschaffenen Abteilung „Akquisitionen und Internationale Unternehmensentwicklung" zur PAUL HARTMANN AG kam, war ich überrascht, recht bald – nämlich Anfang 1997 – den Auftrag zu einer umfassenden Unternehmensstudie zu erhalten. Welches Ausmaß an Veränderung sich aus den daran anschließenden Prozessen für das Unternehmen ergab, hätte sich damals wohl niemand träumen lassen.

1997 erzielte die HARTMANN Gruppe mit 5.133 Mitarbeitern Umsatzerlöse von 718,9 Mio. Euro. Der Auslandsanteil belief sich auf 217,5 Mio. Euro, welcher mit Konzerngesellschaften in damals 12 Ländern erwirtschaftet wurde. Das Inland war also mit über der Hälfte des Umsatzes dominierend; die Kostenposition war jedoch durch den Kauf des tschechischen Marktführers für Medizinprodukte, der heutigen Firma HARTMANN-RICO, in vielen Bereichen durchaus konkurrenzfähig.

Die Organisation des Unternehmens folgte der in den 90er Jahren noch recht weit verbreiteten funktionalen Ausrichtung: Der Produktionsvorstand verantwortete die weltweite Produktion, der Vertriebsvorstand den Vertrieb, der Finanzvorstand die Finanzen, der Personalvorstand das Personal, und der Vorstandsvorsitzende trug die Gesamtverantwortung. In zahlreichen Fällen mag diese Organisationsform angemessen sein. Unter der Herausforderung internationalen Wachstums und stärkerer Kundenorientierung stieß sie jedoch auf Grenzen.

Der Ursprung des 1818 zunächst als Textilbetrieb gegründeten Traditionsunternehmens geht auf die Erfindung der Verbandwatte 1870/1871 zurück. Damals erlagen, so hieß es, im deutsch-französischen Krieg mehr Soldaten ihren infizierten Verletzungen im Lazarett als auf dem Schlachtfeld. So stieß die Entdeckung von Sir Joseph Lister und Dr.Viktor Bruns, dass durch einen Bleichprozess die an sich flüssigkeitsabstoßende (hydrophobe) Struktur von Baumwolle flüssigkeitsaufsaugend (hydrophil) gestaltet werden kann, auf industrielles Interesse, u. a. bei HARTMANN. Aus der industriellen Fertigung der Verbandwatte entwickelte sich bald ein international tätiges Unternehmen, das schon 1898 Niederlassungen in Paris, New York, Rom, London und Brüssel hatte.

Nachdem aber im Zug der Weltkriege die ausländischen Beteiligungen verloren gingen, blieb aus dieser Zeit für das Unternehmen eine starke Ausrichtung auf medizinische Verbrauchsgüter und eine stärkere Betonung von Produktion und Vertrieb als von Produktentwicklung und Marketing. So gesehen, war HARTMANN ein durchaus typisches deutsches Unternehmen mit allen Stärken und Schwächen des „Made in Germany".

Die Globalisierung, insbesondere auch der weltweite Erfolg amerikanischer Unternehmen wie Procter & Gamble, Johnson & Johnson, Tyco, 3M und anderen, ferner auch der immer stärkere Kostendruck im Gesundheitswesen folgten allerdings anderen Erfolgsmodellen. Dabei kann es keinesfalls als ausgemacht gelten, dass diese eins zu eins übertragbar wären.

Im Konsumgüterbereich hatte sich HARTMANN über die Jahrzehnte hinweg eine starke Stellung im deutschen Babywindelmarkt mit der Marke Fixies erarbeitet und darüber hinaus auch im Bereich der Watte eine starke Marktposition gesichert. Pflaster, Damenhygiene und Verbandkästen spielen im Vergleich mit diesen beiden Kategorien eine untergeordnete Rolle.

2 Strategieprozess und Organisationsentwicklung

Die Herausforderung einer Organisations- und Strategieentwicklung am Ende der 90er Jahre kann in fünf Punkten zusammengefasst werden, ohne dass hier auf alle Punkte ausführlich eingegangen werden soll:

a) Konzentration auf das wesentliche Kerngeschäft

b) Internationalisierung der Organisation

c) Stärkere Ausrichtung an Kundenbedürfnissen in Marketing und Produktentwicklung

d) Ausarbeitung eines strategischen Mittelfristrahmens

e) Konsequente Portfolioüberprüfung

Die besondere Schwierigkeit des Prozesses lag zum einen darin, dass das bis dahin erfolgreiche Geschäftsmodell des Unternehmens keine sonderlich ausgeprägte Veränderungsbereitschaft erwarten ließ, weil jede Art der Neuorientierung an prognostizierten Markt- und Kundenentwicklungen ihre Bewährungsprobe logischerweise noch nicht erbracht hatte. Außerdem bediente HARTMANN mit einer Vielzahl von Produkten von Verbänden, Pflastern, OP-Produkten, Erwachsenen- und Babywindeln, Watte, medizinischer Kosmetik bis hin zu Auto-Verbandkasten und in der Landwirtschaft eingesetzten Milchfiltern eine große Bandbreite von Kundengruppen- vom Lebensmitteleinzelhandel zum Apotheker, vom Krankenhaus zum Altenheim, vom Friseurgroßhandel bis zur Automobilindustrie. Dazu war die Beherrschung unterschiedlicher Technologien, unterschiedlicher Verkaufsprozesse, aber auch das Verständnis sehr heterogener Kundengruppen notwendig. Die internen Interessenlagen waren – in analoger Abbildung zu den vielfältigen Tätigkeiten des Unternehmens – sehr unterschiedlich.

Es gelang zwar recht bald, sich darauf zu verständigen, dass landwirtschaftliche Produkte wie Milchfilter und Eutertücher nicht das Kerngeschäft für HARTMANN sind und verkauft werden sollten (was im Jahr 2000 auch gelang). Ebenso deutlich kam aber auch zum Tragen, dass die Bündelung einer Vielzahl von Kompetenzen für das Unternehmen im Konsumgüter- und Gesundheitsmarkt unter dem Strich eher einen Vorteil als einen Nachteil bedeutete. Gerade Kunden wie Krankenhäuser, aber zum Teil auch Händler im Konsumgütermarkt schätzen es, wenn sie ihre eigenen Transaktionskosten durch ein gebündeltes Angebot „aus einer Hand“ niedrig halten können.

Um unter diesen schwierigen und teilweise widersprüchlichen Bedingungen zu einer von allen getragenen Strategie zu gelangen, war ein unternehmensweiter Entwicklungsprozess erforderlich.

Bereits Mitte 1997 wurde Einvernehmen darüber erzielt, die HARTMANN-Gruppe neu zu gliedern und drei weltweit tätige Unternehmensbereiche zu errichten, die national und international für ihre Produkte verantwortlich waren. Der UB Konsumgüter war zuständig für Babywindeln („Fixies“), Watte („Bel“), Damenhygiene („Ria“) und Kraftfahrzeug-Verbandkästen. Der UB Medical hatte seinen Schwerpunkt bei Verbandstoffen, Binden und OP-Produkten (nicht-textile Abdeckungen und Verbrauchsmaterial im OP). In diesem Unternehmensbereich wurden die medizinischen Vertriebe gebündelt. Schließlich sollte sich der UB Alten- und Krankenpflege weltweit um Inkontinenzprodukte sowie die medizinische Kosmetik kümmern.

Neu war für das Unternehmen, dass erstmals Produktion (und Produktionsentwicklung) gemeinsam mit Vertrieb und Marketing unter der einheitlichen Verantwortung eines UB-Leiters zusammenarbeiten sollten. Die dafür nötigen Einübungsprozesse benötigten insgesamt etwa drei Jahre.

Der für die Kundenorientierung besonders wesentliche, vorgängige Strategieprozess begann etwa gleichzeitig mit der Einrichtung der Unternehmensbereiche. Alle Abteilungen des deutschen Mutterunternehmens und alle Führungsteams der ausländischen Tochtergesellschaften von Frankreich bis Hongkong und von Spanien bis Polen wurden gebeten, aus ihrer jeweiligen Sicht auszuarbeiten, welche Trends für unsere Kunden in den nächsten fünf Jahren bestimmend sein werden. Dann wurde ausgearbeitet, wie sich diese Trends auf das Unternehmen auswirken und welche Zielsetzungen und Maßnahmen geeignet sein könnten, um unter den veränderten Bedingungen erfolgreich zu wirtschaften.

Der Erfolg dieses Prozesses lag – im Nachhinein betrachtet – darin, dass er eine wirklich breite Beteiligung hatte, dass allen Führungskräften klar war, dass es um echte (und nicht um insgeheim schon vorab entschiedene) Fragen ging und dass sich auch ein über 100 Jahre altes Traditionsunternehmen immer wieder von neuem quasi selbst erfinden muss, um über die Zeiten hinweg bestehen zu können. Nicht wenige Mitarbeiter betrachteten allerdings den Wert eines Strategieprozesses zunächst eher skeptisch. „Wozu brauchen wir denn Strategie?“, so wurde gefragt. Und manchmal wurde ein früherer Handelsvertreter zitiert, der in den 60-er Jahren auf die Bitte, seine Jahresplanung vorzulegen, wie folgt antwortete: „Wissen Sie, ich brauche keine Jahresplanung. Denn manche Kunden kaufen, und andere kaufen nicht!“.

Die ausgearbeitete Strategie wurde den Führungskräften des Hauses am 19.04.1999 vorgestellt und fand großen Anklang. Entstanden war das sogenannte „HARTMANN-Strategiehaus“. Die Grundlage bildet die bei den Kunden anerkannte medizinische Kompetenz von HARTMANN. Diese trägt auch die Dachmarke und die einzelnen Strategiebausteine.

Schnell wurde klar, dass eine Strategie auch einen Bezugsrahmen darstellt, auf den man sich in Zweifelsfällen berufen kann. Später wurden Ziele der Jahresplanung häufig durch Bezugnahme auf die HARTMANN-Strategie begründet. Hilfreich für die Einbeziehung der Mitarbeiter war die Kommunikation des „Strategiehauses“ u. a. in Form eines Puzzle, das in den Sprachen Deutsch, Englisch und Französisch hergestellt und an alle Mitarbeiter verteilt wurde. Die Vorgesetzten hatten die Aufgabe, die Strategie ihren direkten Mitarbeitern zu erläutern.

Ausgearbeitet wurden fünf Strategiebausteine:

a) Systemangebote schaffen

b) In Zielgruppen denken und handeln

c) Kerngeschäft ausbauen

d) Internationale Marktposition stärken

e) Interne Prozesse optimieren

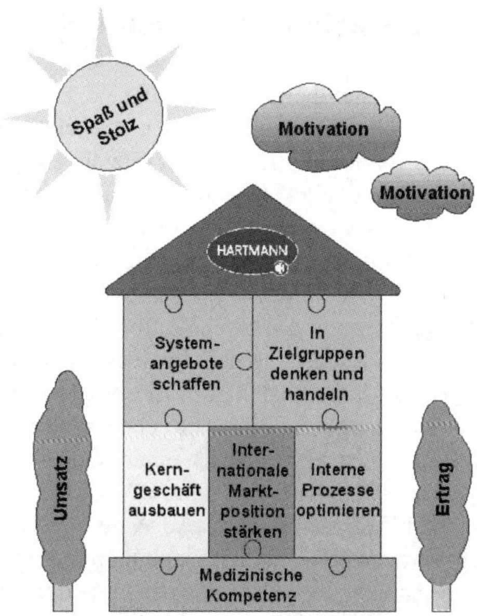

Abb. 1. Das HARTMANN-Strategiehaus

Diese Bausteine sind hinreichend allgemein, um Auslegungsmöglichkeiten in den einzelnen Ländern und Unternehmensbereichen zu ermöglichen. Sie sind aber ausreichend bestimmt, um für die Ableitung konkreter Handlungsziele einen Begründungsrahmen zu liefern. Im Lauf der letzten vier Jahre haben sich die Strategiebausteine in unterschiedlichen Kontexten bewährt, gaben aber auch Anlass zu weiterführenden Fragen: Welche Zielgruppen verdienen Priorität? Wie sieht das Kerngeschäft in fünf und zehn Jahren aus? Mit welcher Geschwindigkeit soll die internationale Expansion betrieben werden? Welche Prozessoptimierung verspricht den schnellsten Hebel für einen „Return on Investment“?

Im Konsumgütergeschäft führte die intensive Beschäftigung mit der Zielgruppe „Mütter“ beispielsweise zu einer neuen Bereichsstrategie, die ab 2000/2001 umgesetzt werden konnte.

Ein Kernpunkt dabei war die Entdeckung der medizinischen Kompetenz von HARTMANN als einem auch für die Kundinnen relevanten Wert. Nach außen hin sichtbar wurde dies beispielsweise in einer Veröffentlichung der „Lebensmittelpraxis“ vom 05.07.2002, Seite 36: Bei einer Umfrage unter 850 Entscheidern auf Einzel- und Großhandelsebene wurden 1.100 Innovationen im Food- und Non Food-Bereich in Deutschland einer Würdigung unterzogen. In der Kategorie „Baby- und Kinderprodukte“ wurde dabei „Fixies“ mit folgender Kommentierung zu den Gewinnern gezählt: „Fixies Ultra Dry und Extra Class von HARTMANN halten nicht nur Urin, sondern auch hautirritierende Stoffe von Babys Po fern.“ Dass die Marke Fixies noch vor Pampers je als Innovationssieger genannt werden könnte, wäre wenige Jahre zuvor wie ein völlig unrealistischer Traum erschienen!

3 Internationalisierung und Portfoliomanagement

Die Marktanalyse der Konsumgüter- und Gesundheitsmärkte hatte gezeigt, dass die global erfolgreichen Unternehmen die Fähigkeit entwickeln, ihr Geschäftsmodell in angemessener Geschwindigkeit international auszurollen. Gleichzeitig war erkennbar, dass in beiden Branchen ein weltweiter Konsolidierungsprozess in Gang ist, der den Spielraum für regionale Wettbewerber stark einschränkt. Gründe dafür waren u.a. Skalenvorteile der Produktion und die Finanzierbarkeit eines langen Atems für Produktinnovationen in rascher Folge.

Ein Beispiel soll dies verdeutlichen: Nehmen wir an, zwei Wettbewerber geben jeweils 5% ihres Umsatzes für Produktentwicklung aus und für jeden Marktteilnehmer würde eine Produktinnovation 1 Mio. Euro kosten. Auf dieser Ebene gäbe es keinen Unterschied zwischen beiden Unternehmen. Nur hätte eben Wettbewerber A einen Umsatz von 100 Mio. Euro, Wettbewerber B einen Umsatz von 1 Mrd. Euro. Daher hat der eine (A) einen F&E-Aufwand von 5 Mio. Euro, der andere (B) von 50 Mio. Euro. Im gleichen Zeitraum würde also A gerade einmal 5, B hingegen 50 Innovationen auf den Markt werfen. Selbst wenn man unterstellt, dass der kleinere Wettbewerber gewissermaßen „doppelt so kreativ" wie der große wäre, ist es wahrscheinlich, dass sich extreme Größenunterschiede im Laufe der Zeit in Form von erhöhtem Kostendruck auf den kleineren Wettbewerber auswirken werden. Damit wird aber für „A" selbst die Finanzierung der 5 Mio. Euro für Innovation von Jahr zu Jahr schwieriger.

Nun sind solche Prozesse kein Automatismus. Beispielsweise ist ja die Erfolgsrate einer Innovation höchst unterschiedlich. Das Nachdenken darüber regt aber dazu an, sich wirklich auf die eigenen Stärken zu konzentrieren, um dadurch die Voraussetzungen für ertragreiches Wachstum zu schaffen.

Den in vielen Branchen sichtbaren Prozess der Konzentration kann man auch in der Sprache des Sports beschreiben. Wenn ein Unternehmen zu einem bestimmten Zeitpunkt sozusagen in der zweiten Bundesliga spielt, diese aber – aus welchen Gründen auch immer – abgeschafft wird, dann gilt es, die Entscheidung zu treffen, ob man in der nächsten Saison in der ersten Bundesliga oder in der Regionalliga spielen will…

Für HARTMANN bedeutete der Prozess der Internationalisierung eine enorme Kraftanstrengung, denn Aufholen im Markt bedeutet ja, sich schneller als der Markt zu bewegen. Wenn ein Unternehmen nur genau so schnell ist wie der Markt, ist ein Aufholen nicht möglich – der Abstand zum Markt bleibt gleich!

In der Zeit von 1972 bis 1996 hatte HARTMANN in insgesamt 12 Ländern eigene Tochtergesellschaften gegründet – also im Durchschnitt eine alle zwei Jahre. Das neue Ziel, nun stattdessen jedes Jahr zwei solche Töchter zu gründen, führte zu einigen Diskussionen. Schließlich geht es ja nicht um reine Zielrhetorik, sondern um konkrete, mühsame Projekte, die gewissermaßen neben dem Alltagsgeschäft zu stemmen sind. Wichtig war allerdings die Verständigung darüber, diese Auslandsgründungen tatsächlich wie eigene Unternehmensprojekte zu fahren, damit eine geeignete Planung und Durchführung realisiert werden konnte.

Die „neuen" Auslandstöchter wurden entweder auf der grünen Wiese als reine Vertriebsfirmen gegründet (so z. B. in Dänemark 1998 oder Griechenland 2002) oder aber durch die Übernahme eines Distributeurs erreicht (z. B. Schweden 1997 oder Südafrika 2001). In einigen Fällen wurden Produktionsstätten übernommen (z. B. China 1999 oder USA 2001), in anderen Fällen neue Produktionswerke errichtet (z. B. Coimbatore/Indien 2001). Bei aller Unterschiedlichkeit der „Gründungsmodelle" war ein sehr striktes Projekt- und Beteiligungs-Controlling von großer Bedeutung: Im Abstand von sechs Monaten werden sämtliche „neuen" Firmen der letzten fünf Jahre einer Betrachtung nach der erzielten Investitionsrendite unterworfen.

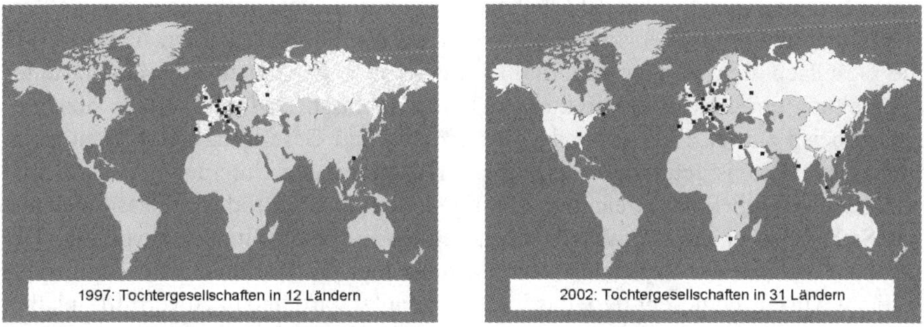

Abb. 2. Die HARTMANN-Gruppe 1997 im Vergleich zu 2002

Da die Ressourcen im Stammhaus zwangsläufig begrenzt sind, wurde von vornherein Wert auf einheimisches Personal mit den beiden Kernkompetenzen „unternehmerisches Potenzial" und „Zuverlässigkeit" gelegt. Die Entsendung deutscher Mitarbeiter bleibt die Ausnahme. Eine Folge dieser Philosophie ist es beispielsweise, dass HARTMANN auch im Ausland als Arbeitgeber attraktiv wirkt, weil auch die Spitzenpositionen von talentierten Mitarbeitern erreichbar sind. Dies gilt auch für Frauen: Die Geschäfte der Gesellschaften in Polen, Singapur und Ägypten werden von einer einheimischen Geschäftsführerin geleitet!

Im Zeitraum 1997–2002 hat sich die Zahl der Länder mit eigenen HARTMANN-Gesellschaften von 12 auf 31 mehr als verdoppelt. Allein 2002 kamen Griechenland, Slowenien und der Iran dazu. Neben Norwegen und Rumänien sind in 2003 Australien, Algerien und Marokko an der Reihe. Es ist allerdings nicht zufällig, welche Länder sich für eine eigene Tochtergesellschaft eignen. Weil HARTMANN produktseitig eine besondere Kompetenz auf dem Gebiet der Haut und damit bei körpernahen Produkten besitzt, spielen demographische Faktoren für das Geschäft eine besondere Rolle. Bevölkerungsreiche Länder sind daher von Haus aus interessant, selbst wenn sie nicht zu den größten Industriestaaten gehören. Darüber hinaus gilt es, in den wesentlichen OECD-Staaten vertreten zu sein, weil dort die Kaufkraft der Bevölkerung höher als in den ärmeren Ländern ist.

Generell hat die Internationalisierung HARTMANN geholfen, auch im Inland Arbeitsplätze zu erhalten. Die PAUL HARTMANN AG ist eines der wenigen großen deutschen Unternehmen, deren Arbeitsplatzangebot im Inland während der letzten zehn Jahre nicht abgenommen hat. Im Gegenteil: es konnten mehrere hundert Arbeitsplätze geschaffen werden. Der Löwenanteil des Mitarbeiterzuwachses kommt allerdings aus dem Ausland.

Insgesamt ist der Personalstand der Gruppe in fünf Jahren von 5016 Mitarbeitern (1996) auf 9857 Mitarbeiter (2001) gewachsen. Im Jahr 2003 werden über 10.000 Menschen in der Gruppe beschäftigt sein. Gerade die Globalisierung hat hier geholfen, in den Geschäftsfeldern des Unternehmens die nötige kritische Masse zu erreichen und dadurch auch in Deutschland Beschäftigung zu sichern.

Da Unternehmen in über 30 Ländern nicht ohne weiteres über eine einzige Person und einige Finanzkennzahlen gesteuert werden können, wurden Anfang 2002 die Gesellschaften in oder außerhalb Europas in sogenannten „Regionen" unter der Leitung eines Regionaldirektors zusammengefasst. Dadurch können die Interessen beispielsweise der ost- oder südeuropäischen Gesellschaften in regionalen Managementteams gebündelt werden. Der Dialog mit den Unternehmensbereichen wird dadurch erheblich erleichtert. Häufig sind regionale Produktanpassungen aus der Sichtweise eines zentralen UB-Marketings nicht unmittelbar einsichtig. Die Dialog-Plattform der Regionalkonferenzen hat hier ein Instrument für den gegenseitigen Austausch geschaffen, das intensiv genutzt wird und dazu verhilft, lokalen Anforderungen auch in einem international tätigen Unternehmen gerecht zu werden.

Ein Beispiel aus dem medizinischen Bereich soll dies verdeutlichen: Bei Operationen werden in den Vereinigten Staaten und in Frankreich blaue, in Deutschland aber grüne Abdecktücher verwendet. Die Zuschauer der entsprechenden Fernsehserien können dies leicht nachvollziehen. Einen medizinischen Grund dafür gibt es nicht, so dass unsere französische Vertriebsmannschaft jahrelang den Auftrag hatte, den französischen Chirurgen „grüne" Abdecktücher zu verkaufen – mit höchst bescheidenem Erfolg. Erst das intensive Hinhören auf die Gewohnheiten der Kunden in verschiedenen Ländern brachte den gewünschten Durchbruch.

Natürlich darf man Markterfolge oder auch Schwierigkeiten nicht vorschnell mit Organisationsstrukturen in Verbindung bringen. Es hat sich aber gezeigt, dass Organisationsfragen durchaus mit der Qualität und Geschwindigkeit der Marktreaktion eines Unternehmens zu tun haben. Die Kunst besteht darin, den Kunden „sichtbar" und „hörbar" zu machen, damit konkrete Anforderungen im Unternehmen nicht stecken bleiben, bevor sie kompetent beurteilt und umgesetzt werden.

Im Rahmen der internationalen Ausdehnung gehört auch die Pflege des Kerngeschäfts zur Grundaufgabe unternehmerischen Handelns. Durch die Unterscheidung von drei weltweit tätigen Unternehmensbereichen kam ein Prozess in Gang, der deutlicher als zuvor auf die Frage nach dem heutigen und zukünftigen Geschäftsportfolio eingeht. Nach dem Verkauf des Milchfiltergeschäfts 2000 führten solche Gedanken speziell im Jahr 2001 zu einer Ausdehnung der Akquisitionstätigkeit des Unternehmens: Neben der Vertriebsfirma HARTMANN-Vitamed in Südafrika (165 Mitarbeiter), der Vertriebs- und Produktionsfirma HARTMANN-

Conco in den USA (215 Mitarbeiter) wurden der medizinische Dienstleister Sanimed in Berlin (506 Mitarbeiter) sowie die Kneipp-Werke in Würzburg (350 Mitarbeiter) übernommen. Dass es zu einer solch intensiven Tätigkeit innerhalb eines Jahres kam, war zeitlich gesehen ein Stück weit Zufall, denn das Interesse an Kneipp ging auf den Strategieprozess der Jahre 1998/1999 zurück. Damals war aber die Zeit für eine Übernahme noch nicht reif.

4 Beispiel Kneipp

Als die Übernahme von 80% der Anteile an den Kneipp-Werken im Sommer 2001 öffentlich bekannt wurde, kam dieser Schritt für eine Reihe von Branchenkennern überraschend. Was sollte und konnte ein für die Vermarktung von Windeln bekanntes Unternehmen mit Kneipp anfangen?

Die strategische Neuausrichtung der HARTMANN-Gruppe ist der Schlüssel für die Antwort. Für viele Mitarbeiter im Unternehmen war es neu, in der „medizinischen Kompetenz" des Unternehmens den Kern der Ausrichtung von HARTMANN als Marke und als Unternehmen zu entdecken. Im Konsumgüterbereich führte dies von Anfang an zu Überlegungen, welche Synergien zwischen den Massenmärkten und Kundenbedürfnissen im Retail zur „medizinischen Kompetenz" bestehen könnten.

Ursprünglich hatte HARTMANN ja den Slogan „HARTMANN hilft heilen" beworben. Der Erfolg bei Babywindeln und Watte hatte aber wenig mit „Heilen" zu tun. Eine erste Hilfestellung fand sich hierzu durch die Erweiterung des Positionierungsanspruchs in folgender Form: „HARTMANN hilft heilen, pflegen und gesund leben".

Da andererseits ein enges Zusammenwachsen zwischen Gesundheits- und Konsumgütermärkten zu beobachten ist, so dass gerade die freiverkäuflichen Apothekenprodukte (OTC-Produkte), aber auch die gesundheitsrelevanten Waren in den Supermärkten an Bedeutung zunehmen, setzte schon früh das Nachdenken über sinnvolle Ergänzungen des Konsumgüterportfolios der HARTMANN-Gruppe ein. Als Kriterien standen dabei die Nähe zur medizinischen Kompetenz und die internationale Attraktivität der Marke im Vordergrund.

Da Kneipp eigene Gesellschaften in der Schweiz, in Österreich, in Frankreich, in den Niederlanden, in Italien und in den Vereinigten Staaten hatte und darüber hinaus ein einzigartiges Know-how und Qualitätsbewusstsein im Bereich der Naturheilprodukte aufwies, war das Unternehmen für die HARTMANN-Gruppe attraktiv. Dazu kam eine Markenbekanntheit von über 90% in Deutschland und die mögliche Affinität auch zu den medizinischen Vertriebswegen des Unternehmens im In- und Ausland.

Da Kneipp in einer Sanierungssituation übernommen werden musste, standen am Anfang allerdings die notwendigen Kostenmaßnahmen im Vordergrund. Das Produktsortiment wurde von 900 auf etwa 200 Produkte gestrafft, unprofitable Tochtergesellschaften restrukturiert.

Innerhalb eines Jahres war der Turnaround geschafft. Zu diesem Erfolg trug auch die immer besser wahrgenommene Synergie von Kneipp mit HARTMANN bei: es handelt sich in beiden Fällen um solide Marken und Unternehmen, die das Zeug zu einem „innovativen Traditionsunternehmen" in sich haben, ein anspruchsvolles Qualitätsverständnis zeigen und international zur Positionierung der Gruppe im Sinn der medizinischen Kompetenz beitragen können.

Außerdem ergänzt Kneipp das Angebot der HARTMANN-Gruppe im Bereich der Gesundheitsvorsorge in einem umfassenden Sinn. Die Philosophie von Sebastian Kneipp steht dabei im Hintergrund, wird aber produktseitig vor allem im Bereich „Kneipp classic" wirksam. Darüber hinaus eignen sich beispielsweise Kneipp-Gesundheitstees für die Linderung verschiedener Indikationen von Magen-Darm bis Erkältung oder Entspannung.

Die Modernisierung und Verjüngung der Marke wird durch die Bezeichnung „Kneipp Care" und „Kneipp Spa" signalisiert. Der Kunde sorgt sich heute immer mehr um die möglichst naturreine Beschaffenheit von Produkten. Auf diesem Gebiet hat Kneipp eine reichhaltige Erfahrung und eine sehr anspruchsvolle Qualitätssicherung. Gerade für Körperpflegeprodukte auf pflanzlicher Basis (z. B. Mandelblüte) besteht hier ein Markt. Schließlich richtet sich „Kneipp Spa" auch an jüngere Zielgruppen, denn ein Entspannungsbad mit einem Badeöl oder Badesalz tut auch Menschen aus der Altersgruppe 15 – 29 Jahre gut!

Die Internationalisierbarkeit der Marke führt auch zu vertrieblichen Synergien. In einigen Ländern (z. B. Spanien) wird Kneipp zuerst in der Apotheke eingeführt. Auch Apotheken profitieren ja vom zunehmenden Gesundheitsbewusstsein der Bevölkerung. Dabei hat es sich als besondere Herausforderung herausgestellt, die Apotheken-exklusiven Produkte von Kneipp mit einem nur in der Apotheke leistbaren Beratungsanspruch vom Konsumgütersortiment für Lebensmitteleinzelhandel und Drogeriemärkte trennscharf zu unterscheiden.

5 Beispiel Fixies

Auch im Stammgeschäft war die strategische Neuausrichtung wirksam. Über viele Jahre hinweg wurden Fixies-Babywindeln als die etwas preisgünstigere und qualitätsseitig trotzdem gute Alternative zum Marktführer Pampers positioniert. Mit dem Aufstieg der Handelsmarken wurde diese Positionierung mehr und mehr bedroht.

Handelsmarken können deswegen günstiger anbieten, weil sie auf teure Publikumswerbung verzichten können und keinen eigenen Aufwand für Forschung und Entwicklung leisten. Dabei ist die Produktkategorie „Babywindeln" besonders herausfordernd, da ein Baby erwartungsgemäß kaum länger als drei Lebensjahre Windeln benötigt. Dadurch ändert sich die komplette Käufergruppe alle drei Jahre. Die Akquisitionskosten für eine Mutter, die Babywindeln kauft, können im besten Fall zu einer Markentreue über drei Jahre hinweg führen.

Eine weitere Besonderheit des Marktes ist seine Eignung für Lockvogel-Angebote oder – freundlicher gesagt – Preisaktionen. Eine Mutter, die Babywindeln kauft, lebt typischerweise gemeinsam mit dem Kind und ihrem Partner – vielleicht auch mit weiteren Kindern – in einem Haushalt. Für die Handelspartner bedeutet dies, dass der Kassenbon der Mutter besonders wertvoll ist, denn ein Drei- oder Vier-Personen-Haushalt benötigt mehr Produkte als ein Single-Haushalt. Babywindeln stehen daher grundsätzlich in der Preisoptik der Kunden. Was dem Handel durch Aktionen an Ertrag entgeht, muss durch die anderen Produkte, aber auch durch Konditionenforderungen an die Industrie erlöst werden.

Die strategische Ausrichtung von HARTMANN auf der Grundlage medizinischer Kompetenz verhalf hier zu einem Neuansatz. Da die Gesundheit des eigenen Kindes emotional hoch positiv besetzt ist, konnte eine Babywindel-Produktentwicklung rund um das Thema „Gesundheit" neues Verbraucherinteresse erregen. Themen wie atmungsaktive Windeln oder dermatologische Tests vor Produkteinführungen sind in der Zwischenzeit Standard im Markt.

Die Positionierung der Fixies als „Wohlfühlwindel" hat es erlaubt, andere Wege zu gehen als der Marktführer. Die Orientierung an „Gesundheit" und „Qualität" führte in den Jahren 2000 und 2001 zu einem deutlichen Anstieg der Marktanteile von Fixies. Auch die qualitätsbedingten Mehrkosten wurden in Form von Preiserhöhungen von den Verbraucherinnen akzeptiert.

Als die Stiftung Warentest im Dezember 2001 die Fixies mit knappem Abstand auf Platz 1 und Platz 2 der besten Produkte bewertete, war der Jubel der verantwortlichen Mitarbeiter groß. Immerhin ist Pampers weltweit um Dimensionen größer als Fixies, die als regionale Marke nur in Mitteleuropa von Bedeutung ist.

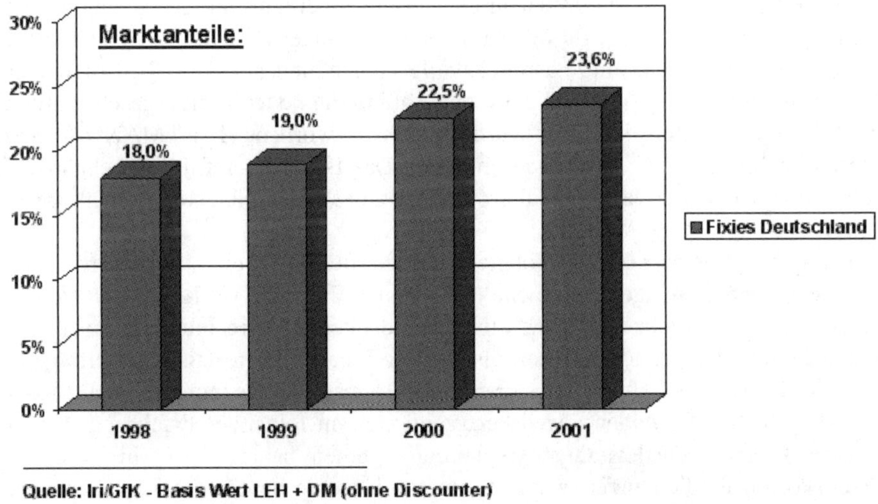

Abb. 3. Fixies-Marktanteile

Mit der Euro-Einführung im Jahr 2002 kam es im deutschen Markt allerdings zu einem zuvor in diesem Ausmaß noch nicht gekannten Boom der Discounter Aldi und Lidl zu Lasten aller Markenprodukte. Dadurch entsteht weiterer Preisdruck auf den Märkten, der zu einem weiter verschärften Konkurrenzkampf führen wird.

Weil – bezogen auf Millionen Euro – Marktinvestitionen in zwei- bis dreistelliger Höhe erforderlich sind, um neue Märkte mit einer Babywindelmarke zu erobern, hat sich Fixies im Ausland auf einige kreative Nischenmärkte beschränkt, beispielsweise Kindertagesstätten in den Niederlanden oder Direktversand in Großbritannien. In Frankreich wurde ein eigenes Internetportal „Bébéparents" (Baby und Eltern) konzipiert, das zu einem noch engeren Dialog mit den Verbraucherinnen geführt hat. Es wäre jedoch angesichts der verfügbaren Mittel unrealistisch, im europäischen Massenmarkt in einen Verdrängungswettbewerb einzusteigen.

6 Beispiel Prozessmanagement

Wenn eine Strategie erfolgreich ist, weil sie auf Kunden und Mitarbeiter glaubwürdig wirkt und weil sie das Profil des eigenen Handelns schärft, dann folgen aus ihr unweigerlich auch erhebliche Herausforderungen für die internen Prozesse eines Unternehmens. Die Bereiche IT, Logistik und Kundenservice sind entscheidend nicht nur für die Kostenposition, sondern auch für die Kundenwahrnehmung eines Unternehmens. Darüber hinaus sind Wachstumsprozesse gerade im internationalen Rahmen mit erheblichen Vorlauf- und Folgeinvestitionen in diesen Bereichen verbunden.

Die HARTMANN-Gruppe hat ihren Umsatz innerhalb von sechs Jahren fast verdoppelt. Was das allein für die Zahl der SAP-Nutzer bedeutet, lässt sich leicht ausrechnen. Dazu kam eine anspruchsvolle Umstellung auf SAP R/3 im Januar 2001 und eine hohe Geschwindigkeit der Anbindung neuer Tochtergesellschaften (und Zeitzonen!). Beispielsweise wurde die 2001 erworbene HARTMANN-Conco bereits im Juni 2002 an SAP angeschlossen. Das Beharren auf der Durchgängigkeit von Prozessen erweist sich allerdings trotz des anfänglich sehr hohen Stress-Levels als langfristiger Vorteil.

Die gestiegene Anzahl von Tochtergesellschaften und Teilkonzernen hat auch die Austauschbeziehungen zwischen den einzelnen Einheiten vor neue Herausforderungen gestellt. Im Jahr 2003 folgt die flächendeckende Verrechnung von Serviceleistungen auf der Grundlage wechselseitig vereinbarter Dienstleistungsverträge.

Dass sich solche Aufgaben des operativen Tagesgeschäfts unmittelbar auf Kosten, aber auch auf Kunden auswirken, zeigt sich an folgender Erfahrung: Kaum war das Thema Dienstleistungsverrechnung allgemein bekannt, etwa in Form von Lizenzkosten für IT-Nutzer, wurden sehr rasch wenig benutzte Nutzer-Lizenzen zurückgegeben – allerdings erst nach der Rückbestätigung, dass die eingesparten Kosten auch tatsächlich an die abgebenden Einheiten zurückvergütet würden!

Ein zweiter, nicht weniger bedeutsamer Bereich der Prozessoptimierung betrifft die Logistik. Dieses Gebiet hat in den letzten fünf Jahren weltweit eine rasante Entwicklung durchgemacht.

In früheren Zeiten gab es Geschäftsführer von Auslandsgesellschaften, für die es selbstverständlich war, dass sie ihr eigenes Logistikzentrum bauen durften. Es galt das Prinzip „ein Land – ein Lager“. Was längst in Deutschland durchgeführt ist, nämlich die Konzentration logistischer Standorte, wirkt sich nun auch auf europäischer Ebene aus. Durch die Bildung europäischer Regionen im Rahmen der sogenannten „Euro-Logistik“ können warenwirtschaftliche Funktionen gebündelt werden. Dies hat bei HARTMANN beispielsweise allein im Jahr 2002 zur Abmietung von zwei Lägern mit den entsprechenden Ersparnissen bei Kapital- und Handling-Kosten geführt. Die Rückseite dieser Entwicklung ist allerdings die immer größere Abhängigkeit von der stabilen Funktionstüchtigkeit der elektronischen Systeme.

Die Entwicklung wird auch in der Zukunft noch zunehmen. ECR-Themen wie z.B. der EAN-Code auch für die Produkte der Vorlieferanten in der Lieferkette, CPFR, Chargenführung u.a.M. werden an Bedeutung gewinnen und sich teilweise als Ausschlusskriterien für Beziehungen zwischen Industrie und Handel erweisen.

Ein drittes Prozessthema wird mit dem Stichwort CRM nur unzureichend beschrieben. Die elektronischen Analysemethoden erlauben eine immer intensivere Kenntnis der eigenen Kunden und damit auch immer mehr maßgeschneiderte Angebote.

Andererseits stellt sich speziell die Schulung und Steuerung der Mitarbeiterinnen und Mitarbeiter in diesem Bereich als Engpass heraus. Leistungsfähige Systeme geben nur so viel her, wie der Mitarbeiter weiß. Zum Thema Prozessmanagement gehört daher unweigerlich eine noch größere Beachtung von Schulung, Training und Personalentwicklung auf allen Ebenen – von der Logistik zur IT, vom Kundenservice zum Außendienst.

7 Zukunftsaufgaben

HARTMANN verfolgt das Ziel, mit seinen Produkten und Dienstleistungen eines der drei führenden, unabhängigen europäischen Unternehmen rund um Gesundheit und Wohlbefinden mit weltweiter Präsenz, anerkannter Innovationsfähigkeit und überzeugender Markenführung zu werden. Operationalisiert bedeutet dies einen Zielumsatz von 2 Mrd. Euro bis 2006/2007 in den Bereichen Consumer, Medical und Patient Care.

Um dieses Ziel zu erreichen und die kritische Masse in den Feldern der Kernkompetenz zu gewinnen und auszubauen, sind noch erhebliche Anstrengungen erforderlich. Der beschriebene strategische Prozess hat allerdings auch Kräfte freigesetzt und eine Qualität der Zusammenarbeit ermöglicht, die hilfreich sind. Herausforderungen wie das Management integrierter Wertschöpfungsketten von der Produktion bis hin zur Markenführung im Konsumgüterbereich, von Service und Logistik bis hin zum medizinischen Fachhandel erfordern die Konzentration auf einige wenige, gemeinsame Ziele und Werte. Daher stehen auch Fragen der Markenführung, der Positionierung und des Markenportfolios immer wieder neu auf der Tagesordnung des Unternehmens.

Es wäre allerdings eine Illusion zu glauben, ein Strategieprozess laufe von selbst, werde ohne Widerstände erfolgreich oder könne grundsätzlich fehlerfrei gestaltet werden. Vielmehr läuft der Strategieprozess ja in der Regel neben der Tagesarbeit und den vielfältigen Herausforderungen des operativen Managements ab. Ist der Prozess erfolgreich, gibt er auch die Kraft zur Korrektur oder Richtungsänderung. Beispielsweise hat sich HARTMANN vom 1996 begonnenen Projekt einer flächendeckenden europäischen Markteinführung von Blutzuckermessstreifen im Jahr 2002 aktiv getrennt, weil die dazu erforderlichen Investitionen in überhöhtem Ausmaß Ressourcen von Kernkompetenzen abgezogen hätten.

Ein häufig unterschätzter Aspekt von Strategieentwicklung ist die Qualifizierung der Mitarbeiterinnen und Mitarbeiter, über den eigenen Horizont hinaus zu denken. Wenn es ein Ziel ist, eine „Organisation ohne Ausreden" zu schaffen, die in der Lage ist, aktives Zuhören auf die Kunden zu pflegen, ist dieser Aspekt alles andere als gering zu schätzen.

Gleichzeitig ist ein Strategieprozess grundsätzlich zukunftsoffen. Es wird und muss Korrekturen geben. Von Zeit zu Zeit wird eine grundlegende Neubesinnung erforderlich sein. Das Interessante an einem erfolgreichen Strategieprozess ist allerdings auch seine Nachhaltigkeit: Bei HARTMANN ist die Strategie heute – im Jahr 2003 – tiefer und fester verankert als vor zwei, drei oder vier Jahren. Gleichzeitig ist festzustellen, dass die Strategie von ihrer Aktualität und Orientierungskraft nichts verloren hat, weil sie offensichtlich von Anfang an den Kunden im Blick hatte und weiterhin hat. Dabei geht es um einen vorlaufenden hermeneutischen Prozess, das heißt darum, die gegenwärtigen und zukünftigen Bedürfnisse des Kunden herauszufinden und praxisrelevant auf das Handeln des Unternehmens anzuwenden.

Kunden und Mitarbeiter sind das Wertvollste, was ein Unternehmen hat. Den fruchtbaren Dialog zwischen beiden zu fördern – durch Produkte, durch Dienstleistungen, durch Interaktionen vielfältigster Art – ist eine der schönsten Aufgaben der Unternehmensführung. Wenn es mehr und mehr gelingt, die Kunden auch in Deutschland davon zu überzeugen, dass Qualität ihren Wert, aber auch ihren Preis hat, wenn es durch den Dialog mit den Kunden zu sinnvollen und vom Markt aufgenommenen Innovationen kommt, dann wird und kann sich auch die Markenlandschaft in diesem Land weiter entfalten.

Literatur

Argyris C, On Organizational Learning, Oxford 1994

Bateson G, Ökologie des Geistes, Frankfurt a. M. 1985

Fischer Weltalmanach, 2003, Frankfurt a. M. 2002

Heuskel D, Wettbewerb jenseits von Industriegrenzen, Frankfurt a. M. 1999

Oetinger B von, (Hrsg.), Das Boston Consulting Group Strategie Buch, Düsseldorf 1993

Oetinger B von, Ghyczy T von, Bassford C (Hrsg.), Clausewitz – Strategie denken, München 2001

Vaill P B, Lernen als Lebensform, Stuttgart 1998

World Health Report 2002, Geneva 2002

Internet

www.hartmann.info

www.kneipp.de

www.sanimed.de

Verstehe Deine Kunden – Praxisbeispiel aus der Spirituosenbranche

Chris Zanetti

Allied Domecq Spirits & Wine Deutschland GmbH & Co. KG, Frankfurt am Main

1 Gemeinsam zum Erfolg: Kundenorientierung als partnerschaftliche Kooperation

Die Zeiten des schnellen Wachstums in der Spirituosenbranche sind lange vorbei. Seit sechs Jahren ist der Markt für alkoholische Getränke von stagnierenden Umsätzen geprägt. Zugleich registrieren Markenartikelhersteller, dass ihre Kunden, der traditionelle Lebensmittelhandel, vermehrt Potenzial an Discounter verlieren, die entweder nur eine eingeschränkte Auswahl an Markenartikeln anbieten oder ausschließlich Handelsmarken vertreiben. Verunsichert von negativen Konjunkturdaten und anhaltenden Diskussionen über zusätzliche finanzielle Belastungen kaufen immer mehr deutsche Konsumenten in diesen Märkten ein, deren Anzahl sich in den letzten zehn Jahren nahezu verdoppelt hat. Im gleichen Zeitraum sind die Discount-Anteile am Gesamtumsatz in Teilsegmenten von 20 auf bis zu 36,5 % gestiegen.

Angesichts dieser Entwicklung wird es für Spirituosenhersteller und deren Handelspartner immer wichtiger, Ertragspotenziale gemeinsam zu steigern. Aus diesem Grund hat Allied Domecq Spirits & Wine Deutschland (ADD) frühzeitig vertrauensvolle Kooperationen entlang der Wertschöpfungskette aufgebaut. Ein Ziel dieser Kooperationsprojekte besteht darin, die Effizienz von Geschäftsprozessen und die Loyalität der Verbraucher gegenüber den Geschäften der Partner und den darin angebotenen Marken zu erhöhen.

Kundenorientierung bedeutet für ADD somit in erster Linie die Umsetzung von Marktanforderungen in den Kooperationsfeldern Planung, Prognose, Category Management und Supply Chain Management. Hierbei spielt die konsequente Ausrichtung an den Bedürfnissen des Verbrauchers bzw. Käufers eine entscheidende Rolle. Aus diesem Grund investiert Allied Domecq hohe Summen in eine intensive Marktforschung, die dem Unternehmen genaue Kenntnisse über das Einkaufsverhalten der Verbraucher vermittelt und darüber, wer, was, wo und zu welchem Anlass trinkt. Dieses Wissen bestimmt sämtliche Marketingstrategien und Promotion-Aktivitäten für die Key Brands von Allied Domecq, während der Handelspartner von einer hohen verbraucherorientierten Kompetenz in der Sortimentsgestaltung, von verkaufsstarken Marken, einer professionellen Mediaunterstützung und von effizienten Verkaufsförderungsaktionen profitiert.

1.1 Aktuelle Entwicklungen und Trends im deutschen Spirituosenmarkt

Der Spirituosenmarkt in Deutschland hat sich 2002 gegenüber dem Vorjahr kaum verändert. Insgesamt erwirtschaftete der Lebensmitteleinzelhandel (LEH ohne Aldi) mit hochprozentigen Spirituosen und vorgemixten Ready to drink-Getränken (RTD) einen Umsatz von 2,67 Mrd. Euro. Im Jahr zuvor waren es 2,66 Mrd. Euro. Damit hat sich die seit 1997 anhaltende Stagnation dieser Getränkegruppe auch im vergangenen Jahr fortgesetzt. Der um 3 % gestiegene Mengenabsatz in Flaschen ändert daran nur wenig.

Innerhalb der einzelnen Gattungen gab es dagegen zum Teil erhebliche Verschiebungen. Nach Angaben des Forschungsinstitutes AC Nielsen legten die RTDs im Jahr 2002 mit Abstand am stärksten zu. Während Cola- und Lime-Mixes ein Zuwachs von 38 % bzw. 65 % verzeichneten, erhöhte sich der Umsatz in der Kategorie „andere Spirituosen-Mixgetränke" nahezu um das Fünffache. Eine positive Entwicklung konnten Handel und Industrie auch bei Cachaça (+10 %), Tequila (+7 %), Grappa (+6 %) und Likören ohne Kräuteranteil (+5 %) verzeichnen. Rückläufige Tendenzen gab es dagegen bei Aperitifs auf Alkoholbasis (-11 %), Weinbrand und Rum (jeweils -5 %), bei Spirituosen mit Zusätzen (-4 %) und bei Whisky (-3 %).

Gemessen an der Bedeutung im Spirituosenmarkt relativieren sich einige dieser Zahlen. So waren die überaus erfolgreichen Spirituosen-Premixes insgesamt nur zu 2,3 % am Gesamtumsatz beteiligt, während klare Spirituosen mit 23,8 % auch weiterhin die Rangfolge dominieren, gefolgt von Weinbrand (20,7 %), Kräuterlikören (15,6 %), anderen Likören (8,7 %) und Whisky (7,7 %).

Berücksichtigt man, dass der Verbraucher im Jahr 2002 für Lebensmittel etwa 10 % mehr als im Vorjahr beim Discounter ausgegeben hat, konnten Handel und Industrie 2002 insgesamt eine befriedigende Bilanz ziehen. Spirituosen gehören unverändert zu den zehn umsatzstärksten Warengruppen, erzielen eine hohe Käuferreichweite und bleiben für den LEH eine tragende Säule seines Geschäfts. Erfreulich für Handel und Hersteller ist auch, dass alkoholische Getränke im Gegensatz zu vielen Artikeln aus dem Bereich der Fast Moving Consumer Goods deutlich preisstabiler geblieben sind.

Ist also alles eitel Sonnenschein im Spirituosenmarkt? Nicht ganz. Einerseits konnte das Ergebnis nur durch einen hohen Promotion-Aufwand erzielt werden. Andererseits zeigen zahlreiche Studien, dass der Konsum von traditionellen Spirituosen in den USA, in Europa und speziell auch in Deutschland bei jüngeren Verbrauchern zwischen 21 und 29 Jahren zurückgeht. Diese Entwicklung korrespondiert mit anderen Trends wie Wellness oder Fitness und kann als Indiz für ein (nach)wachsendes, verantwortungsvolleres Bewusstsein im Umgang mit Alkohol gewertet werden, den man in Maßen und nicht in Massen genießt. Damit zeichnet sich bereits jetzt ein Wertewandel ab, den Industrie und Handel gemeinsam beobachten und mit neuen Marketingstrategien aufgreifen müssen.

1.2 Anforderungen des Handels

Unter den Stichworten „Efficient Consumer Response“ (ECR) und „Collaborative Planning, Forecasting and Replenishment“ (CPFR) wird seit einigen Jahren intensiv darüber diskutiert, wie sich gemeinsame Aktivitäten von Industrie und Handel für beide Seiten gewinnbringend umsetzen lassen. Hier wie dort handelt es sich um langfristig angelegte Kooperationsprojekte, die den Verbraucher in den Mittelpunkt stellen. Dabei ergeben sich je nach Intensität der Zusammenarbeit erhebliche Anforderungen an die Qualität der Geschäftsbeziehungen, die weit über traditionelle Vertriebspartnerschaften hinausgehen.

So erfordern gemeinsame Planungen, Prognosen und Bestandsoptimierungen einen nachhaltigen, möglichst zeitnahen Informationsaustausch im Bereich Logistik. Auch Key Account Management, Vertrieb, Customer Marketing und Finanzplanung müssen Teil des gemeinsamen Informations-Pools sein. Nur so lassen sich die vorhandenen Synergiepotenziale im Category Management für die Identifizierung, Gewinnung und Bindung von Konsumentenzielgruppen auch tatsächlich erschließen.

Zusätzlich erschwert wird diese komplexe Herausforderung durch die starke Fragmentierung des Spirituosenmarktes. So müssen neben der großen Sortimentsbreite ausgeprägte regionale und saisonale Unterschiede berücksichtigt werden sowie die zum Teil sehr langen Produktionszeiten, etwa von hochwertigem Whisky oder Cognac.

Aus diesem Grund setzt der Handel bei Category Management-Projekten auf Partner mit der größten Kompetenz im Markt. Das betrifft zum einen die Fähigkeit, gescannte Abverkaufsdaten artikelgenau zu analysieren, um Aktionen zu bewerten, Sortimente standortspezifisch zu straffen und präzise Abverkaufsprognosen zu erstellen, die wiederum mit den Aktivitäten auf der Supply Side, von der Produktion bis zu termingerechten Lieferung, korrespondieren müssen.

Auf der anderen Seite muss der Hersteller auch selbst hochdifferenziertes Datenmaterial und leistungsfähige Software einbringen. Auf dieser Basis ist es möglich, die Verbraucherwünsche als elementaren Benchmark in den Mittelpunkt der gemeinsamen Bemühungen zu stellen und das Händlersortiment am tatsächlichen Bedarf vor Ort auszurichten und die Flächenproduktivität zu steigern. Aus diesem Grund steht die Objektivität des Herstellers beim Category Management im Forderungskatalog des Handels mit an erster Stelle.

Weitere Punkte auf der Wunschliste betreffen vor allem die direkte Kooperationsqualität. Dazu gehört zum einen der Wunsch nach einer laufenden Begleitung seitens des Herstellers durch konstante Ansprechpartner (One face to the Customer). Zum anderen erwartet der Handel einen hohen Abstimmungsgrad bei der Planung und Bewertung von Promotions und bei der Ausarbeitung von Category-Strategien inklusive gemeinsamer Analysen der zuvor festgelegten Ertragsziele.

Eine relativ neue Herausforderung stellt sich durch die zunehmende Konzentration und Internationalisierung des Marktes. Länderübergreifend tätige Handelsunternehmen suchen verstärkt nach Partnern, die im internationalen Maßstab über eine gleichmäßig hohe Kompetenz im Category Management verfügen. Dabei sind genaue Kenntnisse über die zum Teil erheblich voneinander abweichenden Bedürfnisse des Konsumenten in den verschiedenen Ländern gefordert und die Bereitschaft, entsprechende Investitionen in die Mitarbeiter, Tools und Planungsinstrumente zu tätigen.

1.3 Organisatorische Ausrichtung von ADD an den Markterfordernissen

Mit dem Ziel, eine der besten „Consumer-led companies" in Deutschland zu werden, hat ADD Anfang 2002 eine Gap-Analyse in Auftrag gegeben. Die Ergebnisse der Analyse sollten Möglichkeiten aufzeigen, wie die Reorganisation des Unternehmens seit Übernahme der Traditionsmarke Kuemmerling im September 2001 für eine optimierte Ausrichtung an den Marktanforderungen genutzt werden kann. Auf der Basis eines Vergleichs von externen Herausforderungen und internen Fähigkeiten war es möglich, Aussagen über die erforderlichen Prozesse, Strukturen, Ressourcen und Enabling-Technologien zu treffen.

Im Bereich Category Management zeigte sich, dass ein pragmatischer Ansatz, der sich auf die in der Praxis notwendigen Prozessschritte beschränkt, den Anforderungen des Handels am stärksten entgegenkommt. Zugleich machte ein wachsendes Interesse beim Handel die Einrichtung eines eigenständigen Category Management Teams erforderlich, das dem Bereich Customer Marketing angegliedert wurde.

Damit der Handel auch vom Key Account Management eine kompetente, am Category Management ausgerichtete Beratung erhält, richtete ADD für Mitarbeiter in diesem Bereich laufende Trainings ein. Im Zuge der Reorganisation wurden die Bereiche Key Account Management, Customer Marketing und Category Management eng miteinander verzahnt.

Auf diese Weise wurde erreicht, dass die Key Account Manager bei der Kundenberatung einen deutlich stärkeren Support von den entsprechenden Fachleuten im Category Management Team erhalten. Zugleich ermöglichte es die organisatorische Optimierung, vorhandene Kompetenzen schnell zu mobilisieren und flexibel dorthin zu verlagern, wo sie gebraucht werden. Zur Konditionsharmonisierung bei Projekten mit internationalen Handelsunternehmen in Deutschland kann ADD auf die Ressourcen des International Category Management Teams (ICM) des Mutterkonzerns Allied Domecq PLC zurückgreifen.

Entsprechend der für ADD besonders hohen Bedeutung von Verbraucherforschungen richtete das Unternehmen zur Jahresmitte 2002 im Marketing die neue Stelle des Consumer Insight Managers ein. Bei der Software fiel die Entscheidung auf den Catman Browser der Gesellschaft für Konsumforschung (GfK), mit dem sich auch Vertriebspotenziale für kleinere Key Accounts aufschlüsseln lassen.

Auf der Basis von Preferred Supplier-Verträgen kooperiert ADD heute im Bereich Category Management mit fünf Handelspartnern in Deutschland. Das Unternehmen hat damit einen tagesaktuellen Zugriff auf den Abverkauf seiner Marken in allen Outlets des jeweiligen Kunden. Bei zwei dieser Partner ist es ADD gelungen, die Rolle des Category Captains zu übernehmen. Im Bereich Vendor Management Inventory, dem herstellergesteuerten Bestandsmanagement beim Händler, ist das Unternehmen ebenfalls aktiv.

2 Kundenservices für den Handel

Die im ersten Kapitel beschriebene Restrukturierung von ADD verfolgt vor allem zwei Ziele: die Verbesserung der Betreuungskompetenz in der Genusswarengruppe Spirituosen und die Effizienzsteigerung der Verkaufsförderungsaktionen am Point of Sale (POS). Die folgenden Beispiele zeigen exemplarisch, wie ADD Kooperationen mit dem Kunden praktisch umsetzt und für beide Seiten eine Win/Win-Situation generiert.

2.1 ADD als Unternehmensberater: Category Management

Category Management wird manchmal mit einer „Strategie des trojanischen Pferdes" verglichen. Hinter dieser Meinung verbirgt sich der Verdacht, die Hersteller könnten ihren Einfluss bei der Sortimentsgestaltung benutzen, um den eigenen Marken mehr Platz im Regal zu verschaffen als den Produkten der Wettbewerber. Die Wirklichkeit sieht anders aus. Category Management ist keine verdeckte Langzeitpromotion im Eigeninteresse des Herstellers, sondern mit dem Ziel verbunden, die gesamte Kategorie nach vorne zu bringen. Die Entscheidung darüber trifft der Verbraucher. Nimmt er das angebotene Sortiment oder die definierten Kategorien nicht oder nur zum Teil an, riskiert der Hersteller seine Glaubwürdigkeit. Deshalb müssen die Verantwortlichen bei ADD die Performance ihrer eigenen Marken kritischer beurteilen als der Handel. Dazu gehört auch, dem Kunden zu sagen, dass eine eigene Marke zu breit platziert ist, wenn dies tatsächlich der Fall ist. Damit wird deutlich, was ADD unter Category Management versteht: eine Dienstleistung, die am besten mit einer Unternehmensberatung vergleichbar ist, bei der alle Potenziale der Warengruppe und der gesamten Supply Chain aufgezeigt und systematisch ausgeschöpft werden.

Der erste Schritt in einem solchen Projekt besteht in der Harmonisierung des Datenmaterials von Kunde und Hersteller, damit spätere Analysen auf der gleichen Basis erfolgen können. Dabei wird zunächst einmal betrachtet, was vom Kunden als Warengruppe definiert wird. Anschließend vergleicht ADD diese Warengruppe mit aktuellen Daten aus der Konsumforschung, zum Beispiel die Whisky-Warengruppe des Händlers mit der des Marktforschungsinstituts AC Nielsen. Im nächsten Schritt geht es darum, gemeinsame Ziele festzulegen, die durch das Category Management erreicht werden sollen. Je nach Strategie des Händlers gehören dazu Ertragssteigerungen, eine stärkere Bindung seiner Kunden, Einsparungen bei der Lagerhaltung oder die Verringerung von Bestandslücken durch verbesserte Prognosen und Optimierungen entlang der Lieferkette.

Im Anschluss daran machen sich beide Partner an die gemeinsame Definition der Kategorie. Je nach Strategie des Händlers können sich dabei gravierende Veränderungen ergeben. Bis heute werden Spirituosen zu etwa 90 % über historisch gewachsene Kategorien verkauft, in denen zum Beispiel verschiedene Whiskys in Sub-Kategorien nach Ländern, Preisklassen oder nach Alter sortiert sind. Für den Verbraucher ist diese Einteilung jedoch nicht immer nachvollziehbar. Vor allem aber wird das tatsächliche Verkaufspotenzial bei klassisch aufgebauten Kategorien suboptimal ausgeschöpft, weil ein Verbraucher vorausgesetzt wird, der das Geschäft von Beginn an mit dem Wunsch betritt, die Spirituosen-Abteilung aufzusuchen, um dort ein von ihm gewünschtes Produkt zu kaufen. Dabei wird dem Einkaufsverhalten des Verbrauchers, der intuitiv in komplementären Artikelverbünden denkt, zu wenig Beachtung geschenkt.

Aus diesen Gründen setzt sich ADD bei seinem Handelspartner dafür ein, falls möglich über das traditionelle Kategoriedesign hinauszugehen. Das kann zum Beispiel bedeuten, dass einzelne Spirituosen aus der Warengruppe herausgelöst oder zusätzlich in Bereichen platziert werden, die beim Verbraucher für Freizeitgestaltung, Party, Kulinarisches oder auch Lifestyle stehen. Bei solchen Cross Categories braucht der Konsument Artikel, die für ihn intuitiv zusammengehören, nicht zu suchen. Die Ware findet ihn.

Ein weiteres Argument für die Bildung von innovativen Kategorien ergibt sich aus der Möglichkeit, durch entsprechende Platzierung gezielt neue Zielgruppen anzusprechen. Auch bei dieser Recruiting-Strategie spielt das Prinzip der komplementären Artikelverbünde die Hauptrolle. So können zum Beispiel bestimmte Spirituosen durch eine Platzierung im direkten Umfeld der im Trend liegenden Premixes deutlich mehr jüngere und jung gebliebene Käuferschichten erreichen als durch die Einordnung in klassische Kategorien.

Weitere Möglichkeiten ergeben sich durch den Einsatz von Scanner-Kassen und Kundenkarten. Der Handel und ADD erhalten auf diese Weise wertvolle Informationen über Umsatz und Verbraucherpräferenzen, über Bedarfdeckungsquote und Käuferstruktur. Durch ABC-Analysen nach Spannen und Customer Lifetime Value kann festgestellt werden, ob die Warengruppe die angestrebten Verbraucherschichten erreicht und bindet oder ob Abwanderungen stattfinden, weil der Konsument die von ihm bevorzugten Marken nicht im Sortiment vorfindet.

Anhand des Datenmaterials kann auch die Planungskomponente signifikant verbessert werden. Durch den Vergleich von Abverkäufen und Bestellprognosen lassen sich Abweichungen sehr schnell erkennen. Dadurch können beide Partner frühzeitig reagieren und volle neben leergefegten Regalen vermeiden. Vor allem Verkaufsförderungsaktionen führen immer wieder zu einem sprunghaften Anstieg der Nachfrage. Ohne Datenanalyse ist der Handel gezwungen, große Bestandsmengen vorrätig zu halten, um die ihm unbekannte Nachfrage befriedigen zu können. Je nach Projekt ist ADD direkt mit dem Warenwirtschaftssystem einzelner Testkunden verbunden, das einen genauen Überblick über den Bestand vermittelt, und disponiert im Bedarfsfall automatisch nach. Dadurch wird die Bevorratungsmenge am prognostizierten Bedarf ausgerichtet, die Lagerhaltungskosten des Kunden gesenkt und die Verfügbarkeit der Ware gesteigert.

Als die in den USA und Großbritannien entwickelte Strategie des Category Managements während der 90-er Jahre auch in Deutschland angewendet werden sollte, verhielt sich der Handel zunächst abwartend. Die großen Erfolge von dort, so hieß es damals, seien auf den hiesigen Markt nicht übertragbar. Tatsächlich blieben und bleiben die Ergebnisse in Deutschland aufgrund der besonderen Marktstruktur hinter denen im angloamerikanischen Raum zurück. Trotzdem ist das Verfahren auch hier überaus erfolgreich.

2.2 Kooperative Verkaufsförderung am POS

Für den Handel haben Aktionen am Point of Sale im Vergleich zur Qualität und dem Preis-/Leistungsverhältnis der Produkte keine Top-Priorität. Trotzdem sind sie für beide Parteien einer Wertschöpfungspartnerschaft ein wichtiges und äußerst effizientes strategisches Instrument, um Wettbewerbsvorteile zu generieren. Verkaufsförderungsaktionen locken Kunden an und bringen Umsatz in die Kasse.

Infolge des dynamischen Wettbewerbs auf dem Spirituosenmarkt, der sich in einer steigenden und miteinander konkurrierenden Promotion-Aktivität am POS äußert, wachsen jedoch auch die Anforderungen des Handels an den Hersteller und an seine Verkaufsaktionen. Vorausgesetzt werden neben Markenstärke und Attraktivität der Promotion zunehmend ganzheitliche Lösungskonzepte, maximale Effizienz bei der Planung, wie auch eine kompetente Post-Evaluation.

Auch hier liegt wie beim Category Management eine weitgehende Symmetrie der Interessen von Handel und Hersteller vor. Denn natürlich ist es auch für ADD äußerst wichtig, das vorhandene Budget für Werbung und Promotions so effizient wie möglich einzusetzen – schon aus rein quantitativen Gründen. Inklusive Preis-Promotions veranstaltet ADD in allen Absatzkanälen etwa 1500 Aktionen pro Jahr. Beschränkt man sich auf die klassischen On Pack Added Value Promotions, also auf Artikel in Sonderverpackungen mit Zugaben, dann bleiben immerhin etwa 20 Aktionen pro Jahr, die mit einem erheblichen Mehraufwand verbunden sind.

Die Planung von Verkaufsaktionen leitet sich bei ADD aus der jeweiligen Markenstrategie ab. Basierend auf dieser Strategie wird für jedes Produkt ein Promotion-Jahresplan erarbeitet, der nach Absatzkanälen gegliedert ist. Zum Zeitpunkt der Abstimmung mit den Händlern liegt somit ein Channel Plan für den On und Off Trade vor, also für die Absatzkanäle Gastronomie/Fachgroßhandel sowie für Cash & Carry/Retailer.

Im nächsten Schritt wird dieser Promotion-Plan mit dem Aktionsplan des Kunden abgestimmt. Der größte Übereinstimmungsgrad lässt sich in der Regel dann erzielen, wenn der Hersteller zum gewünschten Zeitpunkt eine starke Media-Unterstützung mobilisiert. Neben der Attraktivität des Aktionskonzepts, der Marke und einer guten Beziehung zum Kunden spielt dieser Faktor vor allem im promotionstarken Weihnachtsgeschäft eine entscheidende Rolle. Wer in diesem Zeitfenster exklusiv eine Aktion in der Spirituosenabteilung buchen möchte, muss eine Aktion mit maximaler Wirkung realisieren. Und er muss dem Kunden eine exakte Erfolgsprognose abliefern, wenn er das nächste Mal erneut den Zuschlag haben möchte. Zufälle dürfen dabei keine Rolle spielen.

Um dieses Ziel zu erreichen, gibt ADD zahlreiche Promotional Response-Untersuchungen in Auftrag. Anhand der Studien ist es möglich, Aktionserfolge zu messen, indem Baseline-Verkäufe dem Gesamtverkauf einer Kategorie oder einer Marke gegenübergestellt werden. Bei der Baseline handelt es sich um Verkäufe, die in einer Kategorie oder bei einer bestimmten Marke ohne jede Promotion-Aktivität erzielt werden. Die Differenz zum tatsächlichen Abverkauf ist das sogenannte Added Promotion Volume, also der Anteil, der in Folge von Verkaufsaktionen am POS zusätzlich zur Baseline abgesetzt wurde.

Für die Planung einer Aktion am POS besonders wichtig ist die Frage, welche unterstützenden Promotion-Instrumente bei einzelnen Marken, in den jeweiligen Absatzkanälen welchen Effekt erzielen. Jeder Hersteller und Händler weiß auch ohne Studienergebnisse, dass der geballte Einsatz von Zweit- und Drittplatzierungen, Handzetteln, Preisreduzierungen und Medienunterstützung die größte Wirkung erzielt. Aber natürlich besteht die Kunst darin, einen maximalen Effekt bei minimalem Budget-Einsatz zu erzielen.

Auch dazu liefern die Studien sehr genaue Daten. So kann ADD zum Beispiel aufschlüsseln, welche Wirkung von aktionsgebundenen Preisreduzierungen ausgeht und welchen zusätzlichen Einfluss jeweils Fernseh- und Radiowerbung sowie andere unterstützende Werbemaßnahmen haben. Zugleich werden Daten über die Performance der Marken von Wettbewerbern analysiert, aus denen sich auch der Grad von Kannibalisierungen der eigenen Marken durch eigene und die Verkaufsaktionen anderer Hersteller ablesen lässt. Ebenfalls eine wichtige Messgröße für die strategische Umsetzung einer Aktion ist die Unterscheidung in High und Low Promotional Response. Mit ihr wird sichtbar, in welchen Absatzkanälen und Märkten Aktionen eine kleine bzw. große Wirkung beim Verbraucher erzielen.

In Verbindung mit umfangreichen Verbraucherstudien und einem laufenden Prozess der Re-Evaluierung ist ADD heute in vielen Fällen Benchmark, wenn es darum geht, kundenindividuelle Aktionen zu planen und für beide Seiten erfolgreich umzusetzen. Je nach Strategie setzt das Unternehmen seine Aktionen genau in den Märkten um, in denen die größte Resonanz erzielt wird, um beispielsweise das Volumen zu erhöhen oder einen besseren Distributionsgrad zu erzielen. Bei dieser Form von Mikromarketing bezieht ADD auch regionale Besonderheiten in die Planung mit ein. Dadurch können Aktionen exakt auf die Verbraucherpräferenzen in einem bestimmten Bundesland oder in einer Region zugeschnitten und Streuverluste minimiert werden.

3 Consumer Insight

In den ersten beiden Kapiteln wurde das Thema „Verbraucherorientierung" vor allem im Zusammenhang mit Kundenorientierung betrachtet, als Voraussetzung für erfolgreiches Category Management und effiziente Promotions am POS. Beides dient dem Ziel, das vorhandene Käuferpotenzial durch optimierte Sichtbarkeit und durch die Förderung von Impulskäufen möglichst vollständig auszuschöpfen.

Keine noch so gute Category Management-Strategie oder Verkaufsförderungsaktion nimmt jedoch nachhaltigen Einfluss darauf, wie stark und auf welche Weise eine bestimmte Marke im Bewusstsein des Verbrauchers verankert ist. Handel und Gastronomie bleiben letztlich Orte, die dem Konsumenten eine Auswahl bieten. Für die Marketing-Abteilungen des Herstellers darf der Verbraucher jedoch nicht das Gefühl haben, tatsächlich wählen zu müssen. Gemünzt auf den Verbraucher ist Marketing deshalb zunächst einmal nichts anderes als die Transformation von Kontingenz in Präferenz. Anders gesagt: Märkte bieten dem Verbraucher die Wahl. Das Marketing muss dafür sorgen, dass die Wahl im Idealfall gar nicht erst stattfindet, weil sie für das eigene Produkt bereits entschieden ist.

Solch eine Orientierungsfunktion können nur starke, konsequent geführte Marken entfalten, die zum festen Bestandteil der Lebenswelt ihrer jeweiligen Zielgruppe gehören. Aus diesem Grund basieren bei ADD alle strategischen Entscheidungen über das Markenportfolio auf den Ergebnissen des Consumer Insight Managements. Es dient dem Unternehmen als Seismograph, der Trends im Spirituosenmarkt aufspürt und die vielschichtigen Facetten des Konsumenten untersucht. Zugleich fließen die hier gewonnenen Erkenntnisse direkt in die Entwicklung von verbraucherorientierten Kommunikations- und Marketingstrategien ein, in die Markenbildung sowie in die Entwicklung von neuen Produkten. In enger Zusammenarbeit mit verschiedenen Marktforschungsinstituten initiiert das Consumer Insight Management zudem Verbraucherstudien, die dem Unternehmen genaue Einblicke in die Wünsche und Lebenszusammenhänge einzelner Zielgruppen vermitteln. Um welche Markforschungsaktivitäten und „Insights" es dabei geht, soll in diesem Kapital beleuchtet werden.

3.1 Marktforschungsaktivitäten im Überblick

Allied Domecq hat in den vergangenen zwei Jahren rund 10 Millionen Euro investiert, um das Marktgeschehen zu beobachten und den Verbraucher besser kennenzulernen. Um eine möglichst hohe Qualität der Informationen zu gewährleisten, arbeiten der Konzern und ADD mit renommierten Marktforschungsinstituten zusammen. Sie versorgen ADD mit quantitativen und qualitativen Studien sowie mit Ad-hoc-Untersuchungen, deren Ergebnisse in die Marketingstrategien des Unternehmens einfließen.

Einen detaillierten Einblick in dynamische Marktgeschehen erhält ADD vor allem durch Markt- und Zielgruppenanalysen von AC Nielsen, *rheingold*, Sinus Sociovision und der GfK. Die verschiedenen Erhebungen sind entweder Einzelstudien oder erfolgen in regelmäßigen Zeitabständen. Neben der allgemeinen Entwicklung im Spirituosenmarkt geben die Studien auch Veränderungen auf der Warengruppen- und Markenebene wieder. Durch solche Gain & Loss-Analysen kann sehr genau verfolgt werden, welche Warengruppen in einzelnen Vertriebsschienen und Märkten zulegen und welche verlieren. Zugleich zeigen die Studien auch Veränderungen innerhalb der Warengruppen an, so dass ADD jederzeit über den Erfolg, den Marktanteil und das Potenzial der eigenen Marken bei verschiedenen Zielgruppen, zum Beispiel in den Sinus-Milieus, informiert ist.

Ein von vielen Unternehmen genutztes Instrument zur richtigen Interpretation von Veränderungen der Markanteile und Markenloyalität sind sogenannte Brand Health- und Brand Status-Analysen. Zur Bestimmung der Brand Health der Marke Ballantine's Finest beauftragt ADD zum Beispiel das Institut Millward Brown. Die Erhebungen erfolgen im Abstand von jeweils einem Monat und geben Auskunft über den „Gesundheitszustand" der Marke im Vergleich zu den wichtigsten Konkurrenten. Dazu werden Verbraucher im Alter von 18 bis 65 Jahren befragt, um fünf Werte zu ermitteln, aus denen sich die Brand Health zusammensetzt:

- *Awareness* (Markenbekanntheit)
- *Consideration* (misst die Neigung, den Konsum einer Marke in Betracht zu ziehen)
- *Trial* (zeigt, wie viele Befragte bereits Produktkontakt hatten)
- *Repertoire* (zeigt, wie viele Befragte das Produkt regelmäßig konsumieren)
- *Preference* (gibt an, wie viele Befragte das Produkt gegenüber Konkurrenzprodukten bevorzugen)

Durch die Korrelation der Gain & Loss-Daten mit der Brand Health kann das Consumer Insight Management Zusammenhänge zwischen dynamischen Abverkaufszahlen und den Einstellungen der Verbraucher zu den einzelnen Marken erkennen. Zugleich zeigen die korrelierten Daten in Verbindung mit zusätzlichen Brand Status-Analysen und Event-Evaluierungen, ob und in welchem Maße die strategischen Ziele von einzelnen Werbe- und Promotion-Kampagnen erreicht werden.

Während quantitative Studien die Fragen „Wie" und „Was" beantworten, schweigen sie sich über das „Warum" weitgehend aus. Hierzu sind qualitative Zielgruppen-, Trend- und Ad-hoc-Studien nötig, die wichtige Entscheidungsprozesse beim Verbraucher transparent machen und Marktpotenziale für einzelne Marken aufdecken. Als Pionier im Spirituosenmarkt hat ADD im Jahr 2001 beim Heidelberger Institut Sinus Sociovision erstmals eine umfangreiche Zielgruppenstudie in Auftrag gegeben. Dazu wurde ein repräsentatives Panel aus 2.047 Personen in Deutschland nach ihren Vorlieben, Gewohnheiten und Erwartungen in Bezug auf Spirituosen befragt. Zusätzlich zu den Sinus-Milieus entwickelte das Institut speziell für ADD sieben verschiedene Gruppen, die im Anschluss an die Befragung nach ihren Einstellungen zum Markenportfolio von ADD gebildet wurden. Durch die Studie konnte ADD marketingrelevantes Detailwissen gewinnen, das für die Strategieentwicklung, die Konzeption von Kommunikationsmaßnahmen, für Promotions und die zielgruppenspezifische Mediaplanung genutzt wurde.

Ein weiteres Beispiel für die intensive Verbraucherausrichtung von Allied Domecq ist die Segmentationsstudie aus dem Jahr 2002, auf die anschließend etwas näher eingegangen werden soll.

3.2 Vom Verbraucher lernen – die „Segmentation Study"

Zusammen mit dem Forschungsinstitut Research International befragte Allied Domecq im Frühjahr 2002 insgesamt 40.000 Verbraucher in zehn Ländern nach ihren Konsumgewohnheiten und Erfahrungen im Umgang mit alkoholischen Getränken. Mit dieser mehrstufigen und bis heute einzigartigen Studie verfolgte der Konzern das Ziel, differenzierte Kenntnisse über die länderspezifischen Unterschiede beim Konsum von Spirituosen und Softdrinks in den wichtigsten Absatzmärkten zu gewinnen. Die Erhebung basierte auf Gruppendiskussionen und Einzelinterviews, aus denen verschiedene Hypothesen entwickelt wurden, die anschließend in den Befragungen überprüft wurden. Die Interviewpanels umfassten jeweils 4.000 Personen in Deutschland, Großbritannien, Frankreich, Italien und Spanien sowie in Kanada, den USA, Mexiko, Brasilien und Südkorea.

Eine Besonderheit der Studie ist ein ethnografischer Ansatz, der den Verbraucher nicht als Teil eines unveränderlichen Milieus begreift, sondern als komplexes Individuum, das in verschiedenen Situationen ganz unterschiedliche Motive beim Genuss von Alkohol verfolgt. In Zielgruppen gesprochen entsteht auf diese Weise ein Bild, das sich von den klassischen Einstellungstypen radikal unterscheidet. Statische Milieus mit scheinbar ebenso statischen Präferenzen geraten in Bewegung und machen Menschen unterschiedlicher Herkunft, Bildung und sozialer Zugehörigkeit Platz, die trotzdem eines gemeinsam haben: Sie trinken zu bestimmten Anlässen aus denselben Motivationen heraus ein und dasselbe Getränk.

Von dieser Hypothese ausgehend konzentrierten sich die Interviewfragen vor allem auf Faktoren, welche die Getränkeauswahl zu bestimmten Konsumanlässen beeinflussen – persönliche, gruppendynamische und kulturelle Kriterien wie auch geschlechts- und altersspezifische. Damit deckte die Segmentationsstudie ein komplexes Feld ab, das weit über die üblichen Statements zu einzelnen Getränken hinausgeht. Oder wie es die Studie vorausschickt: „It's about drinking, not just the drink."

3.2.1. Allgemeine globale Trends

Anhand der Untersuchung konnten weltweit zahlreiche allgemeine Trends ausgemacht werden, die in unterschiedlicher Ausprägung für nahezu jedes Land charakteristisch sind. So geht zum Beispiel die Bereitschaft, mehr zu trinken als man verträgt weltweit zurück, auch wenn diese Tendenz nicht bei allen Altersgruppen und soziodemografischen Schichten gleichermaßen ausgeprägt zu beobachten ist. Vor allem jüngere Verbraucher legen zunehmend großen Wert darauf, nicht aus der Rolle zu fallen. Statt dessen wollen sie lieber einen klaren Kopf behalten und achten sehr genau darauf, wie viel sie trinken. Als Gründe für dieses Verhalten gaben viele Befragte an, sie würden nicht gerne die Kontrolle über sich selbst verlieren und auf ihre Gesundheit achten. Verschärfte Gesetzgebungen, etwa die Absenkung der Promillegrenze, sind für Autofahrer natürlich ebenfalls ein Grund, beim Besuch der Bar oder Disco nicht über das gesetzliche Limit hinaus zu trinken.

Ein oft geäußertes Motiv für Alkoholgenuss ist der Wunsch, zu relaxen und den Arbeitsstress loszuwerden. Auch in dieser Gruppe spielt exzessiver Konsum nach eigenen Angaben keine Rolle. Vielmehr übernimmt der Alkoholgenuss hier weitgehend die Funktion, den Feierabend einzuläuten oder sich nach einem besonders anstrengenden Arbeitstag zu belohnen oder wie ein Befragter aus den USA ausdrückt: „I don't want to feel tired or drugged. I just want something to take the edge off, to relax my senses, to wind me down to a more normal pace."

Der zunehmend respektvolle Umgang mit Alkohol äußert sich auch in der sogenannten Mono-Konsumption. Weltweit achten jüngere Konsumenten vermehrt auch bei ausgelassenen Partys darauf, möglichst nicht durcheinander zu trinken, um Übelkeit oder einen Kater am nächsten Morgen zu vermeiden. Bei vielen geht der Trend dahin, weniger alkoholische Getränke zu konsumieren, dafür aber mehr auf Qualität zu achten. Hier steht der Wunsch nach maßvollem Genuss eindeutig im Vordergrund.

Überraschenderweise lässt sich auch der Trend zu RTDs zumindest zum Teil mit dem Wunsch nach einem kontrollierten Umgang mit Alkohol erklären. In vielen Fällen wurde geäußert, dass die Premixes gerne getrunken werden, weil sie weniger Alkohol enthalten. Zugleich vermitteln die vorgemixten alkoholischen Getränke aber auch das Gefühl, etwas Neues auszuprobieren und im Trend zu liegen.

Ein wichtiger Aspekt beim Alkoholgenuss in Kneipen, Bars und Clubs sind Gruppenrituale. Dazu gehören zum Beispiel ein bestimmter Drink zum Start in den Abend oder für einen bestimmten Anlass sowie gruppeninterne Codes für das Anstoßen der Gläser und dafür, auf welche Art und Weise getrunken wird. Der ritualisierte Konsum von Alkohol im Freundes- oder Bekanntenkreis stärkt den Zusammenhalt der Gruppe und gibt dem Einzelnen das Gefühl der Zugehörigkeit.

Bei der Befragung zeigte sich, dass die Auflösung tradierter „Gender Roles" auch beim Konsum von Alkohol beobachtbar ist. Während für Männer die Gleichsetzung von Alkohol und Männlichkeit praktisch so gut wie keine Bedeutung mehr hat, lassen sich Frauen heute nicht mehr auf eher weiblich codierte Getränke wie Likör oder Cocktails festlegen. Sie trinken heute ebenso wie Männer ganz selbstverständlich das, was ihnen schmeckt. Zudem nehmen Gruppenrituale beim Alkoholgenuss auch bei Frauen zu.

Ein weiterer globaler Trend ist es, am Wochenende Freunde einzuladen, um gemeinsam zu kochen und den Abend zu verbringen. Hiermit korrespondiert auch das gestiegene Interesse an der Esskultur, das gemeinsam zelebriert wird. In vielen Fällen sind diese Treffen zu Hause vor allem für jüngere Verbraucher ein Ersatz für so manches Wochenende in Bars oder Clubs. Als Gründe dafür gaben viele Befragte an, in solchen Runden würden sich persönlichere Gespräche mit Freunden entwickeln, außerdem würden sie weniger Geld ausgeben.

3.2.2. Besonderheiten in Deutschland

Jeder der angesprochenen Trends lässt sich auch in Deutschland beobachten. Bei der Entwicklung von effizienten Marketingstrategien sind jedoch einige Besonderheiten zu beachten, um Fehler bei der Ansprache verschiedener Zielgruppen zu vermeiden.

So gibt es in Deutschland ausgeprägte regionale Unterschiede beim Konsum von alkoholischen Getränken. In Norddeutschland wird deutlich mehr Schnaps und Korn getrunken als in Süddeutschland, während dort wesentlich mehr Weizenbier und fruchtige Weinbrände gefragt sind. Zugleich gibt es in ganz Deutschland ein ausgeprägt ambivalentes Verhältnis zu Alkohol. Auf der einen Seite wird er mit Genuss, Geselligkeit und Spaß assoziiert. Auf der anderen Seite werden aber auch die negativen Folgen von Alkohol betont. Dabei fällt die Wahrnehmung von übermäßigem Genuss bei Männern und Frauen sehr unterschiedlich aus. Zwar haben sich auch in Deutschland traditionelle männliche und weibliche Rollendefinitionen weitgehend aufgelöst. In der öffentlichen Wahrnehmung wird der etwas tiefere Blick ins Glas bei Männern jedoch nach wie vor deutlich eher akzeptiert als bei Frauen.

Der Konsum von alkoholhaltigen Getränken ist in Deutschland stark an die Funktion gebunden, sozialen Ereignissen oder bestimmten Tagesabschnitten, etwa dem Feierabend, eine besondere Bedeutung zu verleihen. Auch wenn die Konturen dieser verhältnismäßig klar umrissenen Trinkanlässe bei der jüngeren Generation an Schärfe verlieren, sind sie auch hier nach wie vor wirksam. Auffällig in deutschen Städten ist auch die stark nach unterschiedlichen Zielgruppen differenzierte Bar- und Kneipenszene. Während zum Beispiel die Pubs in englischen Großstädten eine hohe Integrationskraft besitzen und unterschiedliche soziale und ökonomische Schichten verschiedener Altersgruppen unter einem Dach versammeln, fühlt sich das deutsche Großstadt-Publikum dort am wohlsten, wo es seinesgleichen trifft. So sind Kneipen, Cafes, Discos und Bars mit einem gemischten Publikum aus unterschiedlichen Szenen und Milieus in Deutschland eher die Ausnahme.

3.2.3. „People, Occasions and Wants": von traditionellen Verbraucherkategorien zu individuellen Konsumgewohnheiten

Durch die Segmentationsstudie konnte auch die Frage beantwortet werden, wer welches Getränk zu welchem Anlass trinkt. Dazu wurden drei Faktoren miteinander in Verbindung gesetzt, die darüber entscheiden, was getrunken wird, die sogenannten „POWs". Das Kürzel „POW" steht für „People", „Occasions" und „Wants". „People" bezeichnet die Verbraucher, unterteilt nach Geschlecht und verschiedenen Altersgruppen. Unter „Occasions" summieren sich die verschiedenen äußeren Trinkanlässe zu verschiedenen Tageszeiten an Werktagen und Wochenenden. Zusätzlich wurde hier noch unterschieden, ob etwas zu Hause oder außer Haus getrunken wird, während des Essens oder unabhängig davon. Bei den „Wants" schließlich handelt es sich um die verschiedenen individuellen Motive wie Relaxen oder das passende Getränk zu einem guten Essen, die mit dem Genuss von alkoholischen Getränken verfolgt werden. Ein Beispiel für solch ein „POW" ist ein männlicher Single im Alter von 26 Jahren, der nach der Arbeit mit seinen Kollegen einen Geschäftserfolg in einer angesagten Kneipe feiert und dazu etwas Besonderes trinken möchte. Oder eine 35-jährige verheiratete Frau, die sich nach einem anstrengenden Tag behaglich entspannen will.

Aus diesen „POWs" ergibt sich für Allied Domecq ein neuartiger Marketing-Ansatz, der nicht mehr auf die traditionellen Verbraucherkategorien abzielt. Im Vordergrund stehen vielmehr individuelle und situationsabhängige Gründe für Alkoholkonsum, die darüber entscheiden, was getrunken wird.

Dabei ist natürlich einiges zu beachten. Auch wenn die verschiedenen „POWs" in den einzelnen Ländern unterschiedlich stark ausgeprägt sind, bleiben sie letztlich Konstanten, die von Marketing-Strategien, wenn überhaupt, nur schwer beeinflusst werden können. Die einzige veränderbare Variable im Dreieck aus „People", „Occasions" und „Wants" ist die Entscheidung, welches Getränk gewählt wird. Dabei müssen jedoch mehr oder weniger enge Grenzen berücksichtigt werden. Manche Getränke passen besonders gut zu den verschiedenen „POWs", andere weniger gut, manche überhaupt nicht.

In einem nächsten Schritt machte sich ADD deshalb an die Aufgabe, die Marken aus dem eigenen Portfolio den unterschiedlichen „POWs" zuzuordnen. Um diese Arbeit zu systematisieren, wurden die „POWs" vereinfacht und in sieben verschiedene Trinkbedürfnisse zusammengefasst, die von den Befragten am häufigsten genannt worden waren:

- „Unbeschwert und locker sein" (Let loose & lively)
- „Dazugehören und sich amüsieren" (Social commitment)
- „Die Last des Tages abwerfen" (Shedding day's baggage)
- „Behaglich entspannen" (Relaxing comfort)
- „Lasst uns anstoßen!" (Let's drink to that!)

- „Den Augenblick genießen" (Delicious delights)
- „Vergnügen ohne Reue" (Subdued pleasure)

Aufgrund der qualitativen Studienergebnisse war es möglich, die verschiedenen Trinkbedürfnisse mit den dazugehörigen Einstellungen der Befragten, persönlichen Zuschreibungen und assoziierten Situationen zu kreuzen. Das Resultat dieser Vorgehensweise sind sieben verschiedene Profile, denen sich die verschiedenen Marken zuordnen lassen.

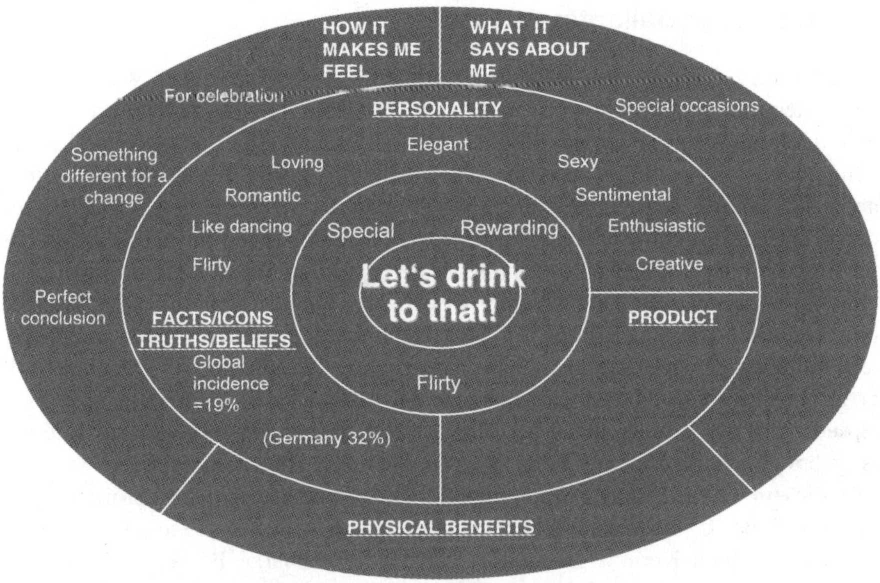

Abb. 1. Das Besondere feiern: Profil des Trinkbedürfnisses „Let's drink to that!"
Quelle: Allied Domecq Spirits & Wine Deutschland GmbH & Co. KG

Da die Marken in vielen Fällen bei mehreren Trinkbedürfnissen in Frage kommen, sind eindeutige Zuordnungen nicht immer beabsichtigt. Viel wichtiger ist die Frage, wie es gelingt, dass bestimmte Marken häufiger berücksichtigt werden, wenn es zur Entscheidung für ein Getränk bei Trinkbedürfnissen kommt, zu denen die Marke passt. Die Antwort darauf gibt das nächste Kapitel.

4 Whisky-Marketing auf neuen Wegen

Neben Trendanalysen und verschiedenen Sinus-Studien spielten die Ergebnisse der Segmentationsstudie eine wesentliche Bedeutung bei der Repositionierung der Marke Ballantine's Finest. Angesichts der langjährigen Stagnation im Whisky-

Markt zielte Allied Domecq mit seiner Kernmarke erstmals auf junge, ausgehfreudige Männer im Alter zwischen 24 und 29 Jahren, die zur traditionellen Whisky-Welt keinen Bezug haben. Auf der Basis einer detaillierten Zielgruppenanalyse und eines geschärften Markenprofils wurde im Mai 2002 die internationale „Go Play"-Kampagne gestartet. In die Kampagne, die zeitgleich in 56 Ländern begann, ist das größte Marketing-Budget geflossen, das Allied Domecq bislang für eine Marke ausgegeben hat.

4.1 „Young Lions": eine neue Zielgruppe für den Whisky-Klassiker Ballantine's Finest

In modernen Gesellschaften lässt sich seit Jahren ein dynamischer Wertewandel beobachten, der eine zunehmende Auflösung von traditionellen Rollendefinitionen zur Folge hat. Während unterschiedliche soziale Situationen und persönliche Beziehungen immer weniger von gesellschaftlichen Konventionen geprägt sind, haben sich jedoch neue und allgemein verbindliche Orientierungsmuster bisher noch nicht herausgebildet. So ist heute vor allem ein hohes Maß an Spontaneität und Flexibilität im Umgang mit Rollenbildern gefragt, die vor allem situationsabhängig sind und zum Teil widersprüchlich sein können. Das gilt zum Beispiel beim vielbeschworenen Kampf der Geschlechter, der allenfalls dann ausbleibt, wenn Männer, je nach Situation, die Klaviatur der Rollenbilder in Dur und Moll perfekt beherrschen. Aber auch sonst müssen zahlreiche Widersprüche bewältigt werden, etwa der Wunsch nach beruflichem Erfolg und Freiheit oder das Bedürfnis, gebraucht zu werden und keine Verpflichtungen erfüllen zu müssen.

In diesem Geflecht aus komplexen, scheinbar unvereinbaren Anforderungen machte sich das Consumer Insight Management von Allied Domecq auf die Suche nach einer jungen Kernzielgruppe für die Traditionsmarke Ballantines's Finest. Gefunden hat das Unternehmen die „Young Lions", junge Männer, die unterschiedlichste Rollenanforderungen nicht als Widerspruch empfinden, sondern mit ihrer ganzen Energie ausleben, beruflich wie auch privat.

Die „Young Lions" sind urbane Trendsetter, männlich, zwischen 24 und 29 Jahren alt und Singles. Meist sind sie Berufsanfänger und gerade dabei, die ersten Sprossen auf der Karriereleiter zu nehmen. Sie sind ehrgeizig und arbeiten hart. Erfolg ist ihnen wichtiger als Geld und Macht. Zugleich möchten sie unabhängig sein, Spaß haben und ihre Freizeit genießen, beim Sport, auf Reisen oder mit Freunden, die sie unter der Woche in der Bar treffen oder wenn sie am Wochenende „groß ausgehen". Sie interessieren sich für Musik und Mode, geben ihr Geld schnell wieder aus und sind ständig auf der Suche nach neuen Abenteuern. Beim Fernsehfußball trinken sie Bier zu Tapas, Wein zum Dinner und abends Whisky, Premixes oder Wodka.

Zur Identifikation der „Young Lions" wurden Verwendersegmentierungen und Potenzialdetektoranalysen mit den Sinus-Milieus verknüpft. Zugleich flossen soziokulturelle und käuferspezifische Merkmale in das Zielgruppen-Design ein.

Um herauszufinden, wo und in welchem Umfang die „Young Lions“ anzutreffen sind, wurden Charakterisierungen der Positionierungsmodelle von Sinus mit den Eigenschaften der neuen Zielgruppe verglichen. Dadurch konnten die „Young Lions“ in den postmodernen, statusorientierten und adaptiven Sinus-Milieus verortet werden. Diese Milieus sind wiederum Teil der übergeordneten Milieus „moderner Mainstream“ und „die Offenen“ mit jeweils ca. 17 Mio. Verbrauchern in Deutschland.

4.2 Brand Fit: Markenpositionierung in Übereinstimmung mit dem Verbraucher und seinen Konsumgewohnheiten

Vor dem Start der „Go Play“-Kampagne zeigten verschiedene Untersuchungen mit Fokusgruppen, dass junge Männer zwischen 24 und 29 Jahren mit der Marke Ballantine's Finest nur wenig anfangen konnten. Zwar lag der Wert für die Bekanntheit der Marke in dieser Altersgruppe erstaunlich hoch. Die spontanen Assoziationen im Zusammenhang mit dem Scotch Whisky fielen jedoch sehr spärlich aus. Alles in allem hatten die jüngeren Konsumenten ein indifferentes Verhältnis zur Marke, die offensichtlich kaum in ihrer Lebenswelt verankert war.

Wirklich überrascht hat dieses Ergebnis niemanden. Schließlich wurde Ballantine's Finest seit langem ausschließlich als fester Bestandteil der klassischen Whisky-Welt vermarktet, als Drink für Männer in den besten Jahren oder als Begleiter für schöne Stunden im Lehnstuhl vor dem knisternden Kaminfeuer. Die Marke zielte auf den souveränen Genießer in den besten Jahren ab, der mit sich und der Welt zufrieden ist. Jüngere Konsumenten sind in der Regel anders und wurden damit weit verfehlt.

Als Allied Domecq die Entscheidung traf, die Marke auch für eine jüngere Zielgruppe attraktiv zu machen, erwies es sich als Vorteil, dass die Befragten in dieser Altersgruppe weder besonders positive noch negative Assoziationen mit Ballantine's Finest in Verbindung gebracht hatten. Dadurch lag kein Grund für die Annahme vor, dass die Markenverjüngung in dieser Gruppe auf bestehende Ressentiments stoßen würde. Zugleich wurde aber auch deutlich, dass die Marke ein schärferes Profil benötigen würde, um Verwechslungen mit Produkten der Wettbewerber zu vermeiden.

Sowohl bei der Markenprofilierung als auch bei ihrer Positionierung spielt das Prinzip der „Brand Fit“ eine wichtige Rolle. „Brand Fit“ heißt vereinfacht gesagt, dass eine Marke mit sich selbst identisch bleiben muss, um ihre Glaubwürdigkeit nicht zu verlieren. Veränderungen am Image der Marke oder Promotion-Aktionen müssen somit immer daraufhin überprüft werden, ob sie mit der Markenidentität vereinbar sind. Aus diesem Grund gibt es bei ADD für jede Marke ein Profil, in dem die wichtigsten Charaktereigenschaften einer Marke festgehalten sind, das sogenannte Brand Wheel.

Auf der Basis des Brand Wheel konnte für die Marke Ballantine's Finest zunächst einmal überprüft werden, zu welchen Trinkbedürfnissen aus der Segmentationsstudie die Marke passt. Die höchste Übereinstimmung fand sich beim Trinkbedürfnis „Lasst uns darauf anstoßen!“ (Let’s drink to that!). Für die Neupositionierung der Marke war jedoch ein anderes Trinkbedürfnis besonders interessant: „Unbeschwert und locker sein“ (Let loose & lively). In diesem Segment fanden sich die meisten Männer im Alter von 24 bis 35 Jahren, die den „Young Lions“ weitgehend entsprachen. Nach den Aussagen der Teilnehmer an der Segmentationsstudie bedeutet der Genuss von Alkohol hier vor allem Abschalten, Ausgehen, Feiern, Spaß haben mit Freunden und Neues spielerisch ausprobieren.

Mit dem Ziel, die Brand Health-Werte für „Awareness“ und „Trial“ in diesem Segment zu erhöhen, erfolgte anschließend das Briefing an die Agenturen. Bei den Entwürfen wurde darauf geachtet, ob sie zielgruppenrelevant umgesetzt wurden, mit der Marke vereinbar, einfach zu verstehen und unverwechselbar sind. Als diese Bedingungen erfüllt waren und eine überzeugende Idee vorlag, entschied sich Allied Domecq, die weltweite „Go Play“-Kampagne zu starten.

4.3 Efficient Promotions: „Go Play“

Mit der „Go Play“-Kampagne, die auch im laufenden Jahr fortgeführt wird, hat Allied Domecq eine neue Whisky-Welt kreiert, die Abschied nimmt vom introvertierten Genuss am Kamin und sich ins Vergnügen stürzt. „Go Play“ spricht die Zielgruppe der „Young Lions“ an, Männer im Alter von 24 – 29 Jahren, denen auf Grund ihres beruflichen Engagements immer weniger Freizeit zur Verfügung steht. Die Kampagne fordert sie auf, abzuschalten, auszugehen und Spaß zu haben. Und sie zeigt ihnen, dass Ballantine’s dazugehört.

Als Blickfang für die Kampagne dienen witzige und provozierende Icon-Motive, die der spanische Designer Pedro Torrent, besser bekannt unter dem Namen Peret, entworfen hat. Die Icons sind eine Einladung an junge Männer, sich zu vergnügen. Sie wurden in Deutschland von Mai 2002 an in den wichtigsten Stadt- und Szenemagazinen veröffentlicht, auf Gratispostkarten und Poster gedruckt sowie an Citylights angebracht. Der konkrete Anlass für diese Einladung waren zahlreiche „Go Play“-Events und -Promotions, die in zwei Aktionszeiträumen, von Mai bis Juni und von September bis November 2002, in fünf urbanen Zentren stattfanden: in Hamburg, Berlin, Köln/Düsseldorf, Frankfurt und München. Als Locations wurden jeweils die angesagtesten Diskotheken, Szene-Clubs und Bars gewählt. Damit sich das angesprochene Publikum über die anstehenden Partys und Veranstaltungsorte informieren kann, schaltete ADD im Internet unter „www.ballantines.de“ ein „Go Play“-Forum mit den wichtigsten Informationen frei.

4.3.1. „Go Play“ Nightlife

Die Promotion-Aktionen wurden unter der internen Bezeichnung „Top 100 Night Clubs“ und „Top 1000 Bars“ vom ADD-Event Management in Zusammenarbeit mit verschiedenen Event-Agenturen vorbereitet und organisiert.

Die Nightclub-Promotions in Form von Partys in Diskotheken und Szene-Clubs erreichten im ersten Aktionszeitraum alleine in Hamburg, Berlin und München bereits nach fünf Events etwa 27.000 Besucher. Um es den Besuchern möglichst leicht zu machen, den Veranstaltungsort auch ohne Auto zu erreichen, wurde ein umgestalteter London-Doppeldeckerbus als Club Shuttle eingesetzt. Dazu konnten sich die Gastronomen in den jeweiligen Städten einer Haltestellen-Partnerschaft anschließen. Die Veranstaltungsorte selbst wurden mit verschiedenen Displays, Icons und speziellen Beleuchtungsobjekten im „Go Play"-Design umgestaltet. Für die Bar-Promotions waren in jeder der fünf urbanen Zentren Teams im Einsatz, die innerhalb von 10 Wochen mehr als 840 Locations aufsuchten. Zu Halloween fanden darüber hinaus in größeren deutschen Städten verschiedene „Go Play"-Halloween Partys statt.

Alle Aktionen hatten das Ziel, den zentralen „Go Play"-Gedanken umzusetzen: spielen und gewinnen. Dazu wurden die Gäste von den Promotion Teams dazu eingeladen, ihr Glück bei einer Slot-Maschine im „Go Play"-Design, beim Hütchenspiel mit Ballantine's-Verschlusskappen oder bei einem Gewinnspiel per Teilnahmekarte zu versuchen. Als Gewinne wurden neben Kondomen und Musik-CDs auch Gutscheine (one Ballantine's for free) verteilt. Den Teilnehmern am Gewinnspiel per Karte winkte als Preis u. a. ein Whisky-Tasting im „Go Play"-Party-Bus. Insgesamt wurden etwa 30.000 Give Aways und über 20.000 Teilnahmekarten ausgegeben. Die Rücklaufquote bei den Teilnamekarten lag etwas über 60 %.

4.3.2. „Go Play"-Sponsoring

Ein weiterer Bestandteil der „Go Play"-Kampagne waren verschiedene Sponsoring-Aktivitäten von ADD, mit denen die Zielgruppe auch abseits des Nachtlebens angesprochen werden sollte. Durch das Sponsoring des Football Teams „Frankfurt Galaxy" konnte ADD mit seinen Kommunikationsmaßnahmen ca. 170.000 Besucher bei fünf Heimspielen erreichen. Dazu wurde im Stadion ein Promotion Spot gezeigt, auf Bannern vor dem Stadion für die „Go Play"-Power Party in Frankfurt geworben und das Galaxy-Magazin für Anzeigen genutzt. Zum Einsatz kam neben dem „Go Play"-Bus auch eine Ballantine's Bar.

Wettkampf und Spiel standen auch beim Sponsoring der „12. Sandboarding Worldchampionship" im Juni 2002 auf dem Monte Kaolino bei Nürnberg im Vordergrund. Die dreitägige Veranstaltung zog etwa 4.000 Besucher an. Auch hier wurden Promotion Teams eingesetzt und verschiedene Kommunikationsmittel vor und während der Veranstaltung genutzt, um den „Go Play"-Gedanken zu transportieren.

Bei der Love Parade 2002 in Berlin trat ADD ebenfalls als Sponsor auf und nahm mit dem „Go Play"-Truck am Umzug teil, der von rund 500.000 Menschen verfolgt wurde. Um die Aufmerksamkeit auf „Go Play" zu lenken, wurden Citylights genutzt, Anzeigen in Stadtmagazinen geschaltet, ein Online-Gewinnspiel gelauncht und ein SMS-Infodienst eingerichtet. Für die „Go Play"-After Party nach der Love Parade, zu der ca. 2.000 Besucher kamen, wurden im Vorfeld zusätzlich Teaser-Plakate und Flyer als Werbemedien genutzt.

4.3.3 „Go Play" im On und Off Trade

Parallel zum Sponsoring und den zahlreichen Promotions in Bars und Diskotheken setzte ADD auch verschiedene POS-Maßnahmen im On und Off Trade um, also in den Retailer- und Cash & Carry-Märkten. Ausgehend von den strategischen Vorgaben stand auch hier das Ziel im Vordergrund, die Marke Ballantine's Finest stärker im Bewusstsein der Young Lions zu verankern, um neue Umsatzpotenziale in weitgehend ausgeschöpften Märkten zu realisieren. Im Rahmen von klassischen On Pack-Aktionen wurden die Flaschen deshalb zusammen mit verschiedenen Streuartikeln angeboten, die Ballantine's Finest verstärkt mit Party, Spaß oder ganz allgemein mit Feierlichkeiten in Verbindung bringen sollten.

Zu diesen On Pack-Aktionen gehörten zum Beispiel eine Flasche Ballantine's Finest inklusive beigepackten Eiswürfelformen im „Go Play"-Design oder ein Halloween Bottle-Equipment (Flasche mit Kürbiskopf und Mantel dekoriert). Im Vorfeld von Halloween wurden zusätzlich Poster, Servietten, Streichhölzer und spezielle Floor Graphics angeboten. Für Cash & Carry-Märkte und den Großhandel wurden Party Packs entworfen (drei Flaschen Ballantine's Finest mit verschiedenen Halloween-Artikeln). Zusätzlich konnten die Party Packs durch die erfolgreiche Teilnahme an einem Gewinnspiel gewonnen werden.

Für das Weihnachtsgeschäft wurden im On Trade Ballantine's-Präsentpackungen angeboten. Im Off Trade fand zur selben Zeit eine Endverbraucher-Aktion statt, bei der es ein exklusives Whisky-Tasting im „Go Play"-Party-Bus zu gewinnen gab.

4.3.4. Evaluierung der Kampagne

Um die Effektivität der „Go Play"-Kampagne zu messen, wurden verschiedene Studien durchgeführt. Parallel zu den zwei Wellen der Kampagne führte das Forschungsinstitut GfK zwei Befragungen durch. Zur Bewertung wurden auch die regelmäßigen Brand Health- und Tracking-Studien von Millward Brown sowie eine Befragung der Zielgruppe „Young Lions" durch das Institut herangezogen. Für die Kontrolle der Entwicklung bei den Abverkäufen stützte sich ADD auf die Daten von AC Nielsen.

Bereits die Verkaufszahlen für das Jahr 2002 zeigten AC Nielsen zufolge, dass die Kampagne in Deutschland ein großer Erfolg war. Gegen den Trend konnte Ballantine's Finest beim Absatz im Einzelhandel um 4,4% zulegen. In den Cash & Carry-Märkten legte die Marke sogar um 18,8% zu. Auch die anderen Ziele der Kampagne konnten erreicht werden. So stiegen die Werte für „Awareness" und „Trial" ebenso an, wie die korrekte Zuordnung der verschiedenen „Go Play"-

Plakate zur Marke Ballantine's. Bei letzteren hat sich der Wert von der ersten zur zweiten Welle in etwa verdoppelt. Im gleichen Zeitraum hat sich die Zahl der Befragten, die sich an die Werbeinhalte der „Go Play“-Kampagne erinnern können, sogar verfünffacht.

5 Fazit

Die Aufforderung „Verstehe Deine Kunden“ hat für ADD Priorität und wird tagtäglich umgesetzt. Das betrifft sowohl die enge Zusammenarbeit mit dem Handel in den Bereichen Category Management und Supply Chain-Optimierung als auch die konsequente Ausrichtung des Unternehmens am Verbraucher.

Um diese Anforderungen in einem dynamischen und mitunter schwierigen Marktumfeld auch zukünftig erfolgreich bewältigen zu können, hat ADD seine internen Strukturen in den vergangenen zwei Jahren an die Erfordernisse des Marktes angepasst. Durch die Reorganisation konnte ADD eine direktere und effizientere Ansprache von Kunden und Verbrauchern realisieren. Dabei spielen vor allem die Bereiche Marktforschung und verbraucherorientiertes Marketing eine entscheidende Rolle. ADD ist hier durch innovative Verbraucherstudien neue Wege gegangen, die sich direkt auf alle strategischen und kommunikativen Maßnahmen des Unternehmens auswirken und für die Spirituosenbranche richtungsweisend sind. Dadurch ist ADD in der Lage, das eigene Verbraucher-Know-how in effiziente Promotions und Verkaufsförderungsmaßnahmen am POS umzusetzen, von denen auch Handel und Gastronomie profitieren. Aus dieser Perspektive betrachtet sind Kundenorientierung und Verbraucherausrichtung zwei Seiten der selben Münze. Streng genommen ist die Forderung, den Kunden zu verstehen, somit nicht ausreichend. Zumindest für ADD heißt es deshalb: „Verstehe den Verbraucher. Erst dann kannst du auch deinen Kunden verstehen.“

Verbraucherorientierung und Category Management bei Obst und Gemüse

Bart Jan Constandse und Margreet van Harn

The Greenery, Barendrecht, Niederlande

Der stetig wachsende Wettbewerb rückt die Aspekte Nachfrage- bzw. Verbraucher-Orientierung wieder in den Mittelpunkt des Handelsmarketings. Was will der Kunde? Nur wer diese zentrale Frage beantworten kann, ist in der Lage, das optimale Angebot zusammenzustellen.

Eine Methode, die sich ganz auf die Verbraucherwünsche konzentriert, ist das Category Management. Bei Trockenwaren (z.B. verpackte Lebensmittel, Körper- und Haarpflegemittel, Getränke) wird sie schon länger eingesetzt, aber im Frische-Bereich ist sie noch ziemlich neu.

Unter Category Management versteht man das strategische Management von Produktgruppen durch Partnerschaft zwischen einem Betrieb des Lebensmittel-Einzelhandels (LEH) und seinen Lieferanten, mit dem Ziel, Umsatz und Rendite durch maximale Verbraucherzufriedenheit zu maximieren.

Dies sind die Erfolgsvoraussetzungen im Category Management:

- Absolute Verbraucherorientierung. Die Verbraucherwünsche stehen im Mittelpunkt. Ein tiefgreifendes Verstehen des Verbrauchers ist notwendig.
- Zusammenarbeit zwischen Kunde und Lieferanten ist notwendig, um die vereinbarten Category-Ziele umzusetzen.
- Die Produktgruppen („Categories”) müssen so gemanagt werden, als wären sie strategische Business Units.
- Der Marketing-Mix muss bis hin zum Point of Sale reichen.
- Notwendig ist eine umfassende Category-Strategie. Letzlich geht es um Wachstum und Erfolg.

Betriebe, die bereits Category Management praktizieren, nennen folgende Hauptvorteile:

- Intensiveres und besseres Verstehen der Verbraucher
- Bessere Beziehungen zwischen Kunden und Lieferanten

- Höhere Absätze/Umsätze
- Höhere Renditen

Wer die Verbraucher und ihre sich ändernden Wünsche am besten versteht, hat die meisten Chancen auf Erfolg. Deshalb gilt es, den Verbrauchern auf der Spur zu sein. Nur mit den Verbraucherwünschen im Blick und durch eine darauf abgestimmte Umsetzung des Marketing-Mix kann eine „Win-Win"-Situation für die komplette Kette kreiert werden.

1 Verbraucherorientierung löst Produktionsorientierung ab

Im Bereich Obst und Gemüse herrscht immer noch eine starke Produktionsorientierung vor. Nur wenige Anbieter versuchen tatsächlich, den Verbraucher und seine Wünsche gründlich zu verstehen und diese Kundenorientierung zum Schwerpunkt ihrer Strategie und ihres Handelns zu machen. Leider ist für viele Anbieter im Obst- und Gemüsebereich immer noch die Hauptfrage: Wie können wir das verkaufen, was wir produzieren?

Wir bei The Greenery drehen diese Frage um: Wie können wir solche Produkte, Konzepte und Dienstleistungen entwickeln, produzieren, anbieten, liefern, präsentieren und verkaufen, die unsere Kunden – die Verbraucher – haben möchten? Wir fangen also zum Beispiel nicht an, eine neue Tomatensorte auf den Markt zu bringen, die hauptsächlich leicht anzubauen ist und einen hohen Ertrag pro Quadratmeter liefert, sondern fragen uns zunächst, was die Verbraucher an Tomaten schätzen und davon erwarten. Erst wenn wir das wissen, beschäftigen wir uns damit, wie wir diese Tomaten am besten anbauen, verpacken, präsentieren und verkaufen können.

Category Management ändert die Rolle und das Verhalten der verschiedenen Glieder in der Kette. Für den LEH-Betrieb verschiebt sich der Fokus vom „Einkaufen zum niedrigsten Preis" hin zur „Maximierung der Rendite einer Produktkategorie". Für die Lieferanten des LEH-Betriebes verschiebt sich der Fokus vom „Verkäufer der Ware" hin zum „Category Manager": Er ist nicht mehr bloß der Lieferant der Ware, sondern – als Partner des LEH-Betriebes – auch des notwendigen Wissens und der geeigneten Mittel, die seinen Kunden in die Lage versetzen, dessen Rolle als „Einkäufer seiner Verbraucher" richtig zu spielen. Der Lieferant ist also nicht länger nur Verkäufer, sondern „Co-Pilot" auf dem Weg zum Verbraucher. So werden sowohl der LEH-Betrieb als auch der Lieferant ihren Nutzen aus der Verbraucherorientierung ziehen.

Als Anbieter eines umfassenden Sortiments an frischem Obst und Gemüse will The Greenery der bevorzugte Lieferant und Partner seiner Kunden sein. Darum legt das Unternehmen so hohen Wert auf Marktkenntnis und Kundenorientierung.

2 Marktforschungsmethoden

Weil es so wichtig ist, die Verbraucherwünsche zum Zentrum unseres Handelns zu machen, untersuchen wir genau, welche Wünsche die Verbraucher haben, wie sie über unsere Produkte denken, wie sie diese Produkte einkaufen, was sie damit machen usw. Es ist also notwendig, Marktforschung durchzuführen. The Greenery investiert viel Zeit und Geld in diese Untersuchungen. Denn die Ergebnisse versetzen uns auch in die Lage, beide Enden der Kette (LEH-Betriebe wie auch Gärtner und Saatgutlieferanten) zu beraten, wie die Konsumentenbedürfnisse im Bereich Obst und Gemüse gemeinsam am besten erfüllt werden können.

Im Folgenden wird dargestellt, welche Marktforschungsmethoden das Unternehmen nutzt, um den Verbraucherwünschen und dem Verbraucherverhalten auf die Spur zu kommen.

2.1 Verbraucherpanel

Spezialisierte Marktforschungsinstitute wie die Gesellschaft für Konsumforschung (GfK) und Taylor Nelson Sofres (TNS) haben Verbraucherpanel gegründet. Diese umfassen mehrere tausend Haushalte, die täglich registrieren, welche Produkte sie gekauft haben, wo sie sie gekauft haben, wie viel von jedem Artikel gekauft wurde und zu welchem Preis. Diese Panel-Haushalte sind repräsentativ für die Gesamtbevölkerung. Die wichtigen soziodemografischen Merkmale dieser Panel-Haushalte – z.B. Anzahl und Alter der Haushaltsmitglieder, Haushaltseinkommen, Wohnort, Bildung und berufliche Tätigkeit – sind bei GfK bzw. TNS bekannt.

The Greenery kauft diese Verbraucherpanel-Daten kontinuierlich ein und nutzt diese für eine Reihe von Marktanalysen, die in den meisten Fällen auch produkt- und/oder kundenspezifisch durchgeführt werden. Die Verbraucherpanel-Daten ermöglichen es uns, für ein breit gefächertes Sortiment von frischen Obst- und Gemüsesorten zu ermitteln, wer was kauft und wann, wie oft, wo und zu welchem Preis derjenige es tut. Auf der Basis der Verbraucherpanel-Daten können wir für einen bestimmten LEH-Betrieb eine Reihe wichtiger Fragen beantworten. Für die Produktgruppe Tomaten seien hier beispielsweise einige herausgegriffen:

- Wie viel Prozent der deutschen Haushalte kaufen in einer Periode (Monat, Quartal, Jahr) bei diesem LEH-Betrieb ein?
- Wie viel Prozent der deutschen Haushalte kaufen in einer Periode überhaupt Tomaten ein?
- Wie viel Prozent der Kunden eines LEH-Betriebes kaufen dort in einer Periode Tomaten ein? Welchen Anteil ihrer gesamten Ausgaben für Tomaten geben diese Kunden dort aus, und bei welchen anderen LEH-Betrieben geben sie den Rest ihres „Tomatenbudgets" aus?

- Wie viel Prozent ihrer Tomaten kaufen die Verbraucher verpackt und wie viel Prozent lose?
- Wie hat sich in der jüngsten Periode der Marktanteil des LEH-Betriebes bei Tomaten entwickelt im Vergleich zum Vorjahres-Zeitraum?
- Wie hoch ist der Marktanteil des LEH-Betriebes bei Tomaten im Vergleich zu seinem Gesamtmarktanteil im Obst- und Gemüsebereich?
- Geben die Kunden des LEH-Betriebes relativ viel oder wenig Geld für Tomaten aus?
- Wie ist in diesem LEH-Betrieb das Preisniveau der Tomaten im Vergleich zum Wettbewerb bzw. zum Durchschnittspreisniveau im gesamten LEH, und wie hat sich der Preisindex dieses LEH-Betriebes in den letzten Perioden entwickelt?
- Welche soziodemografischen „Profile" haben die Kunden bzw. die Haushalte, die bei diesem LEH-Betrieb Tomaten einkaufen?

2.2 Produktleistungsforschung

Die Verbraucherpanel-Daten liefern uns also Aufschluss darüber, „wie die Verbraucher aussehen" und „was sie tun", immer in Bezug auf ihr Kaufverhalten im Obst- und Gemüsebereich. Was die Verbraucher aber über Obst und Gemüse denken, wie das Image der einzelnen Sorten aussieht, welche Kriterien für die Verbraucher beim Einkauf wichtig sind und wie sie die verschiedenen Produkte verwenden, kann man aus den Verbraucherpanel-Daten nicht ableiten.

Deshalb führen wir zusätzlich z.B. sogenannte Produktleistungsforschung durch: qualitative Verbraucherforschung über Meinungen, Einstellungen, Image, Verhalten und Gewohnheiten der Konsumenten in Bezug auf ein bestimmtes Produkt oder Thema. Diese Produktleistungsforschung wird in Form von individuellen Tiefeninterviews und/oder Gruppendiskussionen mit Verbrauchern durchgeführt – von spezialisierten Marktforschungsitituten und -experten.

Hier einige Beispiele für Ansätze in der Produktleistungsforschung:

- Welche Kriterien spielen bei der Entscheidung, wo der Verbraucher sein Obst und Gemüse einkauft, eine wichtige Rolle?
- Nach welchen Kriterien entscheidet sich der Käufer von Obst- und Gemüsesorten am Point of Sale?
- Wie wirkt sich das Obst- und Gemüse-Angebot bzw. die entsprechende Abteilung eines LEH-Betriebes auf dessen Image beim Kunden aus?

- Warum kaufen Kunden eines LEH-Betriebes dort zwar ein, aber kein Obst und Gemüse? Aus welchem Grund kaufen sie Frischware in einem bestimmten anderen Geschäft?

- Wie unterscheidet sich das Image von Strauchtomaten von dem von Kirschtomaten?

2.3 Preference Mapping

Für Tomaten, die größte und umsatzstärkste Produktgruppe unter den Gemüsesorten, setzt The Greenery die Marktforschungsmethode „Preference Mapping" ein, die bislang nur in der Markenartikelindustrie verbreitet war. The Greenery nutzte diese Methode zum ersten Mal für ein Naturprodukt wie Frischgemüse. Ziel ist es, das ideale Tomatenangebot für die Verbraucher zu ermitteln.

„Was will der Verbraucher?" – Diese Leitfrage stellte sich The Greenery erneut, als vor einigen Jahren das Tomatensortiment des Unternehmens auf den Prüfstand gestellt wurde. Gut 50 verschiedene Sorten gab es damals, angebaut in 20 verschiedenen Zusammenschlüssen von Greenery-Gärtnern. Was sind die Wünsche und Vorlieben der Konsumenten, und warum? Gilt auch bei Tomaten, dass die Geschmäcker verschieden sind? Was sieht der Verbraucher als seine „ideale Tomate" an? Hat das Unternehmen diese „idealen Tomaten" überhaupt in seinem Sortiment? Wie verwenden und verzehren die Verbraucher die verschiedenen Tomatensorten? Und was ist für die Verbraucher ein guter Preis? Aber auch andere Fragen stellte sich The Greenery. Zum Beispiel: „Bauen unsere Gärtner die richtigen Tomaten in den richtigen Mengen an?", und: „Was sind die besten holländischen und südeuropäischen Sorten, um das ganze Jahr über ein gleichwertiges Tomatensortiment anbieten zu können?".

Um Antworten auf diese Fragen zu finden, haben wir deshalb die Marktforschungsmethode „Preference Mapping" eingesetzt. Sie beschreibt und kartiert Verbraucherwünsche. Preference Mapping ist eine sehr aufwändige Methode, weil sie verschiedene Ansätze in sich vereint. Um zuverlässige Schlussfolgerungen ziehen zu können, sind viele Produktvarianten und eine große Verbraucherstichprobe notwendig.

Preference Mapping kombiniert Verbrauchertests und sensorische Analysen. Die Methode baut auf der grundlegenden Erkenntnis auf, dass Verbraucher sehr gut sagen können, ob sie ein Produkt mögen oder nicht und wie gut oder schlecht sie es finden, aber nicht imstande sind, zuverlässig und verwertbar auszudrücken, wie man ein Produkt verbessern und optimieren sollte. Im Gegensatz dazu sind sensorische Experten sehr wohl in der Lage, ein Produkt mit allen seinen sensorischen Merkmalen zu beschreiben, können aber nicht beurteilen, ob es gut oder schlecht ist.

Beim Preference Mapping wird die Beurteilung eines Produktes durch die Verbraucher mit den Ergebnissen einer sensorischen Analyse verknüpft. Diese wird von einem Panel „sensorischer Experten” durchgeführt. Preference Mapping sucht dann nach der (mathematischen) Formel, die – auf der Grundlage der sensorischen Merkmale des Produktes – am besten die Beurteilung durch den Verbraucher erklärt. Dadurch kann man herausfinden, welche sensorischen Merkmale einer Tomatensorte für ihre Beurteilung durch den Verbraucher verantwortlich sind und in welchem Maße dies der Fall ist.

Dies klingt zwar relativ einfach, ist aber eine große Herausforderung an die Erarbeitung des Untersuchungs-Designs. The Greenery nahm dabei eine ganze Reihe wichtiger Festlegungen vor.

Wir mussten zum Beispiel sicherstellen, dass die untersuchten Tomatensorten einen möglichst großen „sensorischen Raum” abdecken. Diese Voraussetzung und unser Wunsch, „passende Paare“ aus holländischen und südländischen Tomatensorten bilden zu können, brachte es mit sich, dass wir Tomaten aus nördlichen und südlichen Anbaugebieten in die Studie einbringen mussten und dass wir auf die Suche nach „Extremen” unter den Tomaten zu gehen hatten. Wir baten Saatgutbetriebe, uns mit sehr ausgefallenen Tomatensorten unterschiedlicher Herkunft zu beliefern (z.B. rosafarbige japanische Tomaten, die extrem süß sind, Industrietomaten aus Italien, die extrem mehlig sind, und Sorten, die noch in Entwicklung sind und besondere sensorische Merkmale aufweisen, die es sonst noch nicht gibt). Konsequenterweise war die Studie zu einem Zeitpunkt durchzuführen, zu dem Tomaten aus nördlichen und südlichen Regionen verfügbar waren und zwar in ausreichenden Mengen und von akzeptabler Qualität.

Es galt ferner, Institute zu finden, die mit und für The Greenery diese Studie durchführen konnten. Es wurde mit einer Reihe von Forschungsinstituten (für die sensorische Analyse und die aufwändige Datenanalyse, die Preference Mapping mit sich bringt) und mit verschiedenen Marktforschungsunternehmen gesprochen. Erforderlich war ein internationales Netzwerk, weil die Studie nicht nur in Holland, sondern auch in den wichtigsten Exportmärkten durchgeführt werden sollte. Die Entscheidung fiel für ATO (Institut für agrartechnologische Forschung beim Research-Zentrum der Universität Wageningen) und für das niederländische Institut für Meinungsumfragen (NIPO) in Amsterdam.

Uns war klar: Es ist für Verbraucher physisch unmöglich, Dutzende von Tomaten auf einmal zu verkosten und zu beurteilen. Daher musste in Stufe 1 des Preference Mapping die enorme Anzahl von 107 verschiedenen Tomatensorten reduziert werden. Es galt, sich auf die kleinste Anzahl an Sorten zu beschränken, mit welcher der gesamte „sensorische Raum” für Tomaten gerade noch gut und zuverlässig genug abgedeckt bzw. beschrieben werden konnte.

Weil sie Naturprodukte sind, können Tomaten ihre Merkmale im Verlauf einer Saison durchaus verändern. Auch ist es möglich, dass die Merkmale innerhalb einer Sorte je nach geografischer Herkunft verschieden sind. Um zuverlässige Ergebnisse zu bekommen, mussten wir also die erste „Reduktionsstufe“ (Stufe 1) und die „echte“ Preference Mapping-Studie (Verbrauchertests und sensorische Analyse) zum gleichen Zeitpunkt des Jahres stattfinden lassen. Und es mussten Tomaten mit gleicher geografischer Herkunft innerhalb einer Sorte verwendet werden.

Es war extrem wichtig, dass die Tomatensorten, die einerseits von den Verbrauchern beurteilt und andererseits von den sensorischen Experten beschrieben werden sollten, genau „gleich" waren. Um das zu erreichen, wurden die Tomaten sehr genau sortiert und selektiert, damit sie pro Sorte gleich groß, gleich reif, gleichfarbig und gleich fest waren. Auch wurde ein spezifisches Protokoll angelegt, in dem genau beschrieben stand, wie die Tomaten den Konsumenten und den sensorischen Experten anzubieten waren – bis hin zu detaillierten Vorschriften für die Vorbereitung und das Zerteilen der Tomaten. Laboranten und Interviewer mussten sich als „anerkannte Preference Mapping-Tomatenschneider" qualifizieren ....

Weil die Preference Mapping-Methode noch nie zuvor im Obst- und Gemüsebereich eingesetzt worden war, entschied sich The Greenery vorsorglich für die Durchführung eines Pilot-Projektes. Es sollte prüfen, ob sich diese Methode tatsächlich für Tomaten eignet.

Das ganze Projekt erzeugte hohe Kosten. Deshalb bezog The Greenery seine Gärtner von Anfang an mit ein und ließ sich die Zusicherung geben, dass die Ergebnisse der Studie auch in die Praxis umgesetzt würden. Ferner achtete das Unternehmen darauf, die Verbraucherstichproben in den verschiedenen Ländern so zu dimensionieren, dass sie eine ausreichende Anzahl von Kunden der wichtigsten LEH-Betriebe umfassten. Das war wichtig, um auch über die Wünsche und Vorlieben der einzelnen Kundengruppen dieser LEH-Betriebe repräsentative Aussagen treffen zu können.

Stufe 1, die in insgesamt fünf Monaten umgesetzt wurde, umfasste die folgenden Aktivitäten:

- Ausbildung und Training eines Panels sensorischer Experten für Tomaten. Diese Arbeit wurde vom Institut ATO übernommen. Aus 35 Kandidaten wurden 19 zu „sensorischen Experten" ausgebildet. Die 14 Besten wurden dann ausgewählt und bildeten zusammen das QDA-Panel für Tomaten (QDA steht für Quantitative Descriptive Analysis). Dieses Panel hat 32 verschiedene sensorische Merkmale von Tomaten ermittelt und dafür ein gemeinsames Vokabular entwickelt. Diese 32 Merkmale beschreiben den Geruch, den Geschmack, das Aroma, das „Mundgefühl" und den Nachgeschmack der Tomaten.

- Anschließend hat das Panel 107 verschiedene Tomatensorten beschrieben, die aus sieben verschiedenen Ländern kamen; darunter waren gelbe, orange, grüne, rosa und „normale" rote Tomaten in allen möglichen Formen und Größen.

- Mit Hilfe eines statistischen Verfahrens, der „Cluster Analyse", wurden die 107 Tomatensorten dann in Gruppen oder Cluster von Tomaten mit stark ähnlichen sensorischen Profilen aufgeteilt und zugeordnet. Damit sollte eine möglichst kleine Zahl von Clustern ermittelt werden, die den ganzen „sensorischen Raum" insgesamt gut abdecken.

- Der letzte Schritt in Stufe 1 war die Auswahl eines „Repräsentanten" für jeden Cluster: die Sorte mit den charakteristischsten Merkmalen für einen bestimmten Cluster.

Stufe 2 bildete das Pilot-Projekt – eine „reduzierte" Preference Mapping-Studie. Drei Gründe sprachen für die Durchführung dieses Pilot-Projektes. Wir wollten zunächst absolut sicher sein, dass diese Forschungsmethode mit Erfolg auch für Naturprodukte wie Tomaten eingesetzt werden kann und sie uns Antworten auf unsere Fragen liefern wird. Dann galt es, vorab einige Hypothesen zu testen. Wir wollten z. B. feststellen, ob und inwieweit sich der Verbraucher bei der Beurteilung der Tomaten von der Verwendungsweise (z. B. als Brotbelag oder in einem gemischten Salat) beeinflussen lässt. Auch sollte herausgefunden werden, ob das Äußere der Tomate die Beurteilung prägt: Gibt es Unterschiede in der Beurteilung zwischen Verbrauchern, welche die Tomate zuerst nach ihrem Äußeren beurteilen und sie danach verkosten, und anderen, die zuerst ein Stückchen Tomate verkosten und erst nachher sehen, ob es eine runde Tomate war oder z. B. eine Strauchtomate? Schließlich sollte es auch eine „Generalprobe" geben, damit wir die organisatorischen und logistischen Anforderungen der „echten" Preference Mapping-Studie besser einschätzen konnten.

In Stufe 2 wurden folgende Aktivitäten durchgeführt:

- Sensorische Analyse der „Repräsentanten" jedes in Stufe 1 festgelegten Clusters und einiger „Reserve-Repräsentanten". Dies war notwendig, um festzustellen, ob zu diesem Zeitpunkt (es waren inzwischen zwei Monate vergangen) die Repräsentanten immer noch die besten Vertreter ihres Clusters waren und gemeinsam den gesamten sensorischen Raum gut abdeckten.

- Einführung der Interviewer in die Preference Mapping-Methode. Die Interviewer lernten auch die Vorbereitung und das Zerteilen der Tomaten.

- Das eigentliche Pilot-Projekt: sensorische Analyse beim Institut ATO und Befragung von 270 holländischen Tomaten-Konsumenten in sieben Städten durch die Marktforscher von NIPO. Das alles wurde an einem einzigen Tag durchgeführt; mit Tomaten, die in jeder Sorte gleich groß, gleich reif, gleichfarbig, gleich fest und von gleicher Herkunft waren.

Die Ergebnisse der Stufe 2 belegten, dass die Preference Mapping-Methode auch für Tomaten gut geeignet ist. Wir konnten zudem wichtige Erkenntnisse gewinnen für die spezielle Dimensionierung der Verbraucher-Stichproben. Grünes Licht also für Stufe 3, das „echte" Preference Mapping in vier Ländern: Deutschland, England, Holland und Schweden. In diese Staaten werden etwa 80 % der holländischen Tomaten verkauft. Sie sind also auch unsere wichtigsten Absatzländer.

Die Vorbereitungen für „das große Ereignis" konnten beginnen. Für Stufe 3 wurde ein umfassendes Protokoll geschrieben, das jede Einzelheit des Verfahrens im Detail erläuterte. Ferner wurde der endgültige Fragebogen definiert. Und das Protokoll sowie der Fragebogen wurden ins Englische, Deutsche und Schwedische übersetzt. Alle für die Verbraucherforschung notwendigen Materialien waren bereitzustellen: Plastikschalen, Tomatenmesser, Schneidebretter, Tischtücher, Plastikbecher, Besteck, Servietten usw. Diese Materialen sollten für alle Länder und Testorte genau gleich sein. Sie wurden alle kodiert, verteilt und verpackt für jeden der 26 Testorte in vier Ländern, wo insgesamt 2.760 Verbraucher befragt wurden.

Die Projektleiter von The Greenery, ATO und NIPO unternahmen eine „Instruktionsreise“, die sie nach London, Stockholm, Hamburg und zurück nach Amsterdam führte, um die Interviewer vor Ort in das Protokoll einzuweisen und sie im Umgang mit den Test-Tomaten zu schulen. Alle Interviewer legten erfolgreich ihr „Tomatenschneider-Examen” ab.

So wie auch in Stufe 2, beschrieb das Panel der sensorischen Experten wieder die „Cluster-Repräsentanten” und die Reserve-Repräsentanten, um festzustellen, welche zu diesem Zeitpunkt jeweils die besten Vertreter waren.

Ein Team von 15 Personen (alle aus dem Bereich Gartenbau) wurde trainiert, um die Test-Tomaten zu sortieren und zu selektieren. Aus 25.000 kg Tomaten wurden 27 homogene Gruppen der 13 zu testenden Tomatensorten gebildet: eine Gruppe für jeden der 26 Verbraucher-Testorte und eine Gruppe für die sensorische Analyse beim ATO-Institut. Das Team benötigte vier Tage für diese wichtige und aufwändige, weil sehr exakt auszuführende Arbeit.

Die nächste Herausforderung war, die 27 Gruppen von Tomaten rechtzeitig und unter den gleichen klimatischen Bedingungen in die Testorte zu transportieren. Die LKWs, die normalerweise holländisches Obst und Gemüse in ganz Europa zu den Zentrallagern der LEH-Betriebe transportieren, waren in vielen Fällen zu groß, um die Testorte (Restaurants, Schulen, Kirchen usw.) erreichen zu können. Dank sehr gründlicher Vorbereitung und der Unterstützung mehrerer Transportbetriebe haben alle Tomaten rechtzeitig und in gutem Zustand ihren Bestimmungsort erreicht.

Innerhalb von vier Tagen wurde zeitgleich die Feldforschung an den 26 Testorten und die sensorische Analyse durchgeführt. Die sensorischen Experten beschrieben die 13 Tomatensorten, und 2.760 Verbraucher – von Nürnberg bis Glasgow, von Sundsvall bis Eindhoven – bewerteten die Tomaten hinsichtlich Geschmack, Aussehen und Gesamteindruck. Sie füllten ferner einen umfangreichen Fragebogen mit „Usage & Attitude“-Fragen aus und ließen ihre soziodemografischen Merkmale registrieren.

Nachdem NIPO alle Ergebnisse des Verbrauchertests verarbeitet hatte, konnte ATO mit seiner umfangreichen analytischen Arbeit anfangen: Es galt, die Zusammenhänge zwischen den Ergebnissen des Verbrauchertests und den vom Experten-Panel beschriebenen sensorischen Merkmalen der Tomaten zu ermitteln. Diese aufwändige Analyse-Arbeit hat etwa sechs Monate in Anspruch genommen.

Die Ergebnisse sind sehr interessant. Sie führten zu einem tiefgehenden Verständnis der Verbrauchervorlieben und -abneigungen bei Tomaten. The Greenery weiß nun zum Beispiel:

- Welche verschiedenen Vorlieben Männer und Frauen, jüngere und ältere Personen sowie Kunden verschiedener Handelsketten haben.
- Dass die Geschmäcker verschieden sind, auch bei Tomaten: Es gibt fünf verschiedene Segmente von Verbraucherpräferenzen.
- Wie das sensorische Profil der „idealen Tomate" in jedem Verbraucherpräferenz-Segment aussieht. Wir können aus im Norden und im Süden angebauten Sorten diejenigen Tomaten auswählen, die am besten zu diesen „idealen Profilen" passen (s. Abb. 1 und 2).

Dies sind die idealen sensorischen Profile in drei Verbraucher-Segmenten, die jeweils ganz unterschiedliche Tomaten bevorzugen. Die Profile setzen sich aus acht sensorischen Merkmalen zusammen. Die Preference Mapping-Studie zeigte: Diese acht Merkmale (aus insgesamt 32 benutzten, um Tomaten zu beschreiben) bestimmen, inwieweit Tomaten von Verbrauchern als „gut" oder „schlecht" beurteilt werden. Daher sind diese acht die wichtigsten sensorischen Merkmale von Tomaten.

Diese sensorischen Profile von Tomatensorten, die in den Niederlanden und in Israel (Winter-Saison) angebaut werden, zeigen eine fast perfekte Übereinstimmung. Man kann sie also nutzen, um dem Verbraucher das ganze Jahr über ein gleichwertiges Angebot zu präsentieren. Diese beiden Sorten passen außerdem gut zum Präferenz-Profil (gute Übereinstimmung bei sechs von acht sensorischen Merkmalen).

- Welche Tomatensorten regelmäßig von den Verbrauchern gekauft werden, die bestimmten Präferenzsegmenten angehören. So wissen wir z. B., dass die Verbraucher eines bestimmten Präferenzsegments am häufigsten normale, runde Tomaten kaufen und nur selten variieren. Verbraucher eines anderen Präferenzsegments hingegen sind „heavy users" von Strauch- und Kirschtomaten.
- Dass die Kunden eines LEH-Betriebes 90 % ihres „Tomatenbudgets" in Supermärkten ausgeben, die Kunden eines anderen LEH-Betriebes aber 20 % in Gemüseläden lassen.
- Ob Verbraucher in Präferenzsegment 1 bereit sind, einen höheren Preis für Strauchtomaten oder Fleischtomaten zu bezahlen als Verbraucher in Präferenzsegment 5.
- Was in der Kundschaft eines LEH-Betriebes ein akzeptabler Preisbereich für die verschiedenen Tomatensorten ist und wie der optimale Preis aussieht.
- Was aus der Sicht der Verbraucher die idealen Tomatengrößen bei den verschiedenen Sorten sind und wie rot die Tomaten beim Einkaufen sein sollten.
- Welche die wichtigsten Merkmale sind, auf die Verbraucher beim Einkaufen von Tomaten achten.

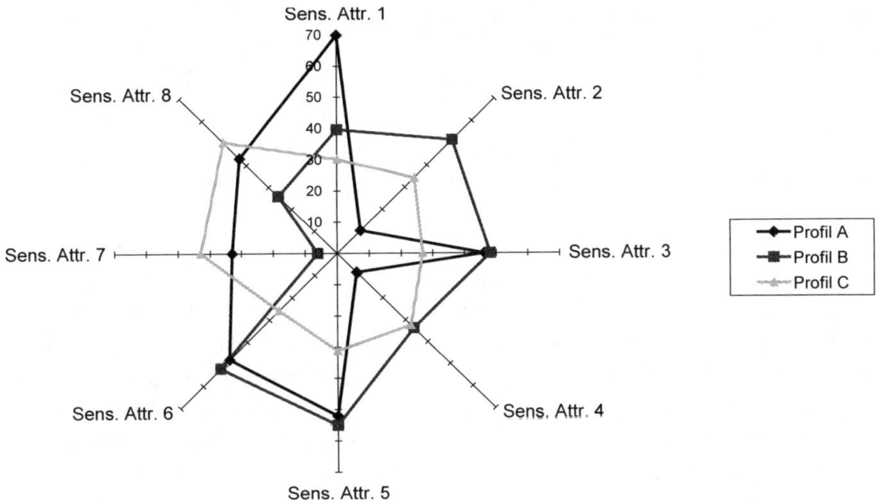

Abb. 1. Präferenz-Profil bei Tomaten: 3 Beispiele

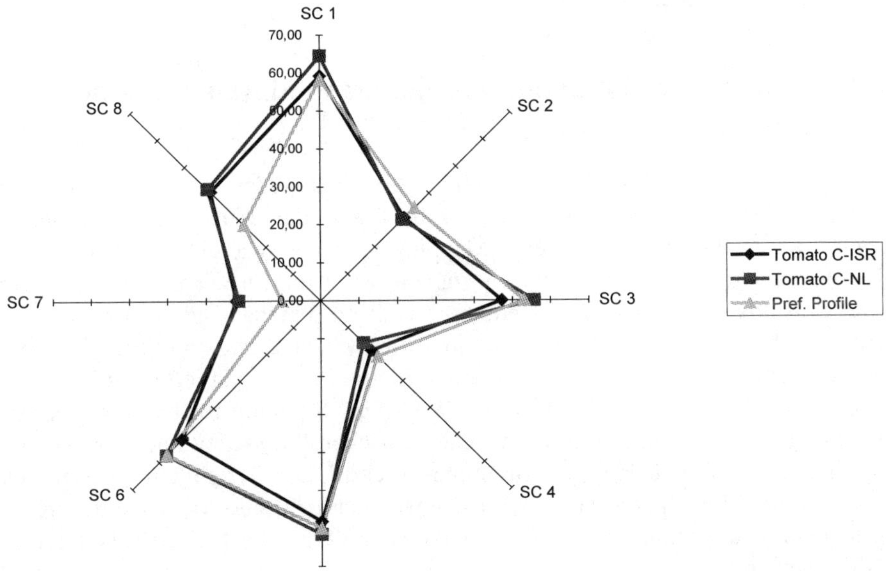

Abb. 2. „Matching" von einer holländischen und einer israelischen Tomatensorte

Selbstverständlich gab es noch viel mehr interessante Ergebnisse, die wir aber hier alle gar nicht auflisten können.

Wir haben diese Preference Mapping-Studie gemacht, um die Leistung des Unternehmens The Greenery, seiner Eigentümer (Gärtner der Genossenschaft VTN) und unserer Kunden im Tomatengeschäft verbessern zu können. Die Ergebnisse versetzen uns in die Lage, unser Tomatensortiment zu optimieren. Wir können einerseits unseren Gärtnern nun viel besser raten, welche Sorten und Mengen sie anbauen sollen, um die verschiedenen Präferenzsegmente optimal bedienen zu können. Andererseits können wir den Produktentwicklern und Saatgutbetrieben bessere und genauere Briefings geben, um neue Sorten zu entwickeln, die den Wünschen der Verbraucher genau entsprechen. Zudem können wir den LEH-Betrieben in Deutschland, England, Schweden und den Niederlanden Tipps geben, wie sie Ihrer Kundschaft das ganze Jahr über das am besten passende Tomatenangebot präsentieren und dadurch mehr verkaufen und bessere Renditen erzielen können.

Inzwischen (seit Beginn des Preference Mapping-Projekts im Jahr 1999) hat The Greenery von dem Experten-Panel fast 300 Tomatensorten sensorisch analysieren lassen. Viele dieser Sorten wurden schon mehr als dreimal analysiert. Somit beobachten wir diese Sorten auch im Saisonverlauf. Das führt dazu, dass wir diejenigen Sorten auswählen und empfehlen können, die für die fünf Präferenzsegmente das ganze Jahr über ein gleichwertiges Tomatenangebot bilden. Diese regelmäßigen sensorischen Analysen werden weiter fortgesetzt, so dass auch neue Sorten geprüft werden können.

2.4 Nutzung der Forschungsergebnisse für das Category Management

Profundes Wissen ist sicher sehr wichtig. Aber vor allem geht es uns bei The Greenery darum, dieses Wissen auch in die Praxis umzusetzen. Die Ergebnisse von Marktforschung und Preference Mapping bilden ein wichtiges und umfassendes Werkzeug, das wir gerne nutzen, um unsere Kunden bei der Verbesserung ihrer Leistungen im Obst- und Gemüsegeschäft zu beraten und zu unterstützen. Mit den Wünschen ihrer Kundschaft im Blick können dann Sortiment, Verpackungen, Präsentation im Regal, Verkaufsförderung usw. optimiert werden.

Category Management schafft eine „Win-Win"-Situation für die ganze Kette. Allerdings ist es wichtig, dass alle Glieder zwischen Produktion und Verbraucher den gleichen Fokus haben und zusammenarbeiten. Die Beteiligten müssen sich einfach umorientieren: Orientiert wird sich weniger an Transaktionen und mehr an Relationen. Nur so kann man das Ziel maximaler Verbraucherzufriedenheit dauerhaft erreichen.

Dass Category Management sich auch bei Obst und Gemüse lohnt, wird am Beispiel des Projekts „Tomaten für jeden Geschmack, das ganze Jahr über" deutlich, das The Greenery mit C1000, einem der größten holländischen LEH-Betriebe durchgeführt hat und das sehr erfolgreich war.

3 Projektbeispiel „Tomaten für jeden Geschmack, das ganze Jahr über"

Tomaten sind eine wichtige Produktgruppe im Lebensmittel-Einzelhandel: Sie sorgen in den Niederlanden für acht bis zehn Prozent des Gemüseumsatzes, in Deutschland sogar für 20%. Es ist für einen LEH-Betrieb also sehr wichtig, im Tomatenbereich gute Leistungen vorzuweisen.

In den Niederlanden ist die Vertriebsschiene „C1000" der Firma Schuitema N.V. die zweitgrößte Supermarktkette. Als The Greenery und C1000 das Projekt begannen, gab es etwa 425 C1000-Supermärkte, alle geführt von selbständigen Einzelhändlern. Inzwischen gibt es etwa 500 C1000-Supermärkte.

Der Marktanteil von Tomaten war bei C1000 rückläufig und deutlich niedriger als im gesamten Obst- und Gemüsebereich. Festgestellt wurde u. a., dass es im Jahresverlauf zu große Qualitätsunterschiede gab. Weil C1000 die Tomaten bei verschiedenen Lieferanten einkaufte und deutliche, verbindliche Produktspezifikationen nicht existierten, gab es bei den Produkten und Verpackungen keine Kontinuität im Verlauf eines Jahres.

C1000 fragte sich: Soll unser Tomatensortiment erweitert werden? Was erwarten die Kunden eigentlich von unserem Tomatenangebot? Wie können wir uns noch besser um das Thema „Produkt- und Nahrungsmittelsicherheit" kümmern? Die Supermarktkette definierte daraufhin ihre Vorstellungen. Den Kunden solle ganzjährig ein komplettes Tomatensortiment von bester Qualität geboten werden, permanent garantiert von einem Lieferanten. Ferner wolle man mit dauerhaft gleichbleibenden Produktspezifikationen arbeiten. Für das neue Tomatenkonzept solle ein geeigneter, verbraucherorientierter Marketing-Mix ausgearbeitet und umgesetzt werden. Um die Verfahren zu vereinfachen und eine möglichst effiziente Kette zu bilden, solle es nur einen Verantwortlichen für Logistik und nur eine Bestelladresse geben.

Für die Umsetzung dieses Projekts wurde eine kleine Projektgruppe gebildet, der Mitarbeiter von C1000 (Einkauf), The Greenery (Marketing Management Tomaten) und Hagé International (Importfirma von The Greenery) angehörten. Sie entschied, dass bei allen Maßnahmen dieses Projekts immer die C1000-Kunden im Mittelpunkt stehen sollten.

Rahmenvorgabe war, dass die erarbeiteten Lösungen zu der Mission von C1000 passen sollten. Dieses Leitbild lautet: „Wir wollen unseren Kunden bei ihrem täglichen Einkauf auf angenehme Art und Weise helfen, Geld, Zeit und Aufwand zu sparen.".

Die Gruppe benötigte gut vier Monate, um für das Tomatenprojekt bei C1000 einen kompletten Marketing-Plan auszuarbeiten und ihn den Entscheidern zu präsentieren.

3.1 Markt- und Verbraucher-Analyse

Begonnen wurde mit intensiven Analysen des Marktes und der Verbraucher. Festgestellt werden sollte, wer die C1000-Kunden – und insbesondere die Tomatenkäufer unter ihnen – sind und welche Bedürfnisse sie insbesondere bei Tomaten haben. Dafür konnten die von The Greenery durchgeführten Produktleistungsforschungen und die Ergebnisse der Preference Mapping-Studie genutzt werden. Außerdem wurden GfK Verbraucherpanel-Daten sowie hausinterne Daten von C1000 umfassend analysiert.

Diese hausinternen Daten waren eine sehr wichtige Ergänzung der Marktforschungsergebnisse. Sie ermöglichten es uns zum Beispiel, den wöchentlichen Durchschnittsabsatz pro Tomatensorte und Geschäft zu ermitteln. Auch konnten wir die „Distributionsreichweite" pro Tomatensorte bestimmen, also Fragen beantworten wie „Wie viele der C1000-Supermärkte haben überhaupt die verschiedenen Tomatensorten in ihrem Sortiment?", „Wie viele Geschäfte bestellen diese Tomatensorten im Durchschnitt wöchentlich?" und „Wie viele Supermärkte kaufen nur ein Collo pro Woche?"

Aus den Analysen ergaben sich damals u. a. folgende Erkenntnisse:

38 % der niederländischen Haushalte waren Kunden von C1000, aber nur 16 % kauften dort Tomaten ein. Da mehr als 85 % der niederländischen Haushalte Tomaten kaufen, wies dies auf ein erhebliches Potenzial unter den C1000-Kunden hin. Von jedem „Tomaten-Gulden" (damals war der Euro noch nicht eingeführt) der C1000-Kunden flossen nur 21 Cents bei C1000 in die Kasse. Die „Treue" der Tomatenkäufer könnte also auch noch deutlich vergrößert werden.

Bei zwei Tomatensorten zeigten die hausinternen C1000-Daten, dass nur relativ wenige C1000-Supermärkte sie regelmäßig bestellten. Einer der Gründe dafür war wahrscheinlich, dass die Umverpackungen für diese Tomatensorten einen zu großen Inhalt hatten. Bei einer Tomatensorte z. B. wurden pro C1000-Markt wöchentlich nur acht Verbraucherverpackungen verkauft. Die Transportverpackungen enthielten aber zwölf Verbraucherverpackungen. Folge: Die Produkte wurden im Supermarkt zu alt und mussten abgeschrieben werden und/oder die Verbraucher bekamen alte Produkte präsentiert.

Unter den C1000-Kunden waren relativ viel „Light" und „Medium Users" von Tomaten. Gleichzeitig hatte C1000 eine relativ geringe Ladendichte in den Gebieten, wo die meisten „Heavy Users" von Tomaten wohnen.

Der Preisindex für Tomaten (eigenes Preisniveau im Verhältnis zum Durchschnittspreis im gesamten LEH) war mit 89 zwar relativ niedrig, aber das führte nicht zu einem hohen C1000-Marktanteil bei Tomaten. Offensichtlich war also das Tomatenangebot von C1000 nicht attraktiv genug für die Kunden.

3.2 Zielsetzung

C1000 wollte seinen Marktanteil bei Tomaten erheblich erhöhen, ihn etwa auf das Niveau seines Frischgemüse-Marktanteils anheben. Auf Grund der Analyse-Ergebnisse konnte diese Zielsetzung auch in messbare Ziele umgesetzt werden. Es wurde festgelegt, sich auf die vorhandenen C1000-Kunden zu konzentrieren. Es war nicht damit zu rechnen, dass die Optimierung des Tomatensortiments völlig neue Kunden in die C1000-Outlets ziehen wurde.

Die Zielsetzung wurde wie folgt festgelegt:

- Steigerung des Anteils an Tomaten-Käufern von 16 auf 20 % der C1000-Kunden (ein Viertel mehr).
- Erhöhung des Anteils an jedem „Tomaten-Gulden" von 21 auf 25 Cents.
- Zunahme der verkauften Tomaten-Menge um mindestens 15 % innerhalb eines Jahres.

3.3 Marketing-Mix zur Umsetzung

Um diese Zielsetzungen zu erreichen, wurde ein neuer Marketing-Mix bestimmt. Er enthielt die folgenden Elemente:

3.3.1 Produkte, Sorten, Sortiment

- Auswahl der Tomatensorten (Rassen) auf Grund ihrer Geschmacksprofile (ermittelt in der Preference Mapping-Studie), wobei zudem das beste „Matching" zwischen holländischen und südeuropäischen Sorten angestrebt wird.
- Ergänzung des Sortiments um eine neue Sorte: die „Gourmet-Tomaten". Diese neue Sorte runder Tomaten wurde eingeführt als „Topline" im Segment „lose Tomaten" (das damals für 75 % der gesamten Tomaten-Verkaufsmenge bei C1000 sorgte).
- Festlegung der Sortierungen (= Tomatengrößen) und Farbschattierungen pro Sorte auf Grund der im Preference Mapping ermittelten Verbraucherwünsche.

3.3.2 Qualitätsanforderungen

- Die Tomaten sollten immer beste Qualität haben, also Handelsklasse I-Super (Holland) oder Kategorie I (Südeuropa).

- Für alle Tomatensorten wurden genaue Produktspezifikationen festgelegt. Darin waren nicht nur die äußeren Qualitätsmerkmale erfasst, sondern auch die Anforderungen an den Anbau der Tomaten. Im Sinne der Nahrungsmittelsicherheit sollten nur Tomaten aus integriert-kontrolliertem (umweltbewussten) Anbau geliefert werden.
- Es wurde ein Handbuch mit allen C1000-spezifischen Qualitätsanforderungen erstellt.
- Bei The Greenery wurde ein festes Kontroll-Team gebildet, das für die Qualitäts-Eingangskontrolle aller C1000-Tomaten (holländische und ausländische) verantwortlich war.

3.3.3 Verpackungen und Design

- Um seine selbständigen Einzelhändler dazu zu bewegen, weniger Produkte aus anderen Quellen einzukaufen, entschied sich C1000 für ein exklusives, attraktives Design aller seiner Tomatenverpackungen (s. Abb. 3). Es wurde so gestaltet, dass es später ggf. auch für andere Obst- und Gemüsesorten eingesetzt werden konnte. Beim Design wurden die charakteristischen Merkmale der Tomate – ihr Glanz und das Grün (Blatt und Stiel) – besonders herausgestellt. Diese Idee der Betonung charakteristischer Merkmale kann auch auf das Design für andere Produkte übertragen werden, z. B. indem die Struktur von Blumenkohl, die Haut einer Apfelsine, der typische Stielansatz von Paprikas oder ähnliches herausgestellt wird.
- Auf jeder Verbraucherverpackung und auf den Kistenkarten, die bei den lose verkauften Tomatensorten zur Verbraucherinformation eingesetzt werden, geben farbige Pictogramme an, für welche Verwendungszwecke welche Tomatensorte am besten geeignet ist. Auch werden auf den Verpackungen jeder Tomatensorte die jeweiligen Geschmacksmerkmale kurz und knapp beschrieben.
- Für die neuen „Gourmet-Tomaten" wurde eine exklusive neue Verpackung eingesetzt, damit sich diese Tomatensorte mit ihrem feinen Geschmack und ihrer hohen Qualität deutlich von den normalen, runden Tomaten abheben konnte.
- Auf Grund der Konsumentenforschungsergebnisse wurden für die Verbraucherverpackungen der verschiedenen Tomatensorten die „idealen" Inhaltsmengen festgelegt.

Abb. 3. Verbraucherverpackungen und Kiste mit Kistenkarte im exklusiven C1000-Design.

3.3.4 Platzierung im Regal

- Empfohlen wurde, die Tomaten im Regal in „Block-Platzierung" zu präsentieren. Grund dafür waren Forschungsergebnisse, die zeigten, dass solche gemeinsame Platzierung aller Sorten einer Produktgruppe für mehr Umsatz sorgt: Der Verbraucher hat das ganze Tomatenangebot des Marktes im Überblick und lässt sich dadurch leichter dazu bewegen, mehrere und teurere Tomatensorten zu kaufen. Zudem passt dies auch gut zu der C-1000 Mission, seinen Kunden zu helfen, Zeit und Aufwand zu sparen.
- Eine weitere Empfehlung lautete, die Tomaten bei den anderen Salat-Produkten (z. B. Salat, Paprika, Gurken, Frühlingszwiebeln) zu platzieren, damit die Verbraucher auf Ideen für leckere Salat-Gerichte gebracht werden.
- Zur Orientierung der Verbraucher (welche Tomaten für welche Verwendung?) wurde Point of Sale-Material eingesetzt mit den oben beschriebenen Pictogrammen.

3.3.5 Logistik

- Das ganze Jahr über ist The Greenery bei C1000 einzige Bestelladresse für Tomaten und übernimmt auch die Logistik.

- Die Tomaten werden von Greenery-Gärtnern geliefert, die fest für C1000 arbeiten. Für die Auswahl der Gärtner war entscheidend: Bauen sie die gewünschten Sorten an? Bauen sie nach den gewünschten Anbaumethoden an? Sind sie bereit und in der Lage, die Produkte in der gewünschten Qualität, Sortierung und C1000-spezifischen Verpackung zu liefern? Sind sie flexibel genug, um trotz schwankender Nachfrage immer die benötigten Mengen liefern zu können? Sind sie bereit zum Mitdenken und führen ggf. bestimmte Anpassungen durch (z.B. Anbau einer anderen Tomatensorte, wenn sie künftig noch besser zu den Präferenzen der C1000-Kunden passt)? C1000 wollte einfach gern „die Herkunft" seiner Tomaten kennen, um so die Bindung zwischen Gärtnern und Kunden zu fördern.

- Auch für die südeuropäischen Tomaten, die C1000 jeweils in der Wintersaison geliefert bekommt, wurden feste Lieferanten ausgewählt. Sie können nach den gleichen Anforderungen liefern wie die holländischen Gärtner.

- Die Verpackung der Tomaten sollte möglichst nah beim Erzeuger erfolgen, um Handling-Schäden zu vermeiden und Verwechselungen mit anderen Produkten vorzubeugen.

- Die Transportverpackungseinheiten wurden entsprechend den Durchschnittsverkäufen je Supermarkt und Woche optimiert. Bei einer der Tomatensorten enthält die Transportkiste zum Beispiel nur noch vier statt zwölf Verbraucherverpackungen. Bei den Analysen hatte sich herausgestellt, dass die Durchschnittsverkäufe dieser Tomatensorte pro Supermarkt und Woche bei acht Verbraucherverpackungen lagen. Die Transportverpackung enthielt zuvor aber zwölf Einheiten. Deshalb hatten viele C1000-Märkte diese Sorte überhaupt nicht bestellt, denn jede Woche hätte man erhebliche Mengen abschreiben und/oder immer alte Ware anbieten müssen. Die Projektgruppe war der Meinung, dass der Inhalt der Transportverpackungen so dimensioniert werden sollte, dass im Durchschnitt jeder Markt wenigstens zweimal pro Woche frische Ware bestellen kann. Dass sich diese Maßnahme lohnte, stellte sich bei der Durchführung später deutlich heraus: Die Zahl von C1000-Märkten, die diese Tomatensorten in ihr Sortiment aufnahmen, konnte mehr als verdoppelt werden und auch die Verkäufe pro Markt und Woche legten deutlich zu.

3.3.6 Verkaufsförderung

- Es wurde ein Jahresplan für regelmäßige Verkaufsförderungsaktivitäten erstellt. Ziel war es, in den Märkten das ganze Jahr über Tomatenthemen zu kommunizieren, damit die Verbraucher auch spürten, dass C1000 ein neues und verbessertes Tomatenangebot hat.

- Die Verkaufsförderungsaktivitäten waren eine Mischung aus Preisaktionen und „Mehrwert"-Promotions wie z. B. Verkostungen am Point of Sale, Einsatz von „Tomatologie"-Rezeptheften, Artikel im C1000-Verbrauchermagazin, den Verbraucherverpackungen beigelegte kleine Tüten mit einer Kräutermischung für Tomatenauflauf oder Tomatensauce, eine „Dip-Sauce" für Kirschtomaten und ähnliches.

3.4 Implementierung

Einen sehr guten und konsistenten Marketingplan zu schreiben, reicht allein noch nicht aus. Es geht letztendlich darum, dass der Plan auch in allen Einzelheiten und von allen Gliedern der Kette zwischen „Grund und Mund" konsequent in die Praxis umgesetzt wird. Nur so kann es zum Erfolg kommen. Aus diesem Bewusstsein heraus hat die Projektgruppe sehr viel Wert darauf gelegt, alle Beteiligten ausführlich über das Projekt zu informieren und sie für die Umsetzung der einzelnen Maßnahmen zu motivieren.

Bei C1000 betraf dies die Mitarbeiter in den Regionallagern, im Zentraleinkauf und in der Marketingabteilung, die selbständigen Einzelhändler sowie deren Fachpersonal für Obst und Gemüse. Pro Region organisierten die C1000-Ladenberater eine regionale „Kickoff"-Sitzung für diesen Personenkreis. Die Projektgruppe unterstützte die Ladenberater mit einer einheitlichen PowerPoint-Präsentation, Musterware, Musterverpackungen, Bildern, Tomaten-T-Shirts und schriftlichen Warengruppeninformationen für das Personal der Obst- und Gemüseabteilungen.

Eine Woche vor der Einführung des neuen Tomatensortiments wurde an alle C1000-Märkte eine Mustersendung geschickt: ein Karton mit allen Tomatensorten in den neuen Verpackungen, Beispielen für Kistenkarten, drei „Tomatologie"-Karten im Kitteltaschenformat mit Informationen über alle Sorten im neuen Sortiment, über die Pictogramme und Verwendungsmöglichkeiten, über den Anbau und Tipps für eine geschmackvolle Präsentation im Regal.

Alle C1000-Mitarbeiter in der Firmenzentrale und bei den Regionallagern erhielten ein paar Tage vor dem Start eine Verpackung der neuen „Gourmet-Tomaten", eine „Tomatologie"-Karte und einen Brief, der sie über das Projekt informierte. Auch The Greenery selbst setzte eine Reihe von Informations- und Motivationsmaßnahmen um: für die Gärtner, die Lieferanten der südeuropäischen Tomaten, die Vertriebs- und Marketingabteilungen, die Lieferanten der Verpackungen und andere.

Die genannten Maßnahmen haben dazu geführt, dass alle Beteiligten der Kette die Einführung des neuen Tomatenkonzepts unterstützt haben und schon sehr schnell sehr gute Ergebnisse erzielt werden konnten. Es ist aber wichtig, die Umsetzung als einen kontinuierlichen Prozess zu begreifen und dafür zu sorgen, dass man ihn in regelmäßigen Abständen bewertet und nötigenfalls die Maßnahmen an sich verändernde Bedingungen anpasst.

So konnten wir z. B. ziemlich schnell feststellen, dass die neu-eingeführte Verbraucherverpackung für Rispentomaten den Verbrauchern zwar sehr gut gefiel, den C1000-Einzelhändlern aber weniger. Nach einer Umfrage unter etwa 50 Einzelhändlern und rund 500 Rispentomaten-Käufern (in fünf C1000-Märkten) konnten wir feststellen, was das Problem in der Obst- und Gemüseabteilung war und wie die Verbraucher die Verpackung und eine Alternative dazu bewerteten. So konnten wir eine neue Verpackung einführen, welche die Wünsche der C1000-Einzelhändler und der Verbraucher besser erfüllte.

Auch konnten wir, durch weitere Analysen der „Drehzahlen" einzelner Tomatensorten, nach einem Jahr den Inhalt der Transportverpackungen einiger Sorten von vier auf fünf bzw. von vier auf sechs Einheiten vergrößern. Die Umschlagsgeschwindigkeiten hatten sich so positiv entwickelt, dass es bei den größeren Inhalten immer noch möglich war, im Durchschnitt zweimal pro Woche frische Ware zu bestellen. So konnte man Logistikkosten verringern, ohne den Kunden weniger frische Tomaten zuzumuten.

Seit der Einführung des Projektes werden zweimal jährlich Evaluierungssitzungen mit allen Beteiligten der Kette durchgeführt, um die Erfahrungen auszutauschen und Optimierungsvorschläge zu erörtern. Dies fördert das Engagement und die Unterstützung aller Glieder der Kette und ist äußerst wichtig für den kontinuierlichen Prozess der Umsetzung. Im Kern geht es darum, maximale Kundenzufriedenheid zu erreichen und zu erhalten und sich bei seinen Kunden als kompetenter Lebensmittelhändler zu profilieren.

3.5 Die Erfolge

Nach dem ersten Jahr sahen die Ergebnisse des Tomatenprojekts bei C1000 so aus:

- Der Umsatz mit Tomaten war um 35 % gestiegen.
- Die verkaufte Tomatenmenge war um 18 % gewachsen.
- Der 'Fair Share' bei Tomaten war von 95 auf 110 gestiegen. Das bedeutet: Der Marktanteil von C1000 bei Tomaten war jetzt 10 % höher als der Marktanteil des Unternehmens im gesamten Food-Bereich.
- Die Begeisterung aller Beteiligten war groß. The Greenery erhielt von einem Obst- und Gemüse-Teamleiter eines C1000-Markts sogar ein spontan verfasstes Gedicht über das Projekt unter dem Titel „Tomatologie". Auch ging Verbraucher-Post ein, in der die gute Qualität und der gute Geschmack der Tomaten bei C1000 gelobt wurden.

Auf Grund dieser Ergebnisse entschied sich C1000, diese Art von Category Management zusammen mit The Greenery auch auf weitere Obst- und Gemüsesorten auszudehnen. Von diesem zweiten Projekt liegen inzwischen die Ergebnisse des ersten Jahres vor. Sie zeigen für alle Produkte (Paprika, Auberginen, Zucchini, Chili) ebenfalls zweistellige Zuwachsraten im Vergleich zum Vorjahr.

Gute Anfangsergebnisse sind zwar sehr schön, man muss sie aber auch in dauerhafte Erfolge ummünzen können. Und das ist gelungen: C1000 hat auch im zweiten Jahr des Projekts seinen Marktanteil bei Tomaten, sowohl beim Umsatz als auch bei der Menge, weiter steigern können. Bei gleichbleibender Zahl der Outlets war C1000 in der Lage, seinen Tomatenumsatz und -absatz noch deutlich stärker wachsen zu lassen als der gesamte Lebensmittel-Einzelhandel in den Niederlanden. Im zweiten Projektjahr übernahm C1000 in den Niederlanden A&P. In deren bisherigen Märkten wurde das neue Tomatenkonzept ebenfalls eingeführt. Dort führte es zu einer Umsatzsteigerung von 62%.

Auf Grund der guten Ergebnisse des Tomatenprojekts bei C1000 hat The Greenery inzwischen auch in Deutschland mit einem LEH-Betrieb zusammen ein Category Management-Projekt für Obst und Gemüse durchführen können. Es wurde in Form eines Testmarkts organisiert: Zehn Geschäfte des betreffenden LEH-Betriebes setzten acht Wochen lang für die betroffenen Produktgruppen das neue Konzept um. Mit Erfolg: Der Umsatz der Testprodukte lag in dieser Zeit 12% über dem Durchschnitt der anderen Märkte in der gleichen Region.

Es lohnt sich also auch im deutschen Lebensmittel-Einzelhandel, der im Vergleich zum niederländischen viel stärker von Discountern beeinflusst wird, den Konsumenten in den Brennpunkt zu rücken und kontinuierlich so zusammenzuarbeiten, dass ein ganz auf die Verbraucherwünsche abgestimmtes Angebot präsentiert wird. Bloß auf billigste Einkaufspreise zu schielen, reicht nicht aus.

4 Die Schlüssel zum Erfolg

Die beschriebenen Projekte beweisen, dass Category Management auch im Obst- und Gemüsebereich erfolgreich sein kann.

Die für den Erfolg entscheidenden Faktoren sind:

- Konsequente Verbraucherorientierung: Der Konsument steht im Mittelpunkt aller Überlegungen.
- Kontinuierliche Zusammenarbeit in der gesamten Kette: LEH und Lieferant(en) arbeiten ständig zusammen, um maximale Verbraucherzufriedenheit zu erreichen.
- Gute Information und Motivation aller Beteiligten der Kette.

Gute Umsetzung der Maßnahmen bei allen Gliedern der Kette, bis hin zum Point of Sale.

Konzepte für die Zukunft

Kundenmanagement in Massenmärkten

Alexander Rittweger

Loyalty Partner GmbH, München

Prolog

„Guten Morgen, liebe Frau Schmidt! Sie sehen wirklich erholt aus. Wie war denn Ihr Urlaub? Wie geht's der Familie? Ist Ihre Mutter wieder gesund? Ich habe Ihnen vom guten Vollkornbrot, das Sie so gerne mögen, eines zurückgelegt. Für den Kleinen habe ich was ganz Leckeres, hier bitte! Was darf es denn sonst noch sein?" – Was sich so charmant nach den „guten alten Zeiten" anhört, ist die natürlichste Form der Kundenorientierung. Der Verkäufer kennt seine Kunden und dessen Interessen, freut sich auf die Begegnung, denkt mit, ist freundlich, fürsorglich, bemüht. Da kommt man gerne wieder.

Wie gestaltet sich dagegen heute die Praxis?

„Wir verwandeln jeden Kundenkontakt in eine gewinnbringende Gelegenheit". Mit dieser Aussage lobpreisen zum Beispiel Software-Anbieter ihre sogenannten „CRM-Lösungen". Geschwärmt wird von Kundenbeziehungs-Informationen in Echtzeit oder dem Erkennen von Ressourcen für das Kundenmanagement. Die Frage bleibt: Steht das alles im Interesse und zum Wohle des Kunden? CRM-Angebote dieser Art klingen computergesteuert und technokratisch. Zudem erwecken sie den Eindruck, als seien Kunden ihrem Wesen nach mit Produkt- und Dateneinträgen vergleichbar, die man stereotyp in einer Datenbank ablegt und nach Belieben re-aktiviert. Kunden sind aber zunächst Personen oder besser: Persönlichkeiten.

1 Kundenmanagement als Voraussetzung für Erfolg

1.1 Konsumenten in ihrer Bedarfshaltung ernst nehmen

Jahrzehnte konnten Marketing, Kommunikation und Vertrieb ehernen Leitlinien folgen: Pull- und Push-Konzepte stachelten Angebot und Nachfrage an. So wurden einerseits – zumeist über den Preis – Differenzierungsmerkmale geschaffen, um Kunden anzuziehen. Zum anderen entfachten die Massenmedien Konsumentenbedürfnisse, ohne allerdings die Kunden persönlich ansprechen zu können. Das klassische AIDA-Modell (Awareness, Interest, Desire, Action) leitete „top-down" den Konsumenten vom Marktangebot zum Produktkauf. Dies reichte aus, um Verkaufserfolge und Wachstum zu erzielen. Im Zeitalter reifer, reichhaltiger Märkte, geprägt von Vergleichbarkeit der Güter sowie anspruchsvollen Verbrauchern, erfährt AIDA eine Erweiterung: Aus dem Top-down-Prozess wird ein „Alles fließt", in dem die Phase nach dem Kauf in den Fokus gerückt wird. Das „Ownership" (Besitz, Erwerb, inkl. Nutzung) eines Produkts kann genutzt werden, um weitergehende Dialoge mit dem Kunden aufzubauen und im richtigen Moment ein neues Angebot zu formulieren.

Die Kunst des zeitgemäßen Verkaufens besteht darin, das Konzept der Push-Strategie zu erweitern, um undifferenziertem ein differenziertes Marketing durch aktive Kundendialoge zur Seite zu stellen. Die Technik muss jedoch im Hintergrund intelligent wirken, um den Konsumenten und seine Bedürfnisse in den Vordergrund zu stellen.

Marketing wird von Menschen für Menschen gemacht. Es lebt nicht allein vom Datenmanagement, sondern vielmehr von Fantasie, Kreativität, Einfühlungsvermögen, Emotionalität. Erfolg bringt zumeist nicht die Statistik, sondern das richtige Bauchgefühl, das hilft zu erspüren, was Kunden mit ihrer individuellen Persönlichkeit tatsächlich wollen. CRM steht für Customer Relationship Management, ein Kunstwort aus der IT-Welt, um Hard- und Software besser zu verkaufen. CRM bezeichnet in diesem Zusammenhang eine Systemlösung, die helfen soll, die richtigen Ideen oder Impulse bedarfsgerecht und vor allem „automatisiert" an relevante Zielgruppenempfänger zu vermitteln, deren Response zum Sender zurückzuleiten und diesen Vorgang zu dokumentieren. Nicht mehr, nicht weniger.

Und damit sind wir bei einem spannenden Aspekt: Ist die moderne Technik einfach nur Mittel zum Zweck oder liefert sie uns kreative Impulse für das Marketing? Beim Kaufen und Verkaufen ist Einfallsreichtum (sprich Kreativität) Trumpf, um Angebot und Nachfrage, Handel und Konsument zusammenzubringen und in Kontakt zu halten. Betrachtet man den Aufwand, der dahinter steht, fällt auf: Es ist zweifellos nützlich, Databases und Datacenters Terrabytes an Datenkapazitäten bereitzuhalten. Doch moderne Rechenzentren erfüllen per se keine Kundenwünsche. Aufwendige Datenanalysen erlauben, Angebote zu erstellen und eventuell Kaufanreize zu wecken. Der Traum eines jeden Marketing-Verantwortlichen bleibt aber für die meisten ein Traum: das Konsumverhalten seiner Kunden und potenziellen Käufer vorausahnen zu können. Viele Unternehmen scheitern kläglich beim Versuch, ins computergestützte CRM einzusteigen. Es fehlt am richtigen Verständnis für Kundenmanagement.[1]

---

[1] Jährliche Investitionen in Höhe von 20 Milliarden US-Dollar, davon 16 Milliarden für Hard- und Software (Basis: Zahlen im Jahr 2000) verhindern laut den Marktforschern der Gartner Group nicht, dass 55 bis 60 % aller CRM-Projekte fehlschlagen. Warum? 1. Die

1.2 Der Einstieg ins Thema Kundenbindung kann nur über eine gründliche konzeptionelle Leistung erfolgen

Begonnen werden sollte mit den Fragestellungen:

1. Welches beim Konsumenten verfügbare Instrumentarium kann man zur Kundenbindung bieten (zum Beispiel in Form einer Kundenkarte)?
2. Was sind die richtigen Marketingansätze und Kommunikationswege?
3. Wie müssen die Prozesse aussehen (vom Data-Warehouse über das Mailing bis zu Response-Auswertung und Call Center Service)?
4. Welche IT-Basis und Infrastruktur wird benötigt?
5. Welche Leistung kann der Anbieter intern erbringen, was muss über Outsourcing geschehen?

Zur Einführung und erfolgreichen Etablierung eines Kundenbindungsprogramms ist es notwendig, über ein Pflichtenheft die o. g. Fragestellungen zu beantworten und die Konsequenzen daraus umzusetzen. Danach schließt sich an, über Bonusleistung für Kunden nachzudenken und im wesentlichen vier Kriterien zu berücksichtigen.

Zunächst die „First Mover Advantage“: Es gilt, das Vertrauen der Kunden für das Programm zu gewinnen, einen für die Kunden sicheren Umgang mit dem Programm zu etablieren und sich dadurch als das zentrale Bonusprogramm zu profilieren.

Zweitens: Die Programmattraktivität wird geschaffen durch eine zielgruppenrelevante Bonuspunkte-Sammelmöglichkeit mit kurzen Sammelzyklen. Attraktive Prämien durch exklusive Angebote und die Einführung von Zusatzservices steigern die emotionale Kundenbindung.

Drittens: Die Marketing-Präsenz: Das Kundenbonus-Programm wird genutzt für ein emotionales Aufladen der Marke. Die Kundenaufmerksamkeit wird durch gezielte Kommunikation mit allen zielgruppengemäßen Medien geschaffen.

Viertens: Die personalisierte Kundenbeziehung entsteht, wenn relevante kundenbezogene Informationen bereitgestellt werden, die Entwicklung personalisierter Angebote für die Kunden verstärkt wird und eine Auswahl personalisierter Kommunikationskanäle möglich wird (etwa durch Vertriebsbeauftragte, E-Mail, Direct Mail, Kundenmagazin usw.).

Datenqualität stimmt nicht; das fängt bei der Anrede an und endet bei der veralteten Anschrift. 2. Die Strategie ist falsch. Unternehmen haben nicht den Menschen im Kunden und seine Wünsche im Visier. Sie wollen verkaufen, was sie gerade haben. Ohne Rücksicht auf Verluste. Und das teure CRM-System soll es richten.

2 Tipps auf dem Weg zur Kundenzufriedenheit

Eisberg-Effekt vermeiden

Selbstkritisch bei Bestandskunden hinterfragen: Wie viel Geschäft wäre mit der Summe meiner Kunden möglich? Was kauft mein Kunde (bislang) bei der Konkurrenz? Warum kauft er nicht alles bei mir? So nähert man sich der Bedürfnishaltung des Kunden an.

Der Wertigkeit verpflichtet

Nicht jeder Kunde ist gleichviel wert. Aber mit (fast) jedem Kunden kann man Geschäfte machen. Intelligentes Kundenmanagement heißt, Kunden in Massenmärkten auf möglichst vielen Ebenen Einstiegsmöglichkeiten zu bieten.

Gleichzeitig muss Investment und Erfolg für beide Seiten (Käufer und Verkäufer) messbar gemacht werden!

Harmonisierung schaffen

Branchenspezifisch und übergreifend klären: Was muss ein Anbieter tun, damit sein Angebot mit den tatsächlichen Kundenbedürfnissen übereinstimmt? Wie kann das Kauferleben gesteigert werden? Welche Erwartungshaltung des Kunden muss ich treffen?

Emotionalisierung herbeiführen

Subjektive Wahrnehmung des Kunden contra objektive Produktkategorien. Nicht das Produkt rückt beim Verkaufen in den Fokus, sondern der Kundenwunsch und das Konsumentenbedürfnis.

Integration ermöglichen

Integrierte Kommunikationsstrategien zu realisieren heißt nicht nur, die diversen Kommunikationskanäle für die Werbung zu nutzen. Es heißt vor allem auch, Dialogmöglichkeiten zu bieten und aktiv zu nutzen (wie E–Mail, Self Service im Web, CSC, Fax, Brief etc.).

Berührungspunkte bieten

Es müssen möglichst viele Touch Points nutzbar werden, um Konsumenten in vielen Lebenssituationen spezifisch anzusprechen. Traditionelle Point-of-Sales-Konzepte greifen zu kurz.

3 In den Griff bekommen

3.1 Kaufen und Verkaufen als interaktiven Prozess gestalten

Für viele Anbieter stellt das heutige Anspruchsdenken des Konsumenten die Quadratur des Kreises dar: Kunden wollen das für sie Beste am liebsten schnell, unkompliziert und denkbar preiswert erwerben. In der Diskussion um Kundenmanagement taucht darum der Begriff „Kundenwert" auf. Sogenannte Customer Lifetime Value-Modelle machen transparent, wie viel Umsatz man mit Kunden machen kann. In der Automobil-Branche, aber noch mehr bei Reise und Personenverkehr, kommen beträchtliche Summen ins Spiel. Und es zeigt sich, dass man mit wenigen gut bedienten Premium-Kunden den Profit eines Konzerns stark erweitern und festigen kann. Als Bindeglied zwischen Kundenbindung und Kundenwert kommt die Marke ins Spiel. Die Markenführung eines Unternehmens rückt damit in den Fokus, die Marke soll Kunden binden. Allerdings kann zur Wechselbeziehung zwischen Markenführung und Kundenbindung wenig Aussagekräftiges angeführt werden. Es fehlen diesbezügliche Untersuchungen. Ad hoc betrachtet steht außer Frage: Starke Marken binden Kunden. Die Marke per se bewirkt aber nur soviel, wie die Marken-Kommunikationsarbeit zulässt. Die Konsequenz ist klar: Marken- bzw. Markt-Kommunikation steht vor einem Paradigmenwechsel. Der sogenannten „Integrierten Kommunikation" kommt eine zentrale Rolle zu. „Unter integrierter Kommunikation wird die inhaltliche und formale Abstimmung aller Maßnahmen der Markt-Kommunikation verstanden, um die durch Kommunikation erzeugten Eindrücke zu vereinheitlichen und zu verstärken. Die durch die Kommunikationsmittel hervorgerufenen Wirkungen sollen sich gegenseitig unterstützen." (Franz-Rudolf Esch, Universität Gießen)

Wir können im Hinblick auf das Thema Kundenbindung bzw. Kundenmanagement ergänzen: Integrierte Kommunikationsstrategien zu realisieren heißt nicht nur, die diversen Kommunikationskanäle für die Werbung zu nutzen. Es heißt vor allem auch, Dialogmöglichkeiten bei der Kundenbearbeitung zu bieten und aktiv zu nutzen (wie E-Mail, Self Service im Web, CSC, Fax, Brief etc.). Diese Dialoge müssen Push- und Pull-Effekte einbeziehen: Mailings mit Response-Elementen ebenso wie Massenmedien. Maßgabe ist, so effizient wie möglich zu kommunizieren. Das heißt, die Botschaft muss sowohl inhaltlich als auch formal einheitlich in die ausgewählten Kanäle integriert werden.

Dies kann zum Beispiel nach dem in Tabelle 1 dargestellten Schema geschehen.

Integrierte Kommunikation als Erfolgsfaktor für Kundenmanagement meint demnach im erweiterten Sinne die Zusammenführung und Koordination sämtlicher Kommunikations- und Vertriebsaktivitäten eines Unternehmens oder einer Organisation über alle Medien-, Informations- und Kommunikationsplattformen hinweg. In ihrem Fokus steht das synergetische Zusammenspiel von strategischer Planung, ganzheitlichen Konzepten für Inhalte und Mediaplanung, kreativer Umsetzung im Verkauf und visionärer Markenführung. Das Ziel lautet: Die Durchgängigkeit des Markenbildes und der Botschaft gewährleisten!

Tabelle 1. Loyalty Partner

Kommunikation				**Service**
Klassik	**System-kommunikation**	**Internet und Mobile**	**POS**	
Anzeigen	E-Kit	Homepage	E-Kit Dispenser	Call Center
TV	Welcome Mesage	Newsletter	POS-Terminal	Mitarbeiter
Radio	Punkteübersicht	SMS/MMS	Shop in Shop	Prämien-bestellung
	Coupons		Aktions-umsetzung	etc.
	Sonstige Messages			

Markenführung in Kombination mit Kundenmanagement kompetent zu betreiben bedeutet eine ganze Klaviatur von Methoden und Möglichkeiten zu beherrschen. Das können nur ausgewiesene Spezialisten mit übergreifendem, generalistischem Wissen. In den meisten Unternehmen gibt es folgende Aufteilung in vier, oft hierarchisch gleich berechtigt nebeneinander angeordnete Bereiche Branding, Marketing, Kommunikation und Vertrieb. Führungsbereiche heißen dann „Leitung Marketing-Kommunikation", „Leitung Marketing und Vertrieb", „Leitung Marktkommunikation". Das sich aus dieser Organisationsweise ergebende Problem ist: Es fehlt die zentrale Führungsverantwortung, die gemäß dem Schaubild leicht zu etablieren wäre. Wo siedelt man nun das Kundenmanagement an? Wie Eingangs aufgezeigt, am besten eben nicht in der IT-Abteilung. Nehmen wir an, es ist das in Abb. 1 skizzierte Modell gegeben, das schon eine differenziert ausgerichtete Organisationsstruktur vorweist.

Wo sollte das Kundenmanagement als „Instrumentarium" organisatorisch angesiedelt sein? Und: Wie sieht ein daraus resultierendes Kundenbindungsprogramm aus? Theoretisch wie praktisch strahlt Kundenmanagement auf alle Führungsbereiche ab. Denn es muss ganzheitlich von allen Mitarbeitern im Unternehmen getragen werden bzw. es profitieren alle Unternehmensbereiche davon.[2] In Zeiten

[2] Das „Manager Magazin" widmete zum Jahresende 2002 eine Titelstory eigens dem Thema „Der Kampf um den Kunden". Denn die Pleiten und Verluste des Jahres 2002 hätten schwere Wunden hinterlassen. Die Wirtschaftsjournalisten resümieren, dass sich zwei Strategien im Kampf um den Kunden als besonders hilfreich erweisen: 1. Die intensive Pflege um die Kundenbeziehung. Wer direkt mit seiner Klientel verhandelt, wie es Produzenten von Investitionsgütern tun, erfährt ohne Umwege, was seine Kunden

schwieriger Marktbedingungen muss der Fokus darauf liegen, die Befindlichkeit des Konsumenten exakt zu treffen, um den Kaufentscheidungsprozess optimal zu begleiten. Denn die zentrale Frage lautet: Was braucht man in einer Wohlstandsgesellschaft tatsächlich? Das Jahr 2002 bot eine Reihe von Beispielen, wie der Handel den Marken das Ruder aus der Hand zu nehmen schien. Ob mit Slogans wie „Geiz ist geil" oder durch das Menetekel der „Aldisierung der Gesellschaft", der Handel hat in Sachen Kundenorientierung manchen Marken das Wasser abgegraben. Handelsmarken werden zum Teil von den Kunden aufgrund guter Leistungen als Marken angesehen (siehe H&M). Einzig Direktvermarkter konnten gewinnen – allen voran Computerhersteller Dell im schwierigen Segment des IT-/ Computermarkts. Der Dialog mit den Kunden ist bei Dell ein wichtiger Teil des Geschäftsmodells. Ein ausgeklügeltes System beim Kunden- und Beschwerdemanagement versetzt das Unternehmen nicht nur in die Lage, mit dem Ohr buchstäblich nahe am Kunden zu sein. Der aktive Kundendialog wird sogar benutzt, um Anregungen für Verbesserungen und Neuentwicklungen aktiv aufzugreifen. Großkunden können in die Forschung und Entwicklung einbezogen werden.

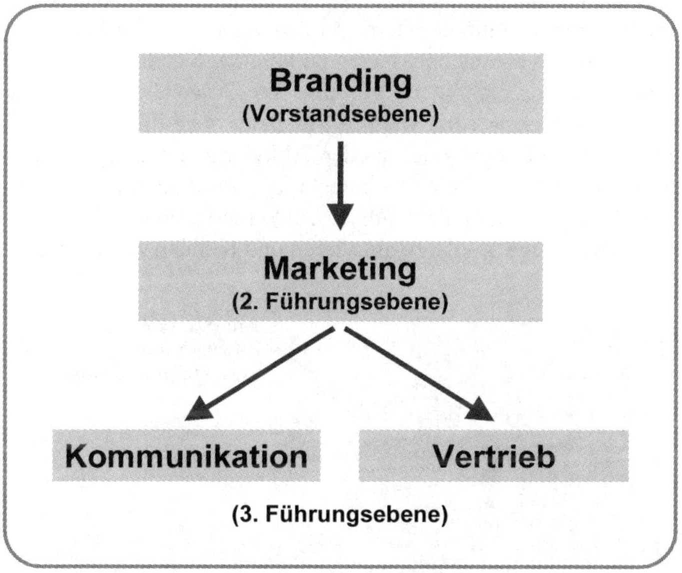

Abb. 1. Organisationsstruktur

---

wollen. Angebote können bei entsprechender direkter Befragung maßgeschneidert werden. 2. Die Konzentration auf starke Marken. Hersteller von Konsumgütern treten meist nur mittelbar in Kontakt mit den Konsumenten. Markenprodukte, welche die Wünsche und Erwartungen genau definierter Verbrauchergruppen möglichst umfassend abdecken, versprechen den größten Erfolg.

4 Neue Wege gestalten

4.1 Kunden durch Kaufanreize und Belohnungen binden

Wenn auch die Wertschöpfung mit dem Internet noch nicht für das Gros der Anbieterfirmen Vorteile bringt: Die Konsumenten nutzen das World Wide Web immer intensiver zur Informationsbeschaffung und zur direkten Kommunikation mit Marken und Anbietern, wenn es Klärungsbedarf gibt. Die Unternehmen sind in der Mehrzahl gar nicht darauf eingestellt: 63 % reagieren nicht auf E-Mail-Anfragen. Das ist das Ergebnis einer aktuellen Seminarstudie an der Ruhr-Universität in Bochum (www.ruhr-uni-bochum.de). Nicht auf Kundenwünsche zu antworten, kann fatale Folgen haben, weil Kunden sich abwenden. Umgekehrt gilt: Wer pro-aktiv auf Kunden zugeht und den Dialog anbietet, gewinnt. Es gibt zahlreiche Möglichkeiten, Kundendialoge zu gestalten. Die Beste ist nach wie vor die Einfachste: Über Kaufangebote direkt informieren und Kundenvorteile klar erkennbar einbringen.

Vorbildcharakter bei einem aktivem Kundendialog hat außerhalb Deutschlands das Kundenbindungsprogramm der Supermarktkette Tesco in England. Tesco hat einen überaus erfolgreichen Kundenclub etabliert, um den verschiedenen Interessen der Käufergruppen höchst attraktive Angebote bieten zu können. Kunden erhalten so unter anderem sogar eine auf sie zugeschnittene Variante des „Tesco Clubcard Magazines". Im Kontext mit den Waren werden weitere Finanzierungshilfen geboten – etwa Tesco-Kreditkarten am Weinregal oder in der Abteilung mit Babywindeln. Und in der Haushaltswaren-Abteilung finden sich neben den Produkten Informationen über günstige Tesco-Darlehen. Neben der Clubkarte sind für Tesco vor allem Gutscheine und Coupons interessant, um Käufe zu aktivieren und Kunden zu binden.

Abb. 2. Tesco – Beispiel einer Punkteübersicht mit Zusatznutzen für den Konsumenten

Wie in England, so wurde auch in Deutschland in den vergangenen Jahren das Rabattieren und das Couponing verstärkt. Konsumenten lieben Schnäppchen. Insofern ist es richtig, Preisnachlässe per Coupon anzubieten. Richtig erfolgreich, weil auch von Vorteil für den Anbieter/Händler wird Couponing aber nur, wenn es im Kontext einer fundiert vorbereiteten, auf Kontinuität angelegten Direkt-Marketing-Strategie steht, um ein aktives Kundenmanagement aufzubauen. Das Beispiel des Bonusprogramms Payback und der damit verbundene große Erfolg zeigt, dass Kundenbindung funktioniert, wenn sie auf Nachhaltigkeit ausgerichtet ist. Dafür wurde Payback unter anderem von der Zeitschrift „DM Euro" im Februar 2003 als eine der Top-Produktinnovationen des Jahres 2002 ausgezeichnet.

Für Payback als zentrales Kundenmanagement-Instrument sprechen insbesondere vier Aspekte:

1. Kunden (inzwischen über 22,5 Millionen Payback-Karteninhaber in Deutschland, Stand April 2003) wollen belohnt werden – für Treue und noch wichtiger für jede Kaufentscheidung bei einem Payback-Handelspartner.

2. Payback Partnerunternehmen erhalten einen dauerhaften Return on Investment, wenn sie sich kontinuierlich um Kundenaktionen bemühen.

3. Der Konsument muss in die jeweiligen Bonusleistungen – am besten auch online – Einblick erhalten.

4. Vertrauen ist Trumpf. Die Stärke von Payback als Bonusprogramm ist nicht nur, dass es Plattform- und Marken-übergreifend ist, sondern dass der Konsument bei der Anmeldung auch wünscht, Informationen und Angebote zu erhalten.

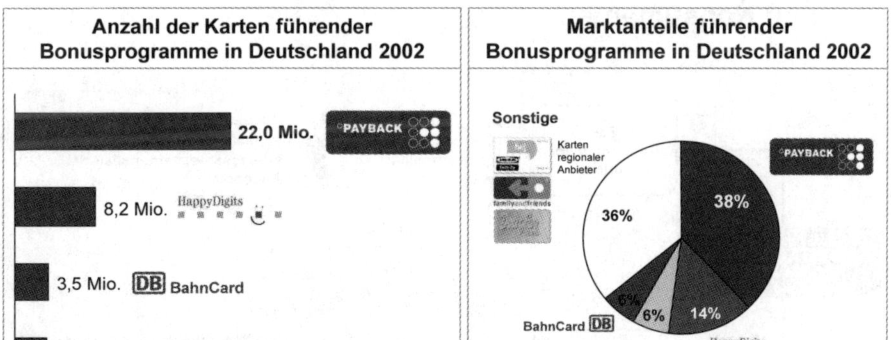

Abb. 3. Stand März 2003. Kundenbindungserfolg durch Bonusleistungen am Beispiel Payback

Bonusprogramme, die in enger Zusammenarbeit zwischen Programmbetreiber (Payback) und Handel (wie Galeria Kaufhof, OBI, dm-drogerie markt, real,- etc...) geführt werden, stellen für den Konsumenten eine wichtige Navigationshilfe dar. Das trifft genau den Zeitgeist: Fachleute beklagen aller Orten eine Überfülle an Angeboten. Im Online-Shop oder gebraucht bei ebay, an der Tankstelle, im Supermarkt, im Tante-Emma-Laden, im Kaufhaus, in der Boutique, überall stapeln sich ähnliche Warenangebote. Ein Preiskampf ist durch diese Vergleichbarkeit des Angebots unausweichlich. Doch reines „Verramschen" von Markenprodukten zu Niedrigpreisen bringt wenig, weil den Anbietern auf Dauer der Deckungsbeitrag verloren gehen kann.

Das Payback-Programm profiliert darum die Kundenkarte als Lösungselemente für diese kritische unternehmerische Herausforderung, um herauszufinden: Wer sind meine Kunden? Welche Leistungsmerkmale schätzen sie? Welche Kunden sind am profitabelsten? Wie kann ich meinen Umsatz steigern? Wie kann ich den Ressourcen-Einsatz optimieren?

Kundenkarten unterstützen und treiben die Marketing-Ziele von Unternehmen voran. Dies beginnt bei der Kundenakquisition durch den Partner Pool mit wirksamen Quernutzungseffekten. Das Payback-Programm erlaubt es, durch eine Incentivierung das Kundenverhalten gezielt zu fördern oder gezielt Produkte an relevante Zielgruppen zu vermarkten. Ein breites Portfolio von Kommunikationskanälen (Print, TV, Online, Call Center, Direktmailing) ist notwendig, um den Kundendialog zu pflegen. Ziel ist es, mit einer breiten Hebelwirkung ein tiefes Kundenverständnis als Voraussetzung für einen besseren Kundeneinblick zu schaffen. Payback bringt auf dieser Basis deutliche Vorteile für Konsumenten und Partner.

4.2 Doppelter Nutzen: Payback schafft Vorteile für Partner und Konsumenten

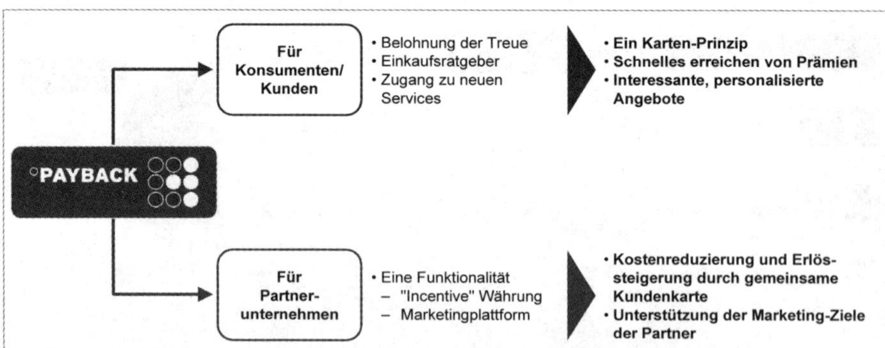

Abb. 4. Payback-Vorteile

4.3 Katalysator-Funktion schaffen: Bonusprogramme bringen Angebot und Nachfrage zusammen

Payback findet nicht nur als innovative Geschäftsidee in der Wirtschaft Anklang. Payback kommt vor allem bei den Kunden gut an, weil es durch eine neue Art die Kunden-Anbieter-Beziehung unterstützt. Warum fühlen sich die Kunden angesprochen? Betrachtet man die Situation von Kunden und Anbietern/Unternehmen, so sind zwei völlig unterschiedliche Befindlichkeiten erkennbar.

Die Welt der Kunden wird bezeichnet durch:

1. Die Qual der Wahl (Überangebote)
2. Wenig Zeit
3. Knappere Geldmittel

Die Unternehmenswelt kennzeichnen folgende drei Aspekte:

1. Absatzprobleme
2. Umsatzrückgang
3. Preiskampf

Die Folge ist das Sinken der Konsumfreudigkeit einerseits beziehungsweise der Ertragskraft andererseits. Wie können nun knappere Geldmittel und damit verbunden eine sorgfältigere Abwägung beim Kaufen/Konsumieren mit mehr Umsatz und Ertrag gekoppelt werden? Unterstellt man, dass Marken Werte schaffen, so sitzen Käufer und Verkäufer im gleichen Boot. Werte wechseln den Besitzer gegen ein angemessenes Entgelt. Markenwerte hängen von der Beschaffenheit der Kundenbeziehung ab – und umgekehrt. Das Konzept von Payback sieht vor, zwischen Kundenwunsch (Produkte und Leistungen günstig kaufen) und Angebot (Marken und Handelsartikel) unmittelbar zu vermitteln. Payback stellt sicher, quasi als Interessenvertreter des Kunden, dem Konsumenten Vorteile zu sichern (Rabatte in Form von Bonuspunkten sowie exklusive Sonderangebote); Anbietern wird geholfen, den Konsumenten unmittelbarer und gezielt zu erreichen.

4.4 Beispiel einer integrierten Kampagne von Payback und Visa

Ein erfolgreiches Kundenkarten-Prinzip unterliegt immer der Prämisse, dass Kunden nur dann Informationen und Angebote erhalten, wenn sie dies auch wünschen. Wie kann dem Konsumenten das Passende geboten werden? Basis bilden die Angaben zur Person, zu ihren Einkaufspräferenzen und Aktivitäten im Rahmen

Abb. 5. Payback/Visa-Sommer-Aktion

des Bonusprogramms. Ein Beispiel: Susanne B. ist Mutter von zwei Kindern, kauft deshalb regelmäßig bei dm-drogerie markt ein und tätigt ihren Samstagseinkauf bei real,-. Gleichzeitig begeistert sie sich für Promotions und nimmt das Serviceangebot des Payback Call Centers gerne in Anspruch. Susanne B. wäre somit in einem bestimmten Segment, etwa der „Vielkäufer aus jungen Familien", zu finden. Dieses kennzeichnet sich durch hohes Preisbewusstsein und Markentreue und gibt mit Payback mindestens 100 Euro pro Woche aus.

Dieses Wissen ist eine wertvolle Grundlage für die Marketingplanung. Der Grund ist naheliegend. Bei der Fokussierung beispielsweise auf das genannte Segment „Vielkäufer aus jungen Familien" werden folgende Ziele formuliert: 1. Verbessertes Preisleistungsverhältnis. 2. Entwicklung einer emotionalen Einbeziehung in das Programm. Daraus resultieren konkrete Marketing-Maßnahmen wie Cross Promotions, spezielle Kaufangebote oder hochwertige Prämien mit Zielgruppen-spezifischem Angebot. Die Programmvorteile werden von den Payback-Mitgliedern hochgeschätzt. Konkrete Auswertungen von Mailings belegen dies beispielhaft:

- Eine Response-Quote von 12 % erzielte z. B. eine Coupon-Beilage mit dem Hinweis „Sie waren noch nicht bei PAYBACK Partner A". Sie wurde an 260.000 potenzielle Kunden in der Punkteübersicht versendet.
- Eine Response-Quote von 15% erzielte ein Mailing an 10.000 Kunden mit 4-wöchiger Inaktivität.

Payback wird zum Katalysator für die Beziehung Marke/Handelsartikel/Dienstleistung und Konsument. Die Qualität des Programms wird durch beide Seiten gesteigert und immer auf hohem Niveau gehalten. Mit den Payback-Partnern werden stets neue, kundenorientierte Angebote als Kampagnen entwickelt und vermarktet. Über Anzeigen, Mailings, Informationen zum Punktestand, Email Newsletter, PoS-Kommunikation, SMS und anderes mehr, wird ein permanenter Kundendialog aufgebaut und in Gang gehalten. Damit wird eine neue Qualität erreicht: Die Produktwerbung der Erzeuger/Anbieter wird um eine pro-aktive Verkaufsförderung durch Payback ergänzt. Die klassischen Tugenden der Verkaufsförderung schaffen Interaktionsmöglichkeiten zwischen Konsumenten und Anbietern. Vernetzungsinstrument ist dabei kein klassisches oder neues Medium, sondern die Payback-Kundenkarte, die sich einen festen Platz im Portemonnaie der Konsumenten erobert hat. Dieser Erfolg fördert Nachahmer: Kundenkarten erfahren in jüngster Zeit einen Boom. Die Marketing, Service und Management GmbH (MSM) sieht Sättigungsgrenzen in Sicht. Konsumenten wollen nicht mehr als eine bis maximal drei Kundenkarten besitzen. Laut MSM hat sich Payback „als klarer Favorit durchgesetzt. 79 % der Befragten, die die Karte kennen, nutzen sie auch. Auf den hinteren Plätzen landen hingegen so renommierte Unternehmen wie Hagebau und Ikea."

Um ein Bonusprogramm erfolgreich zu etablieren, ist die marktführende Position unabdingbar. Und die Marktführerschaft konnte Payback nur erreichen, weil mehrere Faktoren zusammenkommen:

1. Payback ist unabhängig und nicht selbst Hersteller. Das schafft Vertrauen.

2. Loyalty Partner als die Betreiberfirma von Payback stellt einen ganz neuen Unternehmenstypus dar. Marketing-, Vertriebs- und IT-Wissen werden auf hohem Niveau gekoppelt und Dritten zur Verfügung gestellt.

3. Payback funktioniert brachenübergreifend, hat ein umfangreiches Partnerprogramm, das viele Wirtschafts- und Lebensbereiche übergreifend abdeckt (u. a. Mineralöl, Lebensmittel, Drogeriemarkt, Baumarkt).

4. Payback ist kein ausschließliches Rabatt- sondern ein Bonusprogramm. Der Vorteil für den Kunden besteht nicht nur aus einer Basis-Incentivierung bei den Partnern, sondern zusätzlich in exklusiven Angeboten.

5. Last but not least: Payback bietet mehrere Möglichkeiten, die gesammelten Punkte einzulösen, von Bargeld über Prämie bis zur Umwandlung in Lufthansa-Meilen. Sogar ein soziales Engagement ist möglich mit einer Spende der Punkte an UNICEF.

5 Maßgabe für den dauerhaften Geschäftserfolg: Kunden nachhaltig zufrieden stellen

Mit Hilfe eines kundenfreundlichen Bonusprogramms wie Payback wird somit ein aktives, dauerhaftes Kundenbindungs-System aufgebaut. Es ist möglich, Verbraucher in ihrer Gesamtheit anzusprechen, mit kleinen wie mit großen Umsatzpotenzialen. Payback gleicht die Kaufansprache den Kunden an und fasst Kaufangebote gemäß ihren persönlichen Bedürfnissen zusammen. Das Bonusprogramm ist dynamisch ausgelegt: Es passt sich den im Laufe der Zeit wandelnden Kundenbedürfnissen an. Die Wertschöpfung durch ein Bonusprogramm wie Payback finanziert sich von selbst bei gleichzeitiger Umsatzsteigerung. Payback kann alle Kriterien, die notwendig sind, um das Kundenmanagement erfolgreich zu gestalten, sinnvoll unterstützen:

Akquisition:	Die richtigen Kunden gewinnen und aktivieren
Konsolidierung:	Kennenlernen/Einschätzen der Kundenwünsche
Entwicklung:	Up-Selling/Cross-Selling zur Steigerung des Kundenwerts
Kundenbindung:	Ausbau und Pflege der Kundenbeziehung, die auf Vertrauen und gegenseitiger Wertschätzung beruht
Zurückgewinnung:	Ehemalige Kunden und temporäre Nicht-Käufer erreichen
Belohnung:	Sonderpunkte, Direktrabatte und Aktionen bringen den Payback Mitgliedern kontinuierlich zusätzliche Vorteile

An dieser Stelle wird deutlich: Kundenbeziehungen kann man dann erfolgreich managen, wenn man kreativ-professionell mit den richtigen Instrumentarien arbeitet. Diese dürfen nicht nur aus Soft- und Hardware bestehen, sondern vor allem aus Brainware – Ideen und Einfallsreichtum von Menschen für Menschen. Nur so kann man Kunden in ihrem Konsumverhalten belohnen und dauerhaft zufrieden stellen.

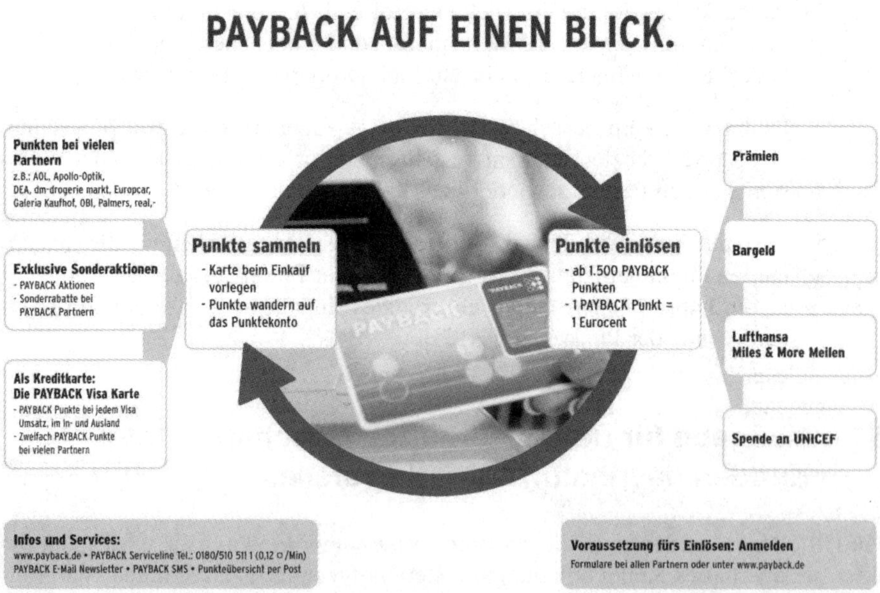

Abb. 6. Payback auf einen Blick

Category Management und Kundenorientierung

Heribert Gathof[1] *und Ivo Reuter*[2]

[1] ECKES Granini GmbH & Co. KG, Niederolm

[2] Maggi GmbH, Frankfurt am Main

1 ECKES granini Deutschland

ECKES granini (EG) Deutschland ist die nationale Organisation der EG-International, dem europäischen Marktführer für fruchthaltige Getränke. Die Ursprünge von ECKES granini liegen im Familienunternehmen ECKES, dessen Herkunft und Angebotsschwerpunkt die Spirituose war. Heute vermarktet die ECKES AG – weiterhin im Besitz der Familie Eckes – durch zwei rechtlich selbstständige Divisions Spirituosen und fruchthaltige Getränke in Zentral- und Mitteleuropa. Die wichtigsten Marken sind Mariacron, Chantré, Stock Brandy, Echter Nordhäuser in der Spirituosen-Division und hohes C, granini und zahlreiche regionale Fruchtsaftmarken wie z. B. JOKER und REA in Frankreich, SIO in Ungarn oder MARLI in Finnland in der Division fruchthaltige Getränke. Die ECKES AG vereint einen Umsatz im Jahr 2002 von 1,3 Mrd. Euro und beschäftigt 2500 Mitarbeiter.

ECKES granini Deutschland (EGD) hat mit hohes C (eingeführt als erster trinkfertiger Orangensaft im Jahre 1958) und granini Trinkgenuss (eingeführt 1964 durch Heinz Schürmann in Bielefeld) zwei Markenartikelklassiker im Portfolio. Der Umsatz im Jahr 2002 betrug 230 Mio. Euro, es sind 550 Mitarbeiter beschäftigt. Pro Tag werden in Deutschland ca. 1 Mio. Liter Säfte, Nektare, Saftgetränke und Fruchtschorlen, hergestellt und distribuiert von EGD, konsumiert. Der wertmäßige Anteil am Markt der fruchthaltigen Getränke liegt bei 15 %. EGD distribuiert sein Angebot in allen Kanälen des Lebensmittelhandels und ist auch führender Anbieter im Außer-Haus-Konsum.

2 EGD-Leitidee und Ziele

Für EGD ist Category Management ein Ausdruck der Kundenorientierung der Company. Die EGD-Leitidee, jedem Mitarbeiter bekannt, setzt Richtung, Selbstverständnis und Werte fest für die Begriffsfelder Geschäft und Menschen (Abb. 1.) Darin ist das gewollte Verhalten im Hinblick auf Kunden bildhaft beschrieben: „Der Geschäftserfolg von EGD misst sich daran, dass wir für unsere Verwender

1. Geschäft

Wir wollen unseren Kapitalgebern eine angemessene Verzinsung ihres eingesetzten Geldes solide und verlässlich geben. Darüber hinaus wollen wir den Wert des Unternehmens erhöhen, die Image-Werte „Kundenorientierung", „Erfolg in Markenführung und Produktneueinführung" und „rentables Unternehmen" stärken.

Dazu vereinbaren wir im ECKES-Verbund Durchbruchziele und verpflichten uns, diese Ziele mit allen uns gebotenen heutigen und zukünftigen Mitteln zu erreichen.

Der Geschäftserfolg von EGD misst sich daran, dass wir für unsere Verwender und die Handelspartner „Mehr-Wert" durch attraktive Marken, Konzepte und Ideen anbieten und dafür „Mehr-Erlöse" als Rückfluss erhalten. Dieses Ziel wird von allen Mitarbeitern, an jedem Arbeitsplatz umgesetzt. Wir tauschen unsere Marken und Angebote gegen Geld des Kunden.

2. Menschen

Die Menschen der EGD gestalten die Zukunft aktiv. Unternehmerisches Denken und Handeln bestimmt das Tun. Wir wollen nicht Verwalter von Produktionsmitteln und Sortimenten sein.

Die Organisation setzt Rahmenbedingungen durch eine Aufbau- und Prozessorganisation sowie die Auswahl und den Einsatz der Mitarbeiter. Die Mitarbeiter haben ein attraktives Aufgabengebiet, mit dem sie aktiv ihr Können ausbauen. Teamarbeit und Prozessdenken sind Wege zur Erschließung des Leistungspotenzials der Organisation.

Die Menschen bei EGD gehören zu den Besten der Branche und arbeiten mit Freude, Begeisterung und hohem Engagement an ihren Aufgaben. Die Kultur ist geprägt von freundschaftlichem Umgang, gesundem Ehrgeiz, offenem Aufeinander-Zugehen, konstruktiver Kritik, Veränderungswillen und mutigen Entscheidungen. Es gibt die Bereitschaft, Misserfolge als Ansporn zu sehen und Erfolge zu feiern und zu würdigen.

Abb. 1. Leitidee der ECKES granini Deutschland GmbH

und die Handelspartner ‚Mehr-Wert' durch attraktive Marken, Konzepte und Ideen anbieten und dafür ‚Mehr-Erlöse' als Rückfluss erhalten. Dieses Ziel wird von allen Mitarbeitern an jedem Arbeitsplatz umgesetzt. Wir tauschen unsere Marken und Angebote gegen Geld des Kunden."

Kundenorientierung wird im Verhalten jedes Mitarbeiters erwartet, ist somit konkretisiert als Ziel und wird gelebt im täglichen Miteinander der arbeitsteiligen Aufgaben. Durch eine projekt- und prozessorientierte Organisation sind die Mitarbeiter über die Aufgaben funktionsübergreifend vernetzt, Informationen fließen damit an die Stelle der Problemauseinandersetzung. Somit sind wichtige Voraussetzungen geschaffen, um prinzipiell das Thema Kunde in den Problemlösungen im Fokus zu halten.

Die Herausforderungen im täglichen Kampf um die Gunst der Kunden benötigen darüber hinaus Spezialisten und Instrumente zur Optimierung des laufenden Geschäftes, des Aktionsverhaltens und der Platzierung von neuen Produkten. EGD hat dieses Know-how über mittlerweile zwei Jahrzehnte aufgebaut. Die Verantwortlichen bei EGD für das Category Management bearbeiten Spannungsfelder wie: zunehmende Konzentration im Handel, ausufernde Sortimente in den Categories, Konzeptionsvorschläge für den Handel, Wirksamkeit von Promotions.

Was historisch mit Regaloptimierungsansätzen und -programmen begann, ist heute eine umfassende Beratung des Kunden, gestützt auf Analysen und Tests, vorbereitet und umgesetzt zur professionellen Aussteuerung einer Warenkategorie. Im Folgenden zeigen wir den derzeitigen Stand von Category Management bei ECKES granini Deutschland auf.

3 Das Category Management-Verständnis bei ECKES granini Deutschland

Bis zum Jahr 2001 wurden alle Vertriebsaufgaben zentral innerhalb der ECKES AG abgewickelt. Hierunter fiel auch das Thema Category Management. Category Management und seine Vorläufer haben bei der ECKES AG bereits eine lange Tradition. Schon Ende der 80er Jahre begann man, mit Regaloptimierungen vertriebliche Belange zu unterstützen und die Handelspartner auf Defizite bei der Platzierung von Ware im Regal hinzuweisen. Defizite hinsichtlich Sortiment, Vermarktung und Preis wurden zu dieser Zeit nicht oder nur geringfügig berücksichtigt.

Aufgrund immer stärker ausufernder Sortimente und der ständig steigenden Zahl von Neueinführungen rückten Anfang der 90-er Jahre zunehmend Fragen hinsichtlich Sortiments- und Preisgestaltung in den Vordergrund. Zu dieser Zeit begann man auch bei der ECKES AG unter Zuhilfenahme von DPR-Ansätzen (DPR = Direkte Produkt-Rentabilität), erste Sortimentsoptimierungen zu realisieren.

Basierend auf dem allgemeingültig anerkannten 8-Schritte-Prozess von ECR Europe definierte die ECKES AG Mitte und Ende der 90-er Jahre pragmatische Ansätze zur Umsetzung von Category Management im Rahmen von Efficient Assortment-Projekten. Category Management-Projekte mit vielen namhaften Handelsunternehmen, wie z.B. Metro, Wal*Mart und Tengelmann, dokumentieren die Category Management-Kompetenz von ECKES. Zur Selbstverständlichkeit in der Umsetzung von Category Management gehörte von Anfang an die Unabhängigkeit bei der Beratung der Handelspartner. Vertriebliche Belange und Category Management wurden stets streng voneinander getrennt gehandhabt.

Als sich die ECKES AG im Jahr 2001 entschloss, alle vertrieblichen Funktionen in die beiden operativen deutschen Gesellschaften ECKES Spirituosen und Wein GmbH und ECKES granini Deutschland GmbH zu integrieren, war davon auch der Bereich Category Management betroffen. Die Sparte für alkoholische Getränke integrierte Category Management weiterhin im Vertrieb. ECKES granini Deutschland hingegen entschied sich, Category Management organisatorisch im Marketing anzusiedeln. Bei der Implementierung von Category Management-Ansätzen in ihrer Organisation konnte die ECKES granini Deutschland GmbH auf die umfangreichen Erfahrungen der ECKES AG zurückgreifen.

Wichtigste Basis für die Integration von Category Management bei ECKES granini Deutschland war das Erarbeiten eines Category Management-Konzeptes auf der Basis der bestehenden Unternehmens-Leitidee – wie oben dargelegt – und der langfristigen Unternehmensziele. Category Management wird dabei nicht funktional, sondern als gelebte Kundenorientierung verstanden, wobei als Kunden sowohl der Endverbraucher als auch die Handelspartner gesehen werden. Deutlich wird das im fest geschriebenen Selbstverständnis zu Category Management (Abb. 2).

ECKES granini
DEUTSCHLAND GMBH

Das Selbstverständnis der ECKES granini Deutschland GmbH zu Category Management

Die ECKES granini Deutschland GmbH versteht Category Management als notwendiges Mittel zur kundenorientierten Bereitstellung von Warengruppen-Know-how im Bereich der fruchthaltigen Getränke und damit als Mittel zur Erzielung von strategischen und operativen Wettbewerbsvorteilen. Sie sieht sich dabei als Category Leader in der genannten Warengruppe.

Die ECKES granini Deutschland GmbH ist kompetenter Ansprechpartner und Dienstleister zu allen Fragen bei der Festlegung und Realisierung:

- effizienter Sortimente und Platzierungen,
- effizienter promotionaler Aktivitäten und
- effizienter Einführung neuer Produkte.

Die ECKES granini Deutschland GmbH bekennt sich dabei klar und eindeutig zur Integration des Category Management-Gedankens in allen Bereichen des Unternehmens und zur Notwendigkeit des Aufbaus und der Weiterentwicklung internen Category Management-Know-hows.

Abb. 2. Selbstverständnis der ECKES granini Deutschland GmbH zu Category Management

Von zentraler Bedeutung innerhalb des Selbstverständnisses ist, dass neben dem generellen Grundverständnis zu Category Management sowohl die externe als auch die interne Ausrichtung auf die Erfordernisse von Category Management betont wird. ECKES granini Deutschland hat Category Management zu keiner Zeit als bloßen „Good will" für den Handel verstanden, sondern vielmehr als einen Management-Ansatz zur konsequenten Umsetzung von Kunden- und Verbraucherorientierung. Um diesen Anspruch zu erfüllen, bedarf es des Aufbaus von internem Know-how in allen Bereichen des Unternehmens. Das Wissen über das Denken und Verhalten von Verbrauchern wird somit zum zentralen Anliegen der Unternehmenspolitik von ECKES granini Deutschland.

Aufbauend auf dem allgemeinen Grundverständnis zu Category Management werden die Ziele, Strategien und Maßnahmen mit Hilfe von drei zentralen Elementen im Category Management-Konzept umgesetzt. Bei diesen Instrumenten handelt es sich um:

- die Projekttypenstruktur,
- das Category Management-Stufenmodell sowie
- den 5-Schritte-Prozess.

In der **Projekttypenstruktur** werden die Schwerpunkte nach unternehmenspolitischen Zielen sowie nach internen und externen Zielgruppen festgelegt. Auf der Ebene „Basis-Know-how" werden alle Aktivitäten fixiert, die intern zur Festigung der Category Management-Kompetenz beitragen und extern diese Kompetenz klar im Markt kommunizieren. Diese Ebene richtet sich somit an alle Mitarbeiter bei ECKES granini Deutschland GmbH sowie alle Marktpartner. Studien über das Denken und Verhalten von Verbrauchern, Schulungskonzepte zu Category Management sowie die Kommunikation der Category Management-Kompetenz gegenüber den Handelspartnern und Fachmedien stehen im Zentrum der Planung der Schwerpunkte dieser Stufe.

Auf der zweiten Ebene, die die Bezeichnung Grundlagenprojekte trägt, erfolgt eine gezielte Ausrichtung auf die Themenkomplexe Efficient Assortment, Efficient Product Introduction sowie Efficient Promotion. Zur internen Zielgruppe zählen alle Mitarbeiter der von den Themenkomplexen unmittelbar betroffenen Abteilungen, vor allem jedoch Außendienst, Key Account Management und Marketing. Extern finden die Ergebnisse der Projekte dieser Ebene Eingang in die Zusammenarbeit mit den Marktpartnern.

Die dritte Ebene trägt die Bezeichnung Kooperationsprojekte. Hier geht es darum, die in den beiden ersten Ebenen gewonnen Erkenntnisse im Rahmen der Zusammenarbeit mit den Handelspartnern einzusetzen. Intern ist somit das Key Account Management Hauptzielgruppe dieser Ebene. Extern wird mit ausgewählten Handelspartnern gezielt zusammengearbeitet. Die Schwerpunktfestlegung orientiert sich dabei maßgeblich an den festgestellten Potenzialen der einzelnen Handelspartner. Die drei Ebenen der Projekttypenstruktur werden in Abb. 3 deutlich.

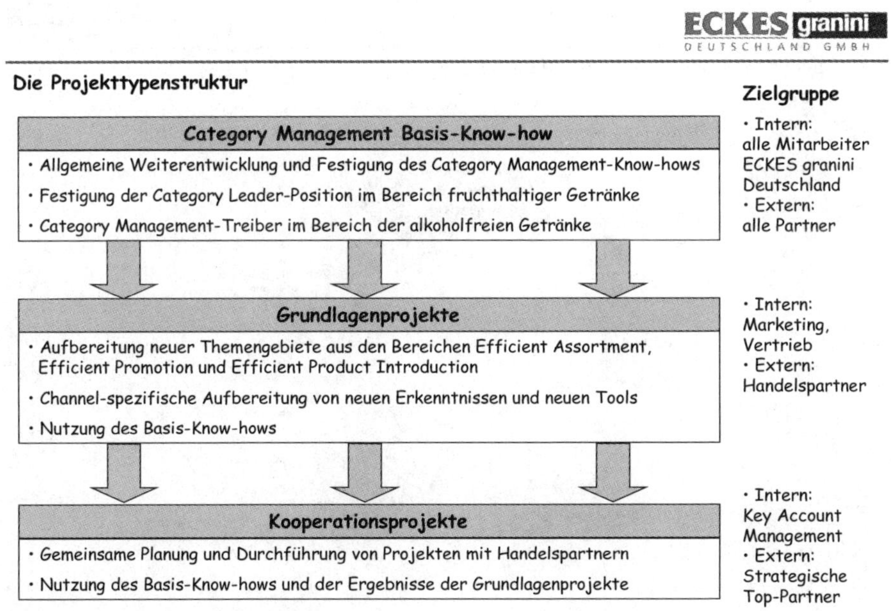

Abb. 3. Die Projekttypenstruktur

Gerade für die Schwerpunktfestlegung im Rahmen der Zusammenarbeit mit den Handelspartnern galt es, ein Instrument zu finden, welches sich maßgeblich an den festgestellten Potenzialen orientiert. Dieses Instrument ist unter der Bezeichnung **Category Management-Stufenmodell** im Category Management-Konzept von ECKES granini Deutschland GmbH zu finden. Basis für die Nutzung des Modells sind Daten aus dem Haushaltspanel der Gesellschaft für Konsumforschung (GfK) in Nürnberg sowie die Einschätzung der Key Accounter und Category Manager zu den Handelspartnern.

Die Haushaltspaneldaten des Catman Browsers der GfK (oder alternativ des Trade Planners von AC Nielsen) geben Auskunft über die Umsatzpotenziale der einzelnen Handelspartner sowie die Ausschöpfung dieser Potenziale. Handelspartner mit einem hohen Umsatzpotenzial und einer unzureichenden Ausschöpfung dieses Potenzials bekommen eine besonders hohe Priorität bei der Unterstützung mit Category Management-Know-how.

Key Account Management und Category Management beurteilen außerdem gemeinsam den Entwicklungsstand von Category Management beim Handelspartner. Handelsunternehmen mit wenig oder gar keiner Erfahrung im Bereich Category Management erfordern eine wesentlich intensivere Betreuung während der Category Management-Projekte als Handelspartner bei denen Category Management zur gelebten Praxis gehört. Die Umsetzungsqualität und -quantität steigt mit zunehmender Category Management-Erfahrung. Ziel muss es daher auf beiden Seiten sein, Category Management zu einem festen Bestandteil der Unterneh-

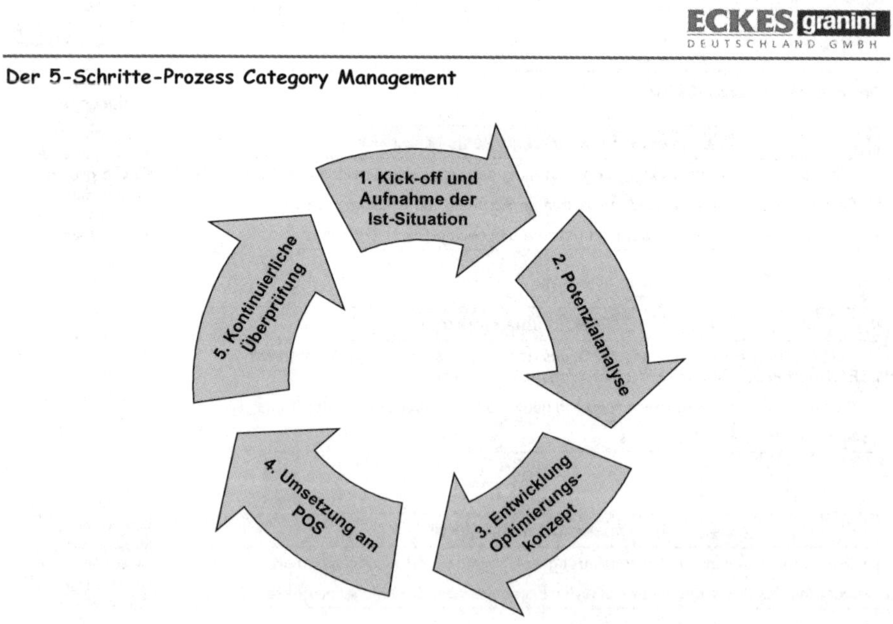

Abb. 4. 5-Schritte-Prozess Category Management

menspolitik zu machen. Sieht man Category Management auch unter Kostengesichtspunkten, so ist gerade die Notwendigkeit der Betrachtung der Dimension Category Management-Erfahrung sehr wichtig.

Drittes Instrument im Rahmen von Category Management und damit fester Bestandteil des Category Management-Konzeptes ist der 5-Schritte-Prozess. Abb. 4 zeigt die Prozessschritte im Überblick.

Hierbei handelt es sich um eine praxisnahe Abwandlung des allgemein anerkannten jedoch sehr komplexen 8-Schritte-Prozess von ECR Europe bzw. ECR D-A-CH und der CCG. Ziel der Abwandlung war mit Blick auf den Handel (externe Sicht), eine allgemeingültige und leicht verständliche Basis für die Durchführung von Category Management-Projekten zu schaffen und gleichzeitig den Prozessgedanken als Ziel für die kontinuierliche Zusammenarbeit mit den Handelspartnern deutlich hervorzuheben und vor allem die Aspekte des notwendigen Datenaustausches und der Umsetzung zu berücksichtigen.

Im Zuge der Definition des Category Management-Konzeptes wurde gerade auch der 5-Schritte-Prozess nochmals überarbeitet, um mit Blick auf die eigene Organisation (interne Sicht) klare Spielregeln für alle am Category Management beteiligten Personen und Abteilungen zu schaffen. Mit Hilfe der definierten Inhalte ist nunmehr jedem bei ECKES granini Deutschland klar, unter welchen Voraussetzungen ein Category Management-Projekt vorstellbar und durchführbar ist. Die gesamte Organisation von ECKES granini Deutschland spricht dabei dieselbe Sprache.

4 Die Umsetzung von Category Management bei ECKES granini Deutschland

Category Management ist bei ECKES granini Deutschland organisatorisch im Bereich Marketing angesiedelt. Auf die Frage, wo Category Management am sinnvollsten einzuordnen ist, gibt es wohl keine eindeutige Antwort. Das hängt in erster Linie von den jeweiligen Unternehmenszielsetzungen ab. Die Nähe zum Marketing erlaubt insbesondere mit Blick auf Innovationen und neue Produkte den gezielten Transfer von Wissen über die Vertriebskanäle und Key Accounts. Genau hierin wurde bei ECKES granini Deutschland der notwendige Schwerpunkt gesehen. Das Key Account Management hatte bereits über Jahre gelernt, mit dem Thema Category Management professionell umzugehen.

Innerhalb der Marketingorganisation von ECKES granini Deutschland gab es vor der Neuorganisation zwei Markenteams für die strategischen Kernmarken sowie den Bereich New Business. Im Rahmen der Vertriebsintegration wurde ein drittes Team für die Bereiche Trade Marketing und Category Management geschaffen. Betrachtet man das Aufgabenfeld von Category Management vor diesem Hintergrund, so sind vier Hauptaktionsfelder bei der Definition der Ziele und Aufgaben sowie bei der operativen Umsetzung festzustellen.

Diese sind in Abb. 5 dargestellt.

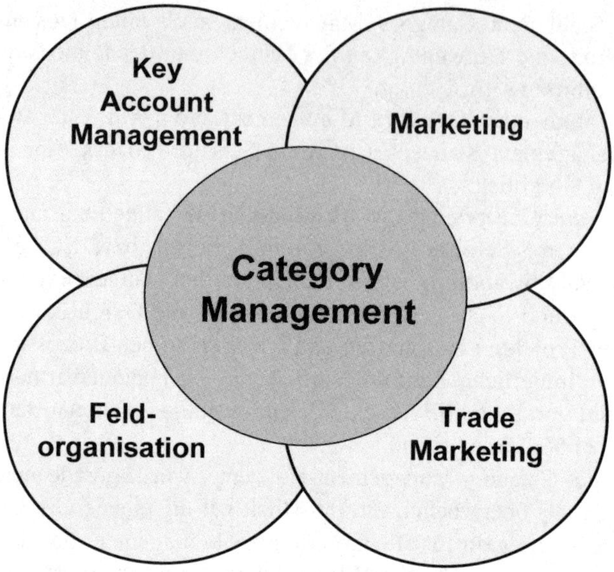

Abb. 5. Die Hauptaktionsfelder von Category Management im Unternehmen

Im Zusammenspiel mit den vier Bereichen Key Account Management, Feldorganisation, Marketing und Trade Marketing wurden die Ziele der Zusammenarbeit definiert und daraus die Anforderungen an das Category Management abgeleitet. Diese Abstimmung ist vor dem bereits erwähnten Hintergrund zu sehen, dass für ECKES granini Deutschland Category Management Treiber für eine umfassende Verbraucherorientierung in der Organisation ist.

Für alle Bereiche gleichermaßen von Bedeutung ist die umfassende Kenntnis über das Verbraucherverhalten. Im Zuge dessen wurde eine umfassende Studie zur Ableitung der Warengruppenstruktur und des Kaufentscheidungsbaumes durchgeführt. In Hamburg, Leipzig und München wurden je zwei Gruppendiskussionen durchgeführt, die eine erste Klarheit über das Denken und Verhalten im Bereich Getränke und insbesondere im Bereich fruchthaltige Getränke brachten. Dabei wurden u. a. auch Fragestellungen beantwortet, die sich aufgrund von aktuellen Trends und Entwicklungen stellten. Beispielsweise war die Frage zu beantworten, wo der Verbraucher Schorlegetränke einordnet und demzufolge beim Kauf im Geschäft sucht.

Eine ebenso wichtige Frage konnte aus der gewonnenen Warengruppenstruktur heraus beantwortet werden. Entscheidend für die richtige Platzierung im Regal und die Festlegung des erforderlichen, verbraucherorientierten Sortimentes war die Ermittlung des Customer Decision Tree (CDT) oder auch Kaufentscheidungsbaumes. Die Diskussionsrunden zeigten sehr klar, dass erstes Entscheidungskriterium für den Verbraucher beim Kauf fruchthaltiger Getränke der Verwendungsanlass und daraus abgeleitet die Gebindeart und -größe ist. Dementsprechend kann

ECKES granini für den Verbraucher einfach und leicht zu überschauende Platzierungen erarbeiten. Differenziert betrachtet werden die Segmente Glas, Tetrapackungen Normalgröße, Vorrats- und Großpackungen, Kleingebinde sowie das Spezialsegment der Wellness- und Gesundheitsgetränke, welches eine absolut eigenständige Zielgruppe bedient.

Bei der Definition des Anforderungsprofils an Category Management wurde die Notwendigkeit deutlich, aktuelle Daten und Information über Kaufverhalten und daraus abzuleitende Potenziale für die einzelnen Key Accounts bereitzustellen. Zu diesem Zweck wurde innerhalb von ECKES granini Deutschland sowohl im Key Account Management als auch im Marketing das auf Haushaltspaneldaten basierende Tool Catman Browser eingeführt. Mit Hilfe dieses Tools ist es dem Key Account Manager nunmehr möglich, sich die Potenziale für einzelne Segmente, Marken und Produkte bei seinen zu betreuenden Kunden anzuschauen und daraus abgeleitet in Zusammenarbeit mit dem Marketing, dem Trade Marketing und der Feldorganisation Maßnahmen zur Realisierung dieser Potenziale festzulegen. Abb. 6 zeigt ein Beispiel für eine solche Potenzialanalyse.

ECKES granini
DEUTSCHLAND GMBH

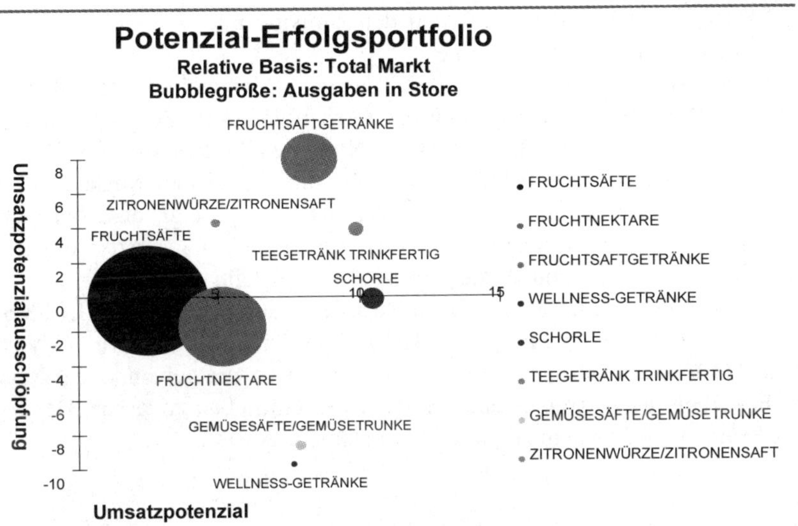

Abb. 6. Potenzial-Erfolgsportfolio, Quelle: Catman Browser, GfK

Gemessen am Gesamtmarkt hat der untersuchte Händler ein überdurchschnittliches Potenzial in allen Segmenten der Warengruppe. Die Ausschöpfung dieser Potenziale ist jedoch stark unterschiedlich. Insbesondere der Spezialbereich der Wellness-Getränke und Gemüsesäfte wird nur unzureichend abgeschöpft. Der Händler hat in diesem Bereich die richtigen Käufer in seinen Geschäften. Diese kaufen jedoch ihre Produkt schlussendlich woanders. Ein Grund hierfür könnten z.B. Defizite im Sortiment sein. Auch der Trendbereich Schorle wird nur durchschnittlich bei stark überproportionalem Potenzial ausgeschöpft. Wenn man das Wachstum in diesem Bereich in den letzten Jahren berücksichtigt, ist hier ebenfalls erhöhter Handlungsbedarf festzustellen. Die Größe der Kreise gibt einen Hinweis für die heutige Umsatzbedeutung bei dem Händler.

Aus Sicht des Marketings lässt der Catman Browser beispielsweise Analysen zu, aus den sich ableiten lässt, mit welchen Segmenten, Marken und sogar Einzelprodukten die vorhandenen Potenziale bei verschiedenen Vertriebstypen (z.B. SB-Warenhaus, Verbrauchermarkt, Discount usw.) und Vertriebsschienen (z.B. real,-, Wal*Mart, Toom, Globus, Marktkauf usw.) wie gut ausgeschöpft werden. Daraus lassen sich Vertriebskanalstrategien sowie ganz gezielte Maßnahmen mit Blick auf Potenzialkunden ableiten.

Eine wesentliche Aufgabe des Category Managers bei ECKES granini Deutschland besteht darin, die betroffenen Mitarbeiter im Key Account Management und Marketing für die Nutzung des Catman Browsers zu schulen. Im Rahmen der Schulungstermine wurden den Mitarbeitern vom Category Management entwickelte Standardanalysen an die Hand gegeben. Diese Analysen ermöglichen es, auf einfache Weise Potenzialanalysen sowohl aus Sicht des Vertriebes als auch aus Marketingsicht zu erstellen und den Umgang mit dem Catman Browser auf einfache Art und Weise zu erlernen.

ECKES granini Deutschland versteht Category Management vor allem als Hilfe zur Selbsthilfe bei der Umsetzung der Kernaufgaben in Vertrieb und Marketing. Notwendige Voraussetzung dafür ist die Nutzung aller technischen Möglichkeiten. Analyse-Tools müssen offline nutzbar sein, um sie beispielsweise auch live beim Kunden einsetzen zu können. Erfahrungen haben gezeigt, dass bei technischen Unzulänglichkeiten Systeme nicht oder nur zögerlich genutzt werden und das notwendige Vertrauen nicht oder nur langsam entsteht.

Außerdem wird an den gezeigten Beispielen deutlich, dass für ECKES granini Deutschland das Hauptaugenmerk darauf liegt, allen Mitarbeitern das Verständnis über den Verbraucher näher zu bringen. Ziel ist es, die gewonnenen Erkenntnisse in die Arbeit der entsprechenden Abteilungen einfließen zu lassen. Das Verstehen des Kunden wird so zum zentralen Management-Ansatz.

5 Der Nutzen von Category Management aus der Sicht von ECKES granini Deutschland

Will man eine Nutzenbetrachtung vornehmen, so fällt eine klare und eindeutige Zuordnung von Ursache und Wirkung schwer. In der Fachliteratur sind immer wieder solche Quantifizierungsversuche unternommen worden. Da es das oberste Ziel von ECKES granini Deutschland mit Blick auf Category Management war und ist, Verbraucherverständnis in der Organisation und bei den Handelspartnern zu erzeugen, soll im Rahmen der Nutzenbetrachtung dieser Aspekt im Vordergrund stehen.

Mit Blick auf die Endverbraucher ist es in zahlreichen Category Management-Projekten gemeinsam mit den Handelspartnern gelungen, verbraucherorientierte Sortimente, Platzierungen, Vermarktungsstrategien und Preiskonzepte zu erarbeiten und umzusetzen. Wenn es auf diesem Wege gelingt, dem Verbraucher zum Zeitpunkt der Nachfrage am POS das richtige Angebot in der richtigen Menge zum richtigen Preis anzubieten und die Nachfrage in einen Kaufakt umzuwandeln, kann von einer echten WIN-WIN-WIN-Situation gesprochen werden. Der Verbraucher sieht sein Bedürfnis befriedigt, der Handel macht entsprechenden Umsatz und wenn der Verbraucher dabei zu hohes C, granini oder Fruchttiger greift, hat auch ECKES granini Deutschland unmittelbar etwas davon.

Neben dieser reinen Betrachtung des Kaufaktes ist es aber mit Blick auf den Handelspartner wichtig, weitere Aspekte in die Nutzenbetrachtung einzubeziehen. ECKES granini Deutschland hat immer wieder die Erfahrung gemacht, dass ein gemeinsames Verständnis zwischen Industrie und Handel zu den betreffenden Warengruppen und zum Verbraucherverhalten die Geschäftsbeziehung zwischen beiden Seiten auf eine neue Basis stellt. Der Handelspartner profitiert so unmittelbar vom Warengruppen-Know-how, dass bei ECKES granini Deutschland vorhanden ist. Von zentraler Bedeutung ist dabei immer die objektive Umsetzung von Category Management gewesen.

Auch der Nutzen für ECKES granini Deutschland geht weit über rein quantitative Aspekte hinaus. In allen Bereichen des Unternehmens ist es gelungen den Verbraucher in den Mittelpunkt des Tuns zu stellen. Die Kernbereiche des Unternehmens arbeiten auf der Basis der gleichen Analysen, Zahlen, Daten und Fakten. Die Festlegung von Zielen, Strategien und Maßnahmen wird damit wesentlich vereinfacht.

6 Zusammenfassung

Die Ausführungen zeigen auf, dass eine operative Geschäftseinheit des Zuschnittes von ECKES granini Deutschland den Kunden (Handelspartner und Verwender) in den Mittelpunkt des Handelns stellt. Dabei spielen die Instrumente des Category Managements eine wichtige Rolle. Die Zweckerfüllung kann aber nur durch die handelnden Menschen, sprich die Verantwortlichen auf allen Aufgabenebenen erreicht werden. Gute Vorsätze und topaktuelle Instrumente allein helfen wenig.

Festzulegen und zu definieren sind Anspruch und Zielsetzung. Es werden Anlaufphasen für Versuch und Korrektur benötigt. Mit beherzten Menschen und zunehmend positiven Erfahrungen fängt der kundenorientierte Ansatz langsam an zu greifen. Daraus erwächst eine Verhaltensänderung der Organisation, die von der Uralt-Mentalität „Mengen in die Märkte drücken“ zu einem auf Kundenbelange und Absatzchancen ausgerichteten Planen und Umsetzen der Aktivitäten führt.

Der Weg der EGD ist eine von vielen Möglichkeiten, das Thema „Steuerung vom Kunden her“ in den Mittelpunkt des Tuns zu stellen. Einen Königsweg gibt es wohl nicht, es ist ein fortwährender Lernprozess. Je besser es gelingt, die Veränderungsgeschwindigkeiten von Außen mit dem Veränderungswillen und den daraus resultierenden Taten Innen in Einklang zu bringen, desto höher die Vermarktungsqualität und letztendlich der Erfolg. EGD hat mit der Verankerung und dem Ausleben seiner Leitidee, mit dem Verantwortlichmachen gut ausgebildeter, stark untereinander vernetzter Mitarbeiter und der Ausstattung mit zeitgemäßen Instrumenten sehr gute Fortschritte erzielen können.

Mystery Research: Wegweiser für das kundenorientierte Unternehmen

Nicole Pergandé und Maik Stücken

TNS Emnid, Bielefeld

1 Kundenbindungsstudien und Mystery Research: Alternative oder Ergänzung?

Servicewüste Deutschland – dieses Schlagwort ist häufig in der Presse zu lesen und fast jeder hat schon einmal selbst ein Geschäft verärgert verlassen, weil die Beratung nicht den eigenen Erwartungen entsprach. Häufig wird dabei der Ärger heruntergeschluckt, statt den Unmut gegenüber dem Verkaufspersonal zu äußern. Im schlimmsten Fall reagiert der Kunde zukünftig mit einem Anbieterwechsel und ist verloren. Wie soll sich das Verkaufs- und Beratungspersonal ohne konstruktive Anregungen und Kritik weiterentwickeln, um beim nächsten Mal anders zu reagieren? Schulungsmaßnahmen helfen manchmal, aber wird das Gelernte in der Praxis unter realen Bedingungen auch umgesetzt? Mystery Research liefert Antworten auf Fragen, die mittels klassischer Kundenzufriedenheitsbefragungen unbeantwortet bleiben.

Nicht nur die Qualität der Produktionsprozesse und Produkte an sich, sondern auch vor allem die Qualität der Dienstleistungen im direkten Kundenkontakt gewinnt bei immer geringer werdenden Möglichkeiten der Produktdifferenzierung zunehmend an Bedeutung. Viele Untersuchungen belegen inzwischen, dass im direkten Kontakt mit dem Kunden, sei es in der Filiale, im Außendienst, im Call Center oder auf Messen, der Eindruck des Kunden vom gesamten Unternehmen maßgeblich geprägt wird. Und dieser Eindruck ist mitentscheidend für Kundenbindung bzw. Commitment mit dem Unternehmen und die Kaufentscheidung. Gebundene Kunden geben mehr aus, sind profitabler, kaufen wieder und sind wichtige Multiplikatoren für die Neukundengewinnung. Es ist deutlich teurer, einen neuen Kunden zu gewinnen als bestehende Kunden zufrieden zu stellen und zu halten.

Die Marktforschung bietet auf der Basis zielgerichteter Fragen valide Antworten, um die subjektive Zufriedenheit bzw. das Commitment der Kunden und das Image des Unternehmens sowohl aus Kunden als auch aus Nicht-Kundensicht zu messen. Die Kundenzufriedenheit und weiterführend die Bindung der Kunden an ein Unternehmen werden jedoch nicht nur durch die Produktdarstellung und den Service an der Kundenschnittstelle geprägt, sondern sind im Wesentlichen auch von dem Image des Unternehmens mitbeeinflusst.

Ergebnisse von Kundenzufriedenheitsbefragungen basieren auf Kundenwahrnehmungen und liefern deshalb einen subjektiven Eindruck vom Unternehmen. Die objektive Performance der Dienstleistungsqualität eines Unternehmens kann deshalb nur verzerrt erfasst werden. In die subjektive Kundenzufriedenheit gehen nicht nur die aktuellen objektiven Leistungen eines Unternehmens ein, sondern unter anderem auch das längerfristig geprägte Image des Unternehmens und die Erwartungen an das Unternehmen. Diese Erwartungen wiederum ändern sich aufgrund von neuen Entwicklungen im Markt, in der Gesellschaft und aufgrund von Änderungen des Unternehmensimages. Kundenbefragungen können in diesem Zusammenhang schnell zu Fehlinterpretationen der Ergebnisse führen.

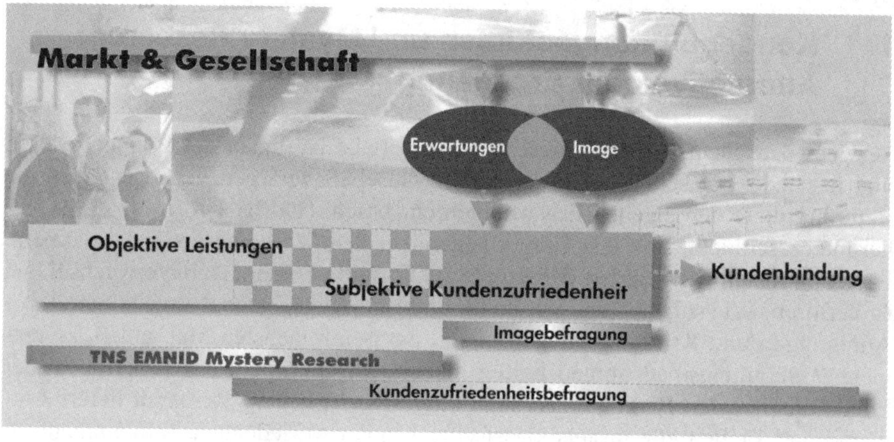

Abb. 1. Abgrenzung Kundenzufriedenheitsmessung und Mystery Research

Erfolgreiches Qualitätsmanagement setzt exakte objektive Informationen über die Qualität der eigenen Dienstleistungen voraus. Typische Fragestellungen lauten: Werden Ihre Produkte in Ihren Filialen oder von Vertriebspartnern ansprechend präsentiert? In welchem Umfeld sind die Produkte positioniert? Sind Ihre Mitarbeiter an der Kundenschnittstelle kompetent und werden die Produkte bzw. Dienstleitungen optimal kommuniziert? Wird ein aktiver Verkauf praktiziert? Erfolgt ein Cross Selling? Wird der Kunde freundlich angesprochen – werden bestimmte festgelegte Formulierungen auch verwendet? Wie wird auf Beschwerden, Reklamationen reagiert? Mystery Research beantwortet Fragestellungen, die sich mit der tatsächlich erbrachten Servicequalität und der Kundenorientierung am unmittelbaren Point of Sale befassen. Eine Erweiterung der Fragestellungen, die sich auf Beobachtungen der Produktpräsentation und des Services beziehen, ist um ein vielfaches möglich. Dementsprechend liefert Mystery Research neben den subjektiven Kundenzufriedenheitsbefragungen als komplementäres Instrument objektive Informationen, die im Abgleich von Zufriedenheit und Erfüllung wertvolle Hinweise für die Optimierung der Kundenschnittstelle ermöglichen.

2 Mystery Research – Ursprung der Methode

Den klassischen Kundenzufriedenheitsbefragungen steht ein relativ junger Forschungszweig gegenüber, der aus den USA kommt und im angelsächsischen Raum bereits stark verbreitet ist. Seit Ende der 80-er Jahre, Anfang der 90-er Jahre findet er auch in Deutschland zunehmende Beachtung: Die Testkundenuntersuchung oder „Mystery Research". Mystery Research ist ein Verfahren der verdeckten objektiven Messung der im Kundenkontakt erbrachten Servicequalität durch den Einsatz von anonymen, speziell geschulten Testern, die als normale Kunden „getarnt", fingierte Verkaufs- und Beratungsgespräche durchführen und dabei detailliert und objektiv die Einhaltung der Servicestandards sowie der Produktpräsentation am Point of Sale bzw. die Beratung und Verkaufsabwicklung im Telefon- oder Online-Kontakt beobachten und festhalten.

3 Mystery Research: Zielsetzungen und Einsatzmöglichkeiten

Mystery Research als Instrument zur Messung der kundenbezogenen Prozesse liefert Informationen für unterschiedliche Funktionseinheiten eines Unternehmens. Neben dem klassischen Einsatz im Personalbereich wird das Instrument zunehmend auch von dem Qualitätsmanagement, dem Controlling/der Revision, im Marketing und auch für den Vertrieb genutzt.

3.1 Mystery Research für die Personalentwicklung

Ein klassisches Einsatzgebiet ist, wie eingangs geschildert, der Personalbereich, der mittels Service Checks ein Instrument zur Steuerung der unterschiedlichen Phasen von Personalentwicklungs- bzw. Qualifizierungsmaßnahmen erhält. In Kombination mit einer Kundenbefragung werden im Vorfeld zunächst die für die Kundenbindung relevanten Kriterien an der Kundenschnittstelle ermittelt. Die Ergebnisse dienen als Grundlage für die Bestimmung des Bedeutungsgewichts der einzelnen Kriterien aus Kundensicht. Anhand von Mystery Research werden die Kriterien einer objektiven IST-Analyse unterzogen, um darauf aufbauend den Schulungsbedarf anhand von ermittelten Defiziten zu identifizieren bzw. anzupassen. Zudem lassen sich definierte Standards hinsichtlich ihrer Umsetzung im Kundenkontakt überprüfen. Dabei können z. B. Begrüßungsformeln, die Nennung von Produktvorteilen, die namentliche Ansprache des Kunden, die Verwendung von Namensschildern, die Einhaltung von Kleidungsvorschriften des Unternehmens und viele weitere definierte Standards fokussiert werden. Die Ergebnisse lassen sich in einen kontinuierlichen Optimierungsprozess integrieren, indem nach Schulungsdurchführung die Umsetzung in der Praxis anhand von Mystery Research erneut getestet wird.

Durch Mystery Research und darauf aufbauende Coaching-Maßnahmen erhalten die getesteten Mitarbeiter gezielte und konkrete Vorschläge, um ihr persönliches Kundenverhältnis zu verbessern und somit zu einem höheren Commitment beizutragen. Hieraus wird ersichtlich, dass ausdrücklich nicht der Kontrollgedanke im Vordergrund steht. Im Mittelpunkt einer Mystery Research-Untersuchung steht auch nicht, „gute" oder „schlechte" Mitarbeiter herauszufiltern, sondern guten und motivierten Mitarbeitern wertvolle Informationen aus objektiver Kundensicht zu vermitteln, mit deren Hilfe sich die getesteten Mitarbeiter weiterentwickeln können.

Die Motivation der Mitarbeiter ist somit ein zusätzlicher wichtiger Aspekt, der mit Mystery Research verfolgt werden kann. Dies kann in Form eines Wettbewerbs geschehen, bei dem die Filiale ein Incentive erhält, die bei den Testkunden-Untersuchungen die besten Ergebnisse erzielt. Dies trägt dazu bei, dass eine möglichst hohe Erfüllungsquote bei den untersuchten Kriterien angestrebt wird. Von einer hohen Erfüllungsquote profitieren schließlich die Kunden aber auch das Unternehmen selbst, das durch eine stärkere Kundenorientierung eine Steigerung der Kundenzufriedenheit und im weiteren Schritt die Bindung erhöhen kann, indem eine Differenzierung zum Wettbewerb erzielt wird.

3.2 Mystery Research für das Marketing

Für Marketing und Produktmanagement liefert eine Kombination aus Kundenzufriedenheitsbefragung und Mystery-Untersuchung die Basis für eine Kundenbedarfsentwicklung. Aus einem Abgleich der subjektiven Erwartungen bzw. der Wichtigkeit von Kriterien aus Sicht des Kunden und der objektiven Performance der Kundenschnittstelle können gezielt mittels einer geeigneten Darstellungsform (z. B. einer Handlungsrelevanzmatrix) gewünschte, aber noch nicht implementierte oder nicht optimal umgesetzte Dienstleistungen ermittelt werden. Aus den Ergebnissen lassen sich gegebenenfalls gezielt neue Dienstleistungskonzepte entwickeln. Darüber hinaus stehen dem Marketing valide Daten für kommunikative Maßnahmen zur Vermarktung der eigenen hohen Servicequalität zur Verfügung. Eine Konkurrenzanalyse kann in Bezug auf die Dienstleistungsqualität anderer Unternehmen oder deren Produktsortiment wertvolle Aufschlüsse über die Positionierungen der Unternehmen in einem Konkurrenzumfeld liefern und somit für eine Entscheidung neuer Dienstleistungsprodukte dienlich sein. Dies gilt im Besonderen für Produkteinführungen im Consumer-Bereich in neuen Märkten bzw. Ländern. Gegenstand der Untersuchung sind dann die Vertriebskanäle der Produktkategorie, Darbietungsformen, konkurrierende Marken, typische Vertriebsförderungs- oder Promotion-Aktionen am POS.

Ein Beispiel: Ein Obstanbieter möchte mit seinem Produkt erstmalig in den deutschen Markt und zunächst analysieren, in welcher Form Obstprodukte in deutschen Verbrauchermärkten dargeboten werden. Fragestellungen, die mittels Mystery Research beantwortet werden müssen, lauten: Welche Konkurrenzmarken/-produkte gibt es? Welche Verpackungen sind üblich? Welche Darbietungsformen bieten Konkurrenten? In welchem Umfeld findet die Positionierung am POS statt? Finden Verkaufsförderungsmaßnahmen von Konkurrenten statt? Dies sind einige typische Fragen, die sich im Vorfeld einer Markteinführung insbesondere in neuen Märkten stellen.

3.3 Mystery Research für den Vertrieb

Auch für den Bereich Vertrieb kann mittels einer Konkurrenzanalyse eine Beobachtung der Verkaufsförderungsmaßnahmen des Wettbewerbs vorgenommen werden, um Rückschlüsse für eigene Aktivitäten zu ziehen.

Darüber hinaus werden Mystery Research-Untersuchungen eingesetzt, um die eigene Produktpräsentation am POS bei den Handelspartnern zu analysieren – dies gilt insbesondere bei einem outgesourcten Vertrieb. Fragen, die in diesem Zusammenhang auftreten, lauten: Wie werden meine Produkte bei dem Handelspartner positioniert? Neben welchem Konkurrenzumfeld? Wird die Ware regelmäßig aufgefüllt? Sind meine Werbemittel am POS sichtbar und ordentlich platziert?

Ein Vergleich des eigenen Vertriebskonzeptes mit dem des erfolgreichsten Konkurrenten ist unter Berücksichtigung einer objektiven Testkundenbeschreibung ein Informationslieferant für eine Optimierung der eigenen Verkaufsstrategie. Eine Testberatung bei den Handelspartnern gibt Aufschluss darüber, mit welchen Argumenten die eigenen Produkte und die der Konkurrenten von den Verkaufsmitarbeitern angeboten werden (z. B. in Elektronikmärkten bei Fernsehern, Mobiltelefonen). Auf diesem Weg kann auch festgestellt werden, ob die Verkäufer Negativargumente für die eigenen Produkte verwenden („bei der Marke haben wir ständig Reklamationen“, „die ziehen sich eh bald aus dem Markt zurück“), denen zielgerichtet entgegengewirkt werden sollte.

Als Controlling-Instrument für den Vertrieb werden Überprüfungen der Realisierung von Promotion-Aktionen am POS vorgenommen. Diesbezüglich sind auch Pre-tests möglich, bei denen Handelspartner vorab gescreent werden, um die Tauglichkeit für die Umsetzung von Verkaufsförderungsmaßnahmen an einzelnen Standorten vorab zu analysieren. Die Tester untersuchen die avisierten Märkte in Bezug auf Kundenfrequenz, räumliche Gegebenheiten, Produktangebot in der relevanten Kategorie und Verkaufsförderungsmaßnahmen von Konkurrenten.

3.4 Mystery Research für das Controlling

Bei der Durchführung von Mystery Research durch das Controlling bzw. die Revision eines Unternehmens steht die Überprüfung des ökonomischen Einsatzes von Ressourcen durch die Mitarbeiter im Vordergrund. In Kombination mit dem Vertrieb werden Testuntersuchungen zudem im Vorfeld der Auswahl von Handels-/Vertriebspartnern oder der Auswahl einer Hotline bzw. eines Call Centers angewendet.

3.5 Mystery Research für das Qualitätsmanagement

Die Aufgabe des Qualitätsmanagements ist die Realisierung eines hohen Service- und Qualitätsstandards sowie die Kontrolle der Einhaltung von Richtlinien. Es sind manchmal nur Kleinigkeiten, die aus einem Gelegenheitskunden einen Stammkunden machen – aber auch aus einem Stammkunden einen ehemaligen Kunden. Im heutigen Wettbewerb ist der Verbraucher qualitätsorientierter und servicebewusster denn je – und dieser Trend wird durch eine zunehmende Austauschbarkeit von Produkten und Dienstleistungen auch anhalten. Um den Zukunftserwartungen des Marktes gerecht werden zu können, haben Unternehmen Servicestandards entwickelt und eingeführt, um ein hohes Qualitätsniveau bei der Beratung des Kunden zu erreichen. Mystery Research hilft dem Qualitätsmanagement bei der permanenten Überprüfung der Einhaltung und liefert Informationen für Weiterentwicklungen, die ständig erfolgen müssen.

Mystery Research kann schließlich als Grundlage für die Zertifizierung von Dienstleistungen dienen, um z. B. einen Qualitätsstandard in einem Beratungsgespräch zur Altersvorsorge (z. B. im Versicherungsbereich) sicherzustellen. Es wird dabei analysiert, ob der Versicherungsberater bei der Bestands- und Bedarfsanalyse sowie bei der Empfehlung von Produkten zur Altersversorgung alle Kriterien im Beratungsprozess berücksichtigt, die gewährleisten, dass der Kunde, das für die eigenen Bedürfnisse optimale Produkt erhält.

Den vielfältigen Anwendungsmöglichkeiten in den unterschiedlichsten Unternehmensbereichen steht eine umfangreiche Methodik zur Verfügung.

4 Mystery Research: Ein Begriff, viele Verfahren

Ein wichtiges Instrument zur Förderung der Kundenbindung ist die Bereitstellung möglichst vieler Optionen der Kontaktaufnahme für den Kunden. Ein wichtiges Kriterium dabei ist die Bereitstellung dieses Dienstes zu Uhrzeiten, die eng an den Kundenwünschen ausgerichtet sind. Während beispielsweise noch vor Jahren die Mitglieder der gesetzlichen Krankenkassen nur direkt über den Besuch oder Anruf innerhalb der Geschäftszeiten in einer Geschäftsstelle Informationen erhalten konnten, ist es dem Versicherten heute vielfach möglich, rund um die Uhr über das Internet („Online-Geschäftsstellen") mit seiner Krankenkasse in Kontakt zu treten. Hier erhält der Versicherte die Möglichkeit, Informationen abzurufen oder auch Leistungsanträge zu stellen. Zusätzlich wird dem vermehrten Interesse der Kunden an telefonischen Anfragen mit dem Angebot von teilweise kostenlosen Service-Hotlines Rechnung getragen.

Diese Tendenz ist auch in der Konsumgüterindustrie deutlich festzustellen: Während der Kunde noch vor 5 Jahren bei Unzufriedenheit Produkte an den Hersteller einschicken musste oder einen Marken- bzw. Anbieterwechsel in Erwägung zog, eröffnet sich ihm heute vielfach die Option, sowohl bei Beschwerden als auch im Besonderen bei Produktanfragen eine eigens dafür zur Verfügung gestellte Service-Hotline zu kontaktieren. Egal ob der Käufer eines neuen Computers statt mit der funktionierenden Internetverbindung ausschließlich mit dem allseits beliebten Dr. Watson Bekanntschaft macht, oder die Hausfrau gern genau wissen möchte, wo sich das Anbaugebiet ihres für besondere Anlässe bevorzugten Röstkaffees befindet, in den Call Centern der Anbieter sitzen i. d. R. speziell geschulte Mitarbeiter um genau diese Probleme zu lösen.

Neben dem bloßen Ausbau von Servicequalität erhalten die Unternehmen über das Angebot der verschiedenen Kontaktchancen die Möglichkeit, die Anonymität zwischen ihnen und dem Kunden zu überwinden und beim Kunden ein Gefühl von persönlicher Beziehung/Vertrautheit hervorzurufen. Es lässt sich feststellen, dass nahezu jedes erfolgreiche Unternehmen alle nur erdenklichen Kontaktchancen anbietet und weiter ausbaut.

Ob diese Rechnung der gesteigerten Kundenbindung aufgeht, hängt in entscheidend davon ab, ob die zu erwartende Qualität hinsichtlich aller Kriterien an allen Kundenschnittstellen auch umgesetzt wird. Kaum etwas ist schädlicher, als wenn ein in den Medien besonders sympathisch und innovativ dargestelltes Unternehmen per Telefon erst nach einer 10-minütigen Warteschleife erreichbar ist und folgend eher durch Unfreundlichkeit und vor allem Inkompetenz besticht. Für den Erfolg eines Unternehmens, seine Kunden zu begeistern, ist eine überzeugende Performance auf allen Vertriebskanälen unabdingbar.

Unternehmen kommunizieren also zunehmend auf verschiedenen (Vertriebs-) Kanälen mit ihren Kunden bzw. Verbrauchern. Zur Überprüfung der Performance all dieser Schnittstellen sind entsprechende Mystery Research-Erhebungsmethoden entwickelt worden: Mystery Shopping, Store Checks, Mystery Calling, Mystery eMailing, und Mystery Letters/Faxe.

4.1 Erhebungsformen

4.1.1 Mystery Shopping

Für viele Unternehmen ist das wichtigste Kontaktangebot – trotz der steigenden Zahl von Call Centern und Internetaktivitäten – die persönliche Kommunikation zwischen Kunden und Personal am Point of Sale. Dieser Face to Face-Kontakt ist ganz besonders dazu geeignet, die eigene Dienstleistungs- und Servicequalität unter Beweis zu stellen: Die Kunden nehmen hier direkt wahr, wie es um die Produkt- und Verkaufskompetenz der Mitarbeiter steht, wie zuverlässig und reaktionsbereit (proaktiv) das Personal auftritt und wieviel Einfühlungsvermögen dem Kunden auch in Konfliktsituationen (z. B. bei Beschwerden) entgegengebracht wird.

Beim Mystery Shopping suchen speziell geschulte Testkunden (Mystery Shopper) die Filialen/Geschäftsstellen auf und überprüfen dort im Zuge einer vorgegebenen „Begehungsstrategie“ die Beratungs- und Bedienungsqualität am

POS. Das Mystery Shopping hat sich als effizientes und vor allem objektives Instrument bei der Überprüfung und Sicherung von Service- und Qualitätsstandards an den Schnittstellen zum Kunden erwiesen. Die Implementierung von Qualitätssicherungssystemen wie dem Mystery Shopping ist besonders für Vertriebswege prädestiniert, in denen ein intensiver persönlicher Kontakt zwischen dem Testkunden und dem zu überprüfenden Personal erforderlich wird (Service Check). Typische Beispiele sind hier Handelsketten, Parfümerien, Restaurantketten, Versicherungsgeschäftsstellen und Autohäuser.

Häufige Merkmale, die in Mystery Shopping-Studien im Fokus des Interesses stehen, lassen sich in zwei Dimensionen unterteilen. Der erste Block bezieht sich auf alle filial- bzw. standortbezogenen Faktoren wie z. B. der Ausstattung einer Filiale, dem Einsatz spezieller Standard- oder Aktionswerbemittel, der Art der Präsentation der Güter und Artikel, der vollständigen Preisauszeichnung und dem Erscheinungsbild der Mitarbeiter (Hygienevorschriften, Berufsbekleidung etc.). Der zweite, oft besonders wichtige Block, bezieht sich auf die humanen Ressourcen am Standort: Freundlichkeit, Fachkompetenz, Engagement, Informationsservice und Verkaufsorientierung wie z. B. der Versuch des Cross- oder Up-Sellings.

4.1.2 Store Checks

Dem Namen nach ließe sich vermuten, dass die Begriffe „Mystery Shopping“ und „Store Check“ andere Bezeichnungen für die gleiche Methode darstellen. Dem ist aber nicht so und dieser feine Unterschied muss vor allem bei dem Vergleich von Preislisten anbietender Institute und Agenturen beachtet werden, um einen angemessenen Preis-/Leistungsvergleich durchführen zu können. Während beim Mystery Shopping der eingesetzte Testkunde immer in direkten Kontakt mit dem (Verkaufs-) Personal tritt und demnach je nach Anforderung ein höheres Maß an Schulung und Vorbereitungszeit benötigt, stellt der Store Check für den Testkunden die einfachere Variante dar. Beim Store Check werden keine Informationen bezüglich einzelner Kriterien des Personals gesammelt, sondern lediglich Informationen zu Ausstattungsmerkmalen oder Platzierungen von Produkten erhoben. Die Überprüfung der eigentlichen Serviceleistung ist hier kein Bestandteil der Untersuchung.

Bei typischen Store Checks wird beispielsweise untersucht, ob die Platzierung eines Produkts gemäß den Wünschen des Unternehmens erfolgt, mit welchen Preisen das eigene Produkt bei unterschiedlichen Händlern vertrieben wird oder ob bestimmte Informationsmaterialien zum Produkt für den Kunden erreichbar und gut lesbar ausgestellt sind.

Sobald eine persönliche Interaktion zwischen Testkunde und Verkäufer stattfindet, um z. B. die Argumentationsweise für oder gegen das eigene Produkt durch den Handel zu eruieren, ist eine detailliertere Schulung der Testkunden erforderlich und die Methode Mystery Shopping angebracht.

4.1.3 Mystery Calling

Die Methode des Mystery Calling wird durch alle Unternehmen eingesetzt, welche ihre Produkte oder Dienstleistungen über das Telefon (Service Hotlines, Call Center aber auch telefonische Beratung durch Filialmitarbeiter) anbieten. Während beim Mystery Shopping als auch beim Store Check der eigentliche Test am Standort des Auftraggebers stattfindet, werden Mystery Calls i. d. R zentral vom beauftragten Institut durchgeführt.

Beim Mystery Calling rufen speziell geschulte Mystery Caller im Call Center/in den Filialen eines Unternehmens an und führen ein vorstrukturiertes Beratungsgespräch durch. Im Anschluss an dieses Gespräch findet eine objektive Beurteilung statt.

Um die hohe Qualität der erhobenen Daten zu gewährleisten, sollte bei Mystery Calls die Verwendung eines CATI-Systems (**C**omputer **A**ssisted **T**elephone **I**nterviewing) zum Standard gehören. Das CATI-System unterstützt den Mystery Caller bei der Durchführung der Testanrufe: Jeweils wichtige Informationen, z. B. zur Dummy-Persönlichkeit (sein Name, seine Kontaktdaten, Kundennummer, sein Anliegen etc.), sind jederzeit auf dem Bildschirm abrufbar und die Einhaltung der Reihenfolge einzelner Gesprächsbestandteile werden gesichert. Weiterhin wird die Beantwortung der Fragen bezüglich des Calls während der Eingabe hinsichtlich interner Konsistenz und Plausibilität geprüft, wodurch Fehleingaben nahezu ausgeschlossen sind. Außerdem bietet das CATI-System die Möglichkeit, die zeitliche Organisation der Studie zu verwalten: Durch entsprechende Programmierung wird z. B. gewährleistet, dass die Testanrufe in ihrer zeitlichen Verteilung über die Wochentage und Uhrzeiten dem tatsächlichen Anrufaufkommen entsprechen (Sicherstellung der Repräsentativität der Erhebung).

Institute mit hohen Qualitätsanforderungen führen kontinuierlich Kontrollen der Testanrufe durch. Je ein bestimmter Anteil an Mystery Calls wird dokumentiert. Für Mystery Calls sollten ausschließlich erfahrene Interviewer eingesetzt werden, die durch ihre Zuverlässigkeit und Genauigkeit auch als Interviewer im B2B-Bereich besonders positiv aufgefallen sind. Ein gutes Institut sollte es seinen Kunden jederzeit ermöglich (und dieser Umstand wird häufig und gern genutzt), Mystery Calls im eigenen Unternehmen, mitzuhören.

4.1.4 Mystery eMailing und Online Shopping

Das Internet bietet dem Kunden – unabhängig von zeitlichen und räumlichen Vorgaben – einen bequemen Zugang zu Produkten und Dienstleistungen eines Unternehmens. Für viele Unternehmen stellt das Internet einen zunehmend bedeutenderen Vertriebskanal dar. Zudem bietet es die Möglichkeit, im eMail-Verkehr direkt mit dem Kunden in Kontakt zu treten, um bei Fragen zu Produkten und Leistungen unmittelbar Auskunft geben zu können. Grundvoraussetzung ist jedoch, dass auch hier die Qualität stimmt, d. h. Produkte verfügbar sind, die Versandzeiten kurz sind, die Rechnung korrekt und verständlich ist, Reklamationen kundenfreundlich abgewickelt werden und Anfragen von Kunden zufriedenstellend beantwortet werden. Dazu müssen die im Kundenkontakt relevanten Prozesse im Zusammenspiel der Kommunikations- und Vertriebswege bei einem Online Mystery Check analysiert und überprüft werden, um eine globale Betrachtung der erbrachten Dienstleistung vornehmen und gezielt Verbesserungsmaßnahmen umsetzen zu können.

4.1.5 Mystery Letter/Fax

Gerade die Zunahme der geschäftlichen Abwicklungen über das Telefon und das Internet machen es notwendig, die klassischen Kontaktwege/ Schnittstellen nicht zu vernachlässigen. Es gibt immer noch einen Großteil Kunden, die auf das altbewährte Kommunikationsmittel Brief vertrauen und dieses einem Anruf vorziehen. Mittels Testbriefen und -faxen, welche durch Testkunden an das Unternehmen geschickt werden, kann z. B. die Schnelligkeit und Richtigkeit der Bearbeitung von Anfragen oder Bestellungen überprüft werden.

4.2 Studienanlage und Repräsentativität

Die Qualität einer Mystery Research-Studie hängt in besonderem Maße von zwei Aspekten ab: Fallzahl und Repräsentativität.

Häufig wird in den Medien sensationsorientiert über die Ergebnisse von Testkundenbesuchen/ Mystery Callings z. B. bei Finanzdienstleistern, Krankenkassen oder auch Computerherstellern berichtet. Wie sind solche Ergebnisse zu interpretieren? Beim Durchschnittskunden können diese Darstellungen das Image eines Unternehmens schädigen, jedoch bleibt nüchtern gesehen folgender Umstand zu beachten:

Bei der Überprüfung von Qualitäten industriell hergestellter Waren und Produkte, reicht es aufgrund geringer Fertigungstoleranzen, Produkte hinsichtlich ihrer interessierenden Kriterien nur ein einziges Mal zu untersuchen: Recht schnell steht fest, welcher Rahmspinat besonders cremig ist und bei welcher Sorte der Nitratgehalt zu hoch ist.

Bei der Messung von Dienstleistungsqualitäten muss allerdings anders verfahren werden, wenn der Anspruch an Repräsentativität gewahrt werden soll. Dienstleistungen werden nicht industriell hergestellt, sondern erfolgen durch Menschen, die einerseits deutlich untereinander differieren können und zweitens selbst in verschiedenen Situationen unterschiedlich leistungsfähig und -bereit sind! Tageszeiten, Wochentage, Kundenaufkommen – dies alles sind Faktoren, die einen Menschen in seiner Freundlichkeit oder auch Pro-Aktivität beeinflussen können.

Aus diesem Grund muss bei der Messung von Dienstleistungsqualitäten mit ausreichenden Fallzahlen gearbeitet werden. Die Höhe der erforderlichen Fallzahl hängt wiederum von der gewünschten Auswertungsebene ab. Um eine ausreichende statistische Genauigkeit der Ergebnisse zu gewährleisten, sollten in der Auswertung pro Auswertungseinheit mindestens 100 Fälle vorliegen.

Viele betroffene Unternehmen sehen zunehmend in der Durchführung von eigenen Mystery Research-Studien die Möglichkeit, mit objektiv und repräsentativ ermittelten Ergebnissen auch in der externen Kommunikation einen Gegenpol zu setzen.

Für eine repräsentative Messung ist von größter Wichtigkeit, die einzelnen Mystery-Anfragen an den tatsächlich im Kundenkontakt auftretenden Fragen/Problemen auszurichten. Ein bewährtes Vorgehen ist es, die Kundenprozesse genau zu analysieren und z. B. bei Bekanntheit der Frequently Asked Questions (FAQs) die Anfragegründe/Kundenprofile (➧ „Szenarien") aus diesen zu generieren:

Beispiel: Bei der Hotline eines Tütensuppenherstellers tauchen Fragen zu speziellen Produktinformationen und zu Ernährungsfragen auf. Bei nur einem geringen Teil der Anrufe durch Kunden handelt es sich um Beschwerden. Für die Bereiche Produktinformationen könnten folgende drei Szenarien entwickelt werden:

- Szenario 1: Allergiker, der spezielle Informationen über eventuelle allergieauslösende Inhaltsstoffe benötigt
- Szenario 2: Anrufer wünscht zusätzliche Informationen zu Nährwerten
- Szenario 3: Anrufer hat spezielle Fragen zu den Zutaten eines Produktes

In weiteren Szenarien unter dem Oberthema „Ernährungsfragen" könnten Rezeptvorschläge erfragt oder besonders aktuelle Themen behandelt werden wie im Jahr 2001 die BSE-Gefahr oder Ende 2002 die Diskussion um die Acrylamidgefahr in stark erhitzten stärkehaltigen Produkten.

Um die Repräsentativität der Ergebnisse zu gewährleisten, sollten die Szenarien der Mystery Shoppings/Mystery Callings in ihrer Verteilung bzw. Gewichtung den tatsächlichen Kundenanfragen entsprechen.

4.3 Was sind Neukunden- und Bestandskunden-Szenarien?

Unabhängig von der Erhebungsmethode lassen sich Testkundenstudien dahingehend unterscheiden, ob mit Neukundenszenarien oder Bestandskundenszenarien gearbeitet wird. Ein Anbieter wie der schon zitierte „Tütensuppenhersteller" verfügt von seinen Privatkunden über keine Adressen oder weitere Informationen, welche zur Bearbeitung der Anfrage benötigt werden. Daher können bei jeder Methode frei erfundene Namen und Adressen verwendet werden.

Ganz anders verhält es sich bei Untersuchungen z. B. im Versicherungs- oder Bankenbereich. Nur wenige Szenarien können hier als Neukunden-Szenarien gestaltet werden, ein Großteil des Betreuungsaufwands entfällt hier auf Bestandskunden. Um die Performance repräsentativ zu messen, muss daher primär mit

Bestandskundenszenarien gearbeitet werden. Die Frage stellt sich nur: Wie verfahren, ohne echte Adressen von völlig unbeteiligten Kunden zu verwenden? Hier sind drei rechtlich unbedenkliche Möglichkeiten zu nennen:

a) Eine sehr elegante Möglichkeit ist die Einpflege von Dummy-Kunden in das System des Auftraggebers. Der Auftraggeber speist so viele Adressen in sein System ein, wie in der Studie Mystery Shoppings/Mystery Callings durchgeführt werden sollen. Dabei werden die Adressen so gestaltet, dass sie dem Studiendesign optimal angepasst sind (Altersstruktur, Einkommen, Versichertenstatus etc.) Diese Dummy-Adressen werden durch die Mystery Shopper inkl. evtl. Kundennummern genutzt und im Anschluss an die Studie im System wieder gelöscht.

b) Jedoch ist diese Vorgehensweise aufgrund von systembezogenen Restriktionen nicht immer möglich. Es müssen daher Personen rekrutiert werden, welche dem gesuchten Profil entsprechen (Kunde des Herstellers xy, Umsatz zwischen x und y) und die ihre Kundendaten für den Zweck der Studie zur Verfügung stellen. Testkunden verwenden bei der Durchführung der Mystery Shoppings/Callings die zur Verfügung gestellten Kontaktdaten.

c) Für die Durchführung von Store Checks mit geringem Schulungsaufwand werden Testkunden rekrutiert, die bereits Bestandskunden des Auftraggebers sind. Eine Voraussetzung ist hier, dass das Institut über einen besonders großen Bestand an Testkunden verfügt. Auch hier entfällt eine Einpflege von Dummy-Adressen in das System des Auftraggebers.

4.4 Mystery Shopping: Wer führt die Testkäufe durch?

Neben den Faktoren wie Studiendesign, Szenarienwahl und Stichprobengröße hängt die Qualität der Ergebnisse entscheidend von den eingesetzten Testkunden ab. Es lassen sich generell zwei Ansätze/Testerfelder unterscheiden, welche in Abhängigkeit vom Studiendesign und projektbezogenen Anforderungen spezielle Vor- und Nachteile haben.

4.4.1 Mystery Shopper Realkunden-Panel

Institute mit einem Realkunden-Panel verfügen üblicherweise über einen mehrere tausend Testkunden umfassenden Datenbankbestand. Dieser Tester-Pool wird i. d. R. über das Internet rekrutiert. Es liegen über jeden interessierten Tester bestimmte, für viele Studien relevante Informationen, wie Alter, Hobbys, Wohnort, Versicherungen, Konsumverhalten durch Selbstauskunft der Tester vor. Erteilt z. B. ein Automobilhersteller einen Auftrag, werden die Tester nach den jeweils relevanten Merkmalen für die Studie eingesetzt (z. B. Fahrer eines BMW unter 5 Jahren,

Einkommen > 3.000 €, Wohnsitz in der Nähe der zu besuchenden Autohäuser). Nach einer schriftlichen – in seltenen Fällen telefonischen – (Nach-) Schulung führen die Tester den Testkauf/die Testberatung in dem gewünschten Autohaus durch.

Um den Einfluss der Testkunden auf die Ergebnisse möglichst gering zu halten, wird der Ansatz verfolgt, in einer Studie möglichst viele verschiedene Testkunden einzusetzen. Bei diesem Ansatz sind konzeptbedingt, aufgrund des großen Bestandes an Testkunden, die direkten Kosten für Anfahrtswege der Tester geringer.

Dieser Ansatz impliziert den Umstand, dass der einzelne Tester sehr wenige Testkäufe durchführt und die einzelnen Testkunden i. d. R. der Studienleitung auf Institutsseite nicht persönlich bekannt sind. Die Möglichkeit einer persönlichen Schulung besteht nur sehr eingeschränkt. Es lässt sich argumentieren, dass diese Testkunden ganz unbefangen und wie „ganz normale Kunden" ihre Testbesuche durchführen und beurteilen. Die hier eingesetzten Testkäufer sind häufig intrinsisch motiviert, Servicequalitäten zu erheben und zu verbessern und verfügen zudem oft über eine hohe Produktkompetenz.

Realkunden-Checker sind aufgrund geringerer Erfahrung und fehlender Eichung weniger objektiv als professionelle Testkunden, was aber durch eine Erhöhung der Fallzahl pro Auswertungsebene (mit vielen unterschiedlichen Testern) ausgeglichen werden kann.

Ist weniger die Objektivität der Ergebnisse, sondern vielmehr die subjektive Einschätzung von Kunden gefragt, bietet sich als Alternative auch eine Kundenzufriedenheits- bzw. -bindungsstudie an.

4.4.2 Professionelles Testkundenfeld

Ein Premium-Testkundenfeld besteht aus ausgewählten und besonders in dieser Untersuchungsart geschulten Testern, die dieser Tätigkeit professionell oder zumindest semiprofessionell nachgehen. Aufgrund des hohen Betreuungsaufwands dieser Tester verfügen Institute meist nur über wenige, besonders motivierte und v. a. persönlich bekannte Tester (mehrere Hundert). Häufig sind diese Tester vor ihrer Tätigkeit als Mystery Shopper bereits als besonders gute Interviewer in Erscheinung getreten.

Institute mit diesem Feld vertreten die Philosophie, mit weniger Testkunden eine besonders hohe Qualität vor allem hinsichtlich der Objektivität der Erhebung zu liefern.

Neben einer umfassenden Basiseinweisung werden die Tester in regelmäßigen Abständen auch studienspezifisch geschult. Ein besonderes Augenmerk wird dabei häufig auch auf die Eichung der Tester gelegt, so dass unterschiedliche Tester gleiche Umstände und Merkmale identisch bewerten. Mit diesem Verfahren wird sichergestellt, dass die Ergebnisse eines Tests nicht vom eingesetzten Testkunden abhängig sind.

Wenn die Ergebnisse für die untersuchten Einheiten einen hohen Stellenwert haben und die Kommunikation der Ergebnisse im Unternehmen erfolgen soll, ist diese Objektivität der Testkunden häufig eine wichtige Voraussetzung zur breiten Akzeptanz der Studie.

Folgende Vorteile eines professionellen Testkundenfeldes sollten bei der Entscheidung für ein Testerfeld auch vor dem Hintergrund evtl. höherer Kosten berücksichtigt werden:

- Der Fragebogen/Die Untersuchungsdimensionen können aufgrund des hohen Ausbildungsstandes der Tester umfassend und vieldimensional gestaltet werden
- Die Testkunden können komplexe Sachverhalte und kompliziertere Testberatungen durchführen
- Bewertungsfragen können objektiviert werden und sind vergleichbar
- Die Erfahrung der einzelnen Testkunden und deren Bindung an das Institut sind hoch, sodass die Verlässlichkeit der Testkunden extrem hoch ist

4.5 Was ist bei der Realisierung zu beachten? Betriebsräte, Richtlinien und Gesetze ...

Unternehmen mit wenig oder fehlender Mystery Research-Erfahrung stellen sich häufig die Frage, was bei der Implementierung eines solchen Systems auf rechtlicher Ebene zu beachten ist. Es ist wichtig zu wissen, bis auf welche Ebenen eine Auswertung möglich ist, ohne mit Gesetzen zum Schutze des Persönlichkeitsrechts in Konflikt zu geraten.
Ist es möglich, Auswertungen auf Mitarbeiterebene zu erstellen, um besonders gezielte Maßnahmen ergreifen zu können? Hat der Betriebsrat ein generelles Mitbestimmungsrecht oder ist dieses von bestimmten Modalitäten der Studie abhängig?

4.5.1 Das Mitbestimmungsrecht des Betriebsrats (Betriebsverfassungsgesetz, § 87 Abs. 1 Nr. 1, Nr. 6; §§ 94, 99)

Die Erfahrung lehrt, dass es sinnvoll ist, den Betriebsrat bei der Durchführung einer Mystery Research-Studie in die gesamte Projektdurchführung mit einzubinden. Ein offener Umgang und die Zusage, dass einzelne Mitarbeiter keinerlei Sanktionen zu befürchten haben, sind hier ausgesprochen hilfreich. Jedoch kann es Situationen geben, in denen z. B. aus Zeitknappheit oder aufgrund eines schwierigen Verhältnisses zu dem Betriebsrat eine konstruktive Zusammenarbeit wenig aussichtsreich erscheint. Für diesen Fall ist folgendes zu beachten:

Der Betriebsrat hat nach den genannten Paragraphen kein Mitbestimmungsrecht, wenn der Arbeitgeber die Ergebnisse nicht mit einzelnen Arbeitnehmern oder Gruppen von Arbeitnehmern in Verbindung bringen kann und wenn die eingesetzten Testkäufer nicht in den Betrieb des Arbeitgebers eingegliedert sind (keine unternehmenseigenen Testkunden!).

Erfolgt der Einsatz der Testkunden nicht vom Arbeitgeber, sondern wird er von einem anderen Unternehmen gesteuert und werden die Ergebnisse zudem in einer Form übermittelt, die die Bestimmbarkeit der beobachteten Stelle und Person faktisch ausschließt, hat der Betriebsrat kein Mitbestimmungsrecht. (Vgl. auch BAG Beschluss v. 18.04.2000, 1 ABR 22/99; BAG, Beschluss v. 13.03.2001, 1 ABR 34/00)

4.5.2 Richtlinien des ADM (Arbeitskreis deutscher Marktforschungsinstitute e.V.)

Große führende Marktforschungsinstitute sind dem ADM, dem Arbeitskreis deutscher Marktforschungsinstitute e. V. angeschlossen. Neben anderen Zielsetzungen wird im ADM die Wahrung und Förderung der Wissenschaftlichkeit der Markt- und Sozialforschung angestrebt und die Wahrung des Ansehens der Markt- und Sozialforschung in der Öffentlichkeit erzielt. Darüber hinaus stellt der ADM Berufsgrundsätze und Richtlinien auf, die als übliche Verkehrssitte gelten und damit Bestandteil des Standesrechts der deutschen Marktforschung sind. Da die Aufnahme eines Instituts im ADM an bestimmte Voraussetzungen gebunden ist, stellt die Mitgliedschaft eines Marktforschungsinstituts im ADM hinsichtlich Erfahrung und Qualität eine Auszeichnung dar.

Diesen Richtlinien sind die dem ADM angehörenden Institute verpflichtet.

Unternehmen sehen in einer personenbezogenen Auswertung zunehmend die Möglichkeit, zielgenau Maßnahmen ergreifen zu können und ggf. im Anschluss an eine Untersuchung Sanktionen oder Incentivierungen erfolgen zu lassen. Neben der Tatsache, dass eine personenbezogene Auswertung ausschließlich möglich ist, wenn die betroffenen Mitarbeiter ihr schriftliches Einverständnis dazu gegeben haben, ist von sanktionierenden Maßnahmen dringend abzuraten! Die Erfahrung zeigt, dass die Aussicht auf Incentives die Motivation der Mitarbeiter steigern und zudem eine stärkere Bindung an den eigenen Arbeitgeber hervorrufen kann. Demgegenüber evozieren negative Sanktionen oder Entzüge bestimmter Unternehmensleistungen ein schlechtes Betriebsklima, eine geringe Akzeptanz der Studie und vor allem eine (emotionale) Distanzierung vom Arbeitgeber.

5 Typischer Ablauf einer Studie

Der Auftraggeber wendet sich mit einer Angebotsaufforderung an in Frage kommende Institute. Für ein ausführliches, verbindliches Angebot, in dem bereits ein erstes Konzept hinsichtlich Stichprobengröße, zu untersuchende Dimensionen, Tiefe der Analyse und Art des Reportings entwickelt werden sollte, benötigen Institute vom Auftraggeber mindestens folgende Informationen:

- Welche Zielsetzungen werden verfolgt?
- Über wie viele zu untersuchende Standorte/Hotlines verfügt das Unternehmen?
- Wo sind die Standorte? Wie viele Mitarbeiter sind im Durchschnitt pro Standort beschäftigt?
- Gibt es (festgeschriebene) Unternehmensstandards in der Kommunikation, im Auftritt etc.?
- Wie ist die Vertriebsstruktur aufgebaut? An welche Ebenen sollte reportet werden?

Nach einer Auftragsvergabe (der eine ausführliche Angebotspräsentation vorausgehen kann), findet häufig mindestens eine erste Arbeitssitzung zwischen dem Auftraggeber und dem Institut statt, in der die zu untersuchenden Prozesse gemeinsam analysiert werden und das Timing sowie die jeweiligen Aufgaben festgelegt werden. In dieser Sitzung werden nach der Analyse der zu untersuchenden Prozesse diese zunächst in ihre Einzelmerkmale untergliedert (z.B. Begrüßung, Verabschiedung, Freundlichkeit). Ziel ist es, festzulegen, welche Merkmale relevant sind und wann ein Merkmal als erfüllt gelten kann.

Bevor die Studie durchgeführt wird, findet häufig in Zusammenarbeit mit dem durchführenden Institut eine Vorstellung des Vorhabens im Unternehmen statt. Die Anwesenheit des Instituts fungiert hier primär als vertrauensbildende Maßnahme hinsichtlich der Objektivität der Untersuchung und dient dazu, den Mitarbeiterinnen und Mitarbeitern die Angst – vor allem vor Kontrolle und Sanktionierung – zu nehmen.

Die Auswertung der Daten erfolgt häufig nicht nur rein deskriptiv, sondern per Verdichtung der Informationen in eine sog. „Gesamterfüllungsquote"/„One Number". Gebildet wird diese aus bestimmten Teilerfüllungsquoten wie z.B. der Verkaufsaktivität, Erscheinungsbild des Personals oder Fachkompetenz. Die Bildung dieser Teilerfüllungsquoten erfolgt nach Schwerpunkten, die in der Regel durch den Auftraggeber gesetzt werden. D.h. den definierten, relevanten Kriterien wird jeweils ein bestimmtes Gewicht beigemessen, mit dem sie in die Gesamtquote eingehen. Häufig werden solche Gewichtungen in Anlehnung an die Ergebnisse einer Kundenbindungs- bzw. Kundenzufriedenheitsstudie nach der folgenden Logik gebildet: Je wichtiger eine Dimension für den Kunden ist, desto größer ist der Einfluss dieses Kriteriums später auf die Höhe der Gesamterfüllungsquote.

Die Ergebnislieferung kann in sehr unterschiedlicher Form erfolgen, sie orientiert sich an den Vorstellungen und Wünschen des Auftraggebers. Von einem klassischen Tabellenband bis zum Echtzeit-Online Reporting mit festgelegten, unterschiedlichen Zugriffsrechten sind alle Formen möglich. Mystery Research-Untersuchungen sind häufig als langfristig angelegte Monitorings ausgerichtet, damit die Performance im Zeitverlauf und ggf. Verbesserungen im Zusammenspiel mit Schulungsmaßnahmen abgebildet werden können.

6 Auswertung

Die Art der Auswertung und v. a. die Form der Darstellung müssen immer in enger Zusammenarbeit zwischen Institut und Auftraggeber erfolgen. Besonderes Augenmerk sollte dabei einer auf den einzelnen Empfänger hin ausgerichteten Reporting-Struktur gelten: Während Mitarbeiter in einzelnen Filialen detailliert wissen möchten, welche Defizite in der Filiale bestehen und an welchen Punkten für sie persönlich noch Verbesserungsbedarf besteht, wünschen sich Entscheidungsträger häufig Ergebnisse mit stärker aggregierten Auswertungseinheiten bis hin zur „One Number".

Abb. 2. Aggregation der Ergebnisse

6.1 Darstellungsmöglichkeiten

Die Auswertung sollte immer darauf ausgerichtet sein, konzentrierte und vor allem handlungsorientierte Ergebnisse zu liefern.

6.1.1 Stärken-Schwächen-Analyse

In einer Stärken-Schwächen-Analyse ist der Fokus auf die Extrempunkte der Ergebnisse gerichtet. Es wird untersucht, in welchem Bereich das gesamte Unternehmen oder auch eine bestimmte Untersuchungseinheit (z. B. die Bezirksregion) im Vergleich zu anderen Dimensionen oder auch der -internen oder externen Konkurrenz (z. B. über anonymisierte Benchmark-Datenbanken) – besondere

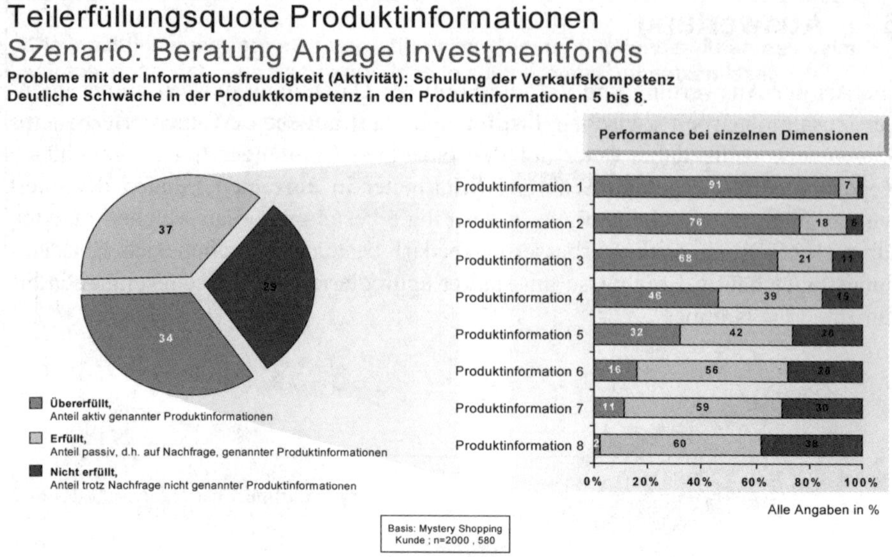

Abb. 3. Stärken-Schwächen-Analyse

Stärken oder Schwächen aufweist. Es wird in der Auswertung deutlich, an welchen Punkten dringender Handlungsbedarf besteht und in welchem Bereich Grund zu besonderem Stolz auf die eigene Leistung besteht.

6.1.2 Externe Benchmarks

Die Stärken-Schwächen-Analyse bekommt v. a. mit der Möglichkeit des externen Benchmarks einen besonderen Reiz. Diese Option benötigt nicht unbedingt eine eigene Untersuchung der Konkurrenz. Erfahrene Institute mit umfangreichen Referenzen können häufig für viele Branchen anonymisierte Vergleichszahlen in der Auswertung zur Verfügung stellen.

Interessant ist auch ein Vergleich der eigenen Performance in einer Mystery Research-Untersuchung mit den Ergebnissen einer Kundenbefragung. Passen die Ergebnisse zueinander? Oder differieren die subjektiven Einschätzungen der Kunden deutlich mit den objektiven Ergebnissen der Testkunden? Institute, die mit beiden Methoden der Studienanlagen ausreichend Erfahrung haben, können die Interpretation der Ergebnisse liefern. (Siehe auch Handlungsrelevanzmatrix)

6.1.3 Rankings

Rankings werden dann sinnvoll, wenn an die Studie ein Wettbewerbssystem zur Motivationsförderung geknüpft wird. Alle gegeneinander antretenden Einheiten (Teams, Regionen, Bezirke, Standorte) können an ihnen jederzeit erkennen, auf

VERTRIEBSGEBIETS-RANKING 2003 / ERGEBNIS NACH DEM MONAT MAI 2003
Ranking für Region 1 (alle Angaben in %, Ranking nach der **kumulierten Gesamterfüllungsquote**)

	VG.-Nr.	Filialadresse	Gesamterfüllungsquote Kumuliert	Gesamterfüllungsquote Aktueller Monat	Wettbewerbskriterien (kumuliertes Ergebnis) Werbemittel	Preisauszeichnung	Sauberkeit	Aufgeräumtheit	Hygiene	Begrüßung	Verabschiedung	Freundlichkeit
1	33	Straße 1, Postleitzahl Ort, Leitung: Herr xyz	**98,5**	91,5	77,7	74,5	74,2	96,4	98,5	67,5	62,4	71,6
2	35	Straße 1, Postleitzahl Ort, Leitung: Herr xyz	**98,5**	84,6	92,4	95,5	71,0	70,5	80,8	59,5	58,0	81,0
3	31	Straße 1, Postleitzahl Ort, Leitung: Herr xyz	**96,8**	69,8	86,0	58,1	74,7	96,8	57,9	82,1	57,1	86,0
4	39	Straße 1, Postleitzahl Ort, Leitung: Herr xyz	**88,4**	69,6	57,6	92,4	91,1	68,4	90,9	89,1	60,6	82,4
5	37	Straße 1, Postleitzahl Ort, Leitung: Herr xyz	**87,1**	67,2	63,8	71,6	96,5	57,7	78,7	68,3	59,0	57,4
6	36	Straße 1, Postleitzahl Ort, Leitung: Herr xyz	**86,0**	77,2	80,3	72,6	70,1	61,4	72,7	77,9	84,5	62,2
7	32	Straße 1, Postleitzahl Ort, Leitung: Herr xyz	**85,1**	71,7	73,3	74,3	63,4	88,1	89,6	81,4	76,3	88,1
8	34	Straße 1, Postleitzahl Ort, Leitung: Herr xyz	**83,5**	64,9	86,3	92,4	79,5	72,4	88,1	61,3	88,0	75,1
9	38	Straße 1, Postleitzahl Ort, Leitung: Herr xyz	**82,5**	92,1	85,2	96,8	69,4	82,9	70,5	88,0	72,6	57,9
10	41	Straße 1, Postleitzahl Ort, Leitung: Herr xyz	**80,6**	90,6	86,4	87,9	96,0	92,0	93,3	89,8	87,3	77,6
11	30	Straße 1, Postleitzahl Ort, Leitung: Herr xyz	**80,6**	75,1	68,0	74,3	60,2	97,9	89,9	76,2	73,3	86,1
Durchschnitt Region 1			77,4	75,2	83,2	80,9	80,3	81,7	81,1	78,2	71,4	76,7

Abb. 4. Vertriebsgebiet-Ranking 2003

welchem Platz sie stehen (siehe Grafik, Punkt 1) und idealerweise auch, mit welchen Kriterien sie gepunktet haben und wo im Vergleich zur Konkurrenz schlecht abgeschnitten wurde (z. B. Punkt 2).

Besonders interessant ist die Erstellung von Rankings bei einer kontinuierlich angelegten Studie, in der die Untersuchungseinheiten mehrmals untersucht werden und regelmäßig über den Stand der eigenen und fremden Leistungen informiert wird.

6.1.4 Handlungsrelevanzmatrix

Für die Entscheidungsträger im Unternehmen ist es besonders wichtig zu wissen, an welchen Kriterien sie nach Kosten-Nutzen-Gesichtspunkten als erstes ansetzen

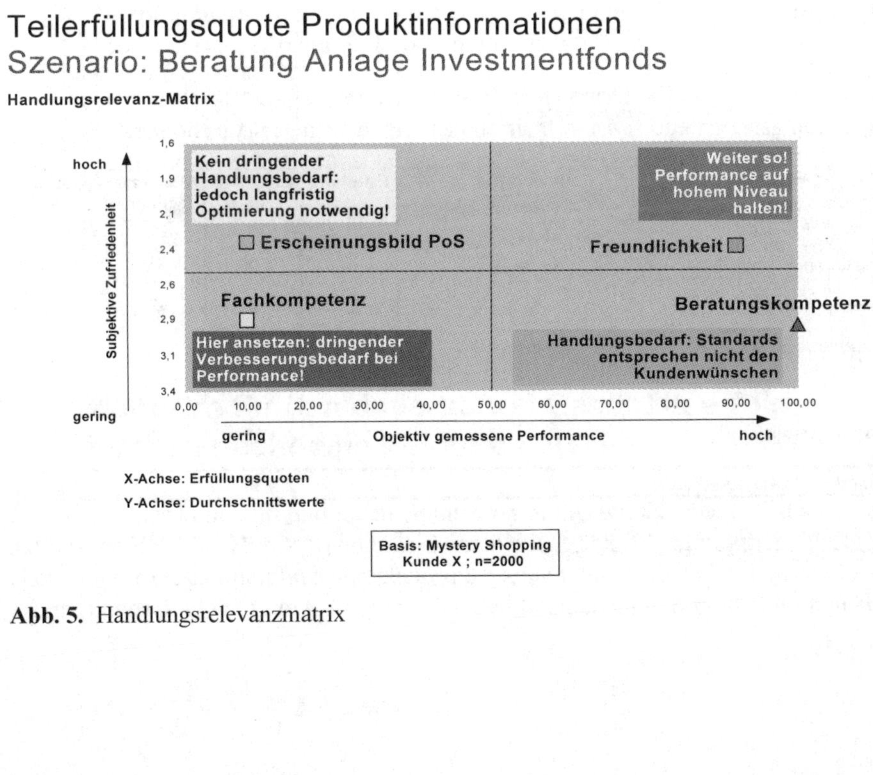

Abb. 5. Handlungsrelevanzmatrix

müssen und welche Dimensionen zunächst weniger relevant sind. Diese Frage beantwortet eine Gegenüberstellung der Ergebnisse der Mystery Research-Untersuchung und der Wichtigkeit der Kriterien für die Kundenbindung. Und dies leistet die Handlungsrelevanzmatrix (Abb. 5).

Wettbewerb 2003 **Welle 1**

Testbesuch in KW: 21

Filiale: 0158 laufende Nummer: 4960

Adresse: Stieghorster Str. 1, 33615 Bielefeld Seite 1 von 1

Merkmal	Bewertung	Erfüllung	Erreichte Punkte	Mögliche Punkte	Quote
Filiale					
Werbemitteleinsatz	Nicht erfüllt		**0**	10	
	* *EC Cash Aufkleber*	☐			
	* *Gesteigaufsteller*	☑			
	* *Fahne*	☑			
	* *Banner*	☑			
	* *WM Zapfhahn*	☐			
Preisauszeichnung	Erfüllt		**7**	7	
	* *Artikel im Innenbereich*	☑			
	* *Artikel im Außenbereich*	☑			
Sauberkeit	Nicht erfüllt		**0**	9	
	* *Sauberkeit Außenbereich*	☐			
	* *Sauberkeit Innenbereich*				
Aufgeräumtheit	Erfüllt		**4**	4	
	* *Merkmal 1*	☑			
	* *Merkmal 2*	☑			
	* *Merkmal 3*	☑			
Hygiene	Erfüllt		**5**	5	
	* *Verwendung der Zange bei Ausgabe Lebensmittel*	☑			
Summe Filiale			**16**	35	**45,7%**

Merkmal	Bewertung	Erfüllung	Erreichte Punkte	Mögliche Punkte	Quote
Mitarbeiter					
Begrüßung	Ja	☑	**10**	10	
Verabschiedung	Nein	☐	**0**	10	
Freundlichkeit (Skala 1-5)[1]	Sehr freundlich	☑ ☑	**10**	20	
Summe Mitarbeiter			**20**	40	**50%**

SUMME GESAMTERFÜLLUNG			**36**	75	**48%**

[1] (1 = außergewöhnlich freundlich → 20 Punkte, 2 = sehr freundlich → 10 Punkte, 3 = freundlich → 5 Punkte, 4 = weniger freundlich → 0 Punkte, 5 = unfreundlich → 0 Punkte)

Abb. 6. Einzelfallreport

Auf der x-Achse werden die in der Mystery Research-Untersuchung gewonnenen Ergebnisse abgetragen. Je weiter rechts ein Merkmal steht, desto besser wurde es erfüllt.

Auf der y-Achse wird die Wichtigkeit der Kriterien abgetragen. Je weiter oben ein Merkmal steht, desto größer ist der Einfluss des Kriteriums auf die Kundenbindung. Diese Wichtigkeit kann nicht in der Mystery Research-Studie erhoben werden, sondern sollte in einer indirekten Schätzung (korrelative Verfahren) mit Daten einer separaten Kundenbindungsstudie erfolgen.

6.1.5 Der Einzelfallreport

Der Einzelfallreport liefert den untersuchten Einheiten einen genauen Überblick über die erzielten Ergebnisse eines einzelnen Tests. Neben der hohen „erzieherischen" Funktion gibt es den untersuchten Einheiten aber auch die Möglichkeit, einen Test genau nachzuvollziehen und sich von der Objektivität und Gerechtigkeit zu überzeugen. Unklare Ergebnisse können bei der nächsthöheren Instanz reklamiert und genau nachvollzogen werden. Ggf. kommt es zu einer Nachbefragung des Testers zur Situation.

Ein Einzelfallreport sollte so gestaltet werden, dass die untersuchte Einheit bei Nichterfüllung eines Kriteriums nachvollziehen kann, warum genau das Kriterium nicht erfüllt wurde. Es reicht nicht auszuweisen, dass z.B. die vorliegenden Hygienevorschriften nicht eingehalten wurden. Es müsste zusätzlich erkennbar sein, was genau den Hygienevorschriften widersprach (z.B. offen getragene lange Haare).

7 Zusammenfassung

Die Ergebnisse von Mystery Research-Untersuchungen widerlegen häufig den Begriff der Servicewüste Deutschland, zeigen aber auch fast immer weiteres Optimierungspotenzial, um die Serviceoase Deutschland noch zu vergrößern.

Es gibt eine breite Palette an Angeboten zur Durchführung von Untersuchungen zur Messung der Servicequalität, entscheidend ist aber, in wie weit das Projekt vom Unternehmen selbst mitgetragen und welche Wichtigkeit dem zugesprochen wird. Die Praxis zeigt häufig, dass es nicht ausreichend ist, den Mitarbeitern eine Service-Fibel mit „guten Vorsätzen" als Leitfaden für die richtige Kundenbetreuung an die Hand zu geben. Das alleine bringt noch keine Kundenorientierung. Ein kontinuierliches Feedback durch Testuntersuchungen hilft den Mitarbeitern, das eigene Leistungsniveau zu verorten und Hinweise zu bekommen, um sich selbst und auch die Produktdarbietung gezielt verbessern zu können. Wenn man es schafft, die Mitarbeiter durch Testmaßnahmen für den Servicegedanken und den Dienst am Kunden durch Anreize zu motivieren und zu begeistern, profitieren beide Seiten von Mystery Research-Untersuchungen: die Kunden wie auch das Unternehmen mit seinen Mitarbeitern.

CPFR – Vertikale Kooperation zum Wohl des Verbrauchers

Christian Schick[1] *und Peter Hambuch*[2]

[1] Bonduelle GmbH, Homburg

[2] Procter & Gamble, Schwalbach am Taunus

1 ECR – der Konsument steht im Mittelpunkt

Efficient Consumer Response (ECR) stellt ein umfassendes Managementkonzept für Handel und Hersteller im Sinne einer Wertschöpfungspartnerschaft zwischen den beteiligten Parteien dar[1]. Im Mittelpunkt steht die effiziente Erfüllung der Verbraucherwünsche. Dazu gehört vor allem die dauerhafte Produktverfügbarkeit in den Regalen der Geschäfte. Anlässlich der ECR Europe-Konferenz 2002 in Barcelona wurde den versammelten Vertretern aus Handel und Industrie plastisch vor Augen geführt, dass der Konsument dem Thema Regalverfügbarkeit nicht nur einen hohen Stellenwert beimisst, sondern auch die Out of Stock-Rate von durchschnittlich 7–10% in Europa als massives Problem betrachtet. Mit seinem Verhalten quittiert er diesen Missstand, resultierend in geringerer Loyalität zu Marken und Geschäften oder einem jährlichen potenziellen Umsatzverlust von 4 Mrd. Euro.

Die verbraucherorientierte und ganzheitliche Betrachtung der Prozesskette sowie der vertikale Partnerschafts- und Kooperationsgedanke zwischen den Unternehmen bilden den Ausgangspunkt und gleichzeitig die Grundlage von ECR. Die prozessorientierte Philosophie von ECR sieht vor, dass Hersteller und Händler die gesamte Wertschöpfungskette betrachten und eine Partnerschaft aufbauen, die eine gleichberechtigte Beteiligung beider Seiten anstrebt.

ECR ist firmenübergreifend, das heißt, es geht nicht nur um unternehmensinterne, sondern vielmehr um unternehmensübergreifende Optimierung der Prozesse. Im Wesentlichen betrifft dies die Felder der Nachfrage (Demand Side) und der Warenversorgung (Supply Side), unterstützt durch effiziente administrative Prozesse (Enabling Technologies).

Innerhalb der Unternehmen dm-drogerie markt (im Folgenden dm genannt) und Procter & Gamble (im Folgenden P & G genannt) ist man schon sehr früh der Meinung gewesen, dass ein partnerschaftlicher Umgang im Gegensatz zum

---

[1] vgl. Seifert (2001)

Ausspielen von Machtpositionen der bessere Weg sei, um den Wünschen der Kunden nachzukommen. Auf Basis der Identität des eigenen Unternehmens wird das Wesen und die Individualität des Anderen akzeptiert und respektiert. Über all diesem steht die Philosophie der Kundenorientierung, die das gesamte Handeln leitet.

Bewusstseinsschaffung ist einer der Haupterfolge des ECR-Ansatzes. ECR fängt in den Köpfen der beteiligten Personen an und führt dann zu einem grundsätzlichen Problemverständnis, was das Handeln in Gang bringt.

Interesse an dem Anderen, intensive Kommunikation und die Offenheit, den Beitrag des Partners zu akzeptieren führen dazu, dass Veränderungen eintreten können und Stillstand vermieden wird.

Wer in seinem Handeln Erfolg aufweist, wird häufig von anderen nach der Rezeptur gefragt, nicht zuletzt um es ihm gleichzutun. Die wirklichen Grundlagen des Erfolgs sind auch bei ECR nicht leicht zu erklären. Der Faktor Mensch, Offenheit im Umgang mit anderen und ein verständnisvolles Management der Kooperationen sind Faktoren, die eine größere Bedeutung als eine leistungsfähige, technische Infrastruktur haben.

Ausschlaggebend ist aber der häufig zitierte Begriff Vertrauen, der neben dem grundsätzlichen Willen zur Zusammenarbeit eine unabdingbare Voraussetzung für eine gelungene Partnerschaft ist. Vertrauen muss sich über verschiedene Entwicklungsstufen in einer partnerschaftlichen Beziehung etablieren und verbreitert sich bei zunehmenden erfolgreichen Aktivitäten.

Auf Dauer wird Vertrauen ein Leistungsmerkmal unserer Kultur werden und stellt einen Wettbewerbsvorteil dar, der durch einen hohen Aufwand an Technologie oder finanziellen Mitteln nicht auszugleichen ist. Ausgehend von diesen Annahmen erscheinen einige schon länger verfolgte Gedanken von dm und P & G immer noch als zukunftsweisende Ansätze:

- ECR ist ein Lernprozess mit dem Ziel, die Unternehmensleistungen noch stärker an die Anforderungen der Kunden anzunähern. Durch eine rein technische Betrachtung begrenzt man seinen Horizont und nimmt dem Unternehmen den Entwicklungsspielraum in der Zukunft.

- ECR macht nur Sinn, wenn partnerschaftliches Verhalten und Kundenorientierung in den Unternehmensgrundsätzen verankert sind.

- ECR bietet den gedanklichen Handlungsrahmen, in dem immer wieder überprüft werden muss, welche Inhalte eine sinnvolle Füllung darstellen. Offenheit und gleichzeitiges Wissen über Mögliches bilden den Rahmen für Kooperationen.

- ECR muss den Vorteil des Kunden im Fokus haben, nicht den der Unternehmen. Somit wird gewährleistet, dass alle an dem Prozess Beteiligten einen Benefit erzielen.

- ECR darf nicht ein Rationalisieren auf Kosten anderer sein. Wer Einsparungspotenziale nutzt, indem er an anderer Stelle der Wertschöpfungskette neue Kosten verursacht, verkehrt den Gedanken der Wertschöpfungspartnerschaft in das Gegenteil. Die Maximierung des Eigeninteresses fällt negativ auf einen selbst zurück.
- ECR zeigt auf, dass wir alle füreinander arbeiten und kein Unternehmen und Mensch als Selbstversorger agieren kann.

2 CPFR – Bindeglied zwischen Nachfrage und Versorgung

2.1 Die Grundlagen

CPFR steht für Collaborative Planning, Forecasting and Replenishment oder übersetzt für Kooperative Planung, Prognose und Bestandsführung.

CPFR wurde im Jahr 1997 in den USA gemeinsam von Herstellern und Handel entwickelt. Die Arbeit fand unter dem Dach der VICS Organisation statt. VICS steht für Voluntary Interindustry Commerce Standards. In 2000 wurde das Konzept von der GCI (Global Commerce Initiative), ECR Europe und ECR D-A-CH aufgegriffen und adaptiert. Das heißt, CPFR ist inzwischen ein global anerkanntes und unterstütztes Konzept. Einfach ausgedrückt kann man CPFR folgendermaßen beschreiben:

- Ausgehend von gemeinsam erstellten Geschäftsplänen wird eine gemeinsame Absatzplanung entwickelt,
- die insbesondere die Produktion und Lagerhaltung der gemeinsam ermittelten Nachfrage anpasst
- sowie den zugehörigen Warenfluss über die einzelnen Teilnehmer an der Versorgungskette steuert.
- Der Verbraucher steht im Mittelpunkt der kooperativen Anstrengungen.

Wie hängt CPFR mit ECR zusammen? Die CCG[2] nennt die folgende Darstellung das ECR-Haus:

---

[2] CCG, Centrale für Coorganisation, Köln

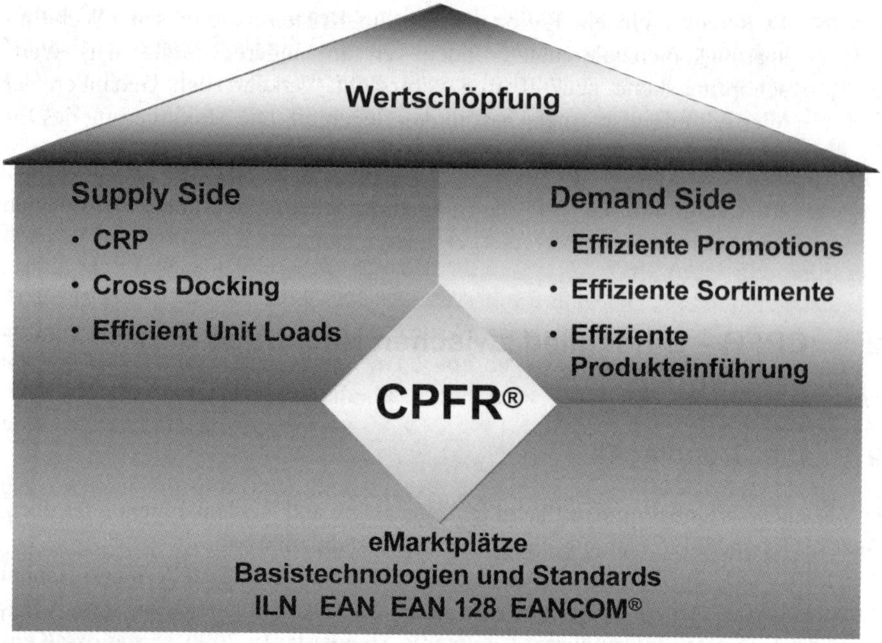

Abb. 1. Das ECR-Haus

In der einen Doppelhaushälfte konzentriert man sich auf die Supply Side, also die Versorgungsseite und versucht, den Warenfluss unter Einsatz entsprechender Logistikkonzepte und unterstützender Technologien bis zum Kunden effizienter zu gestalten. Hier arbeiten die Logistiker und EDV-Experten der Unternehmen miteinander. In der anderen Hälfte konzentriert man sich auf der Demand Side, also der Nachfrageseite, auf den Konsumenten und nutzt dazu das Category Management-Konzept. Hier finden wir als Akteure Einkauf, Vertrieb, den Verkauf und Marketing. Allerdings arbeiten beide Seiten bis heute relativ getrennt voneinander.

CPFR integriert nun die vorhandenen, aber bisher isoliert betrachteten ECR-Lösungsansätze der Supply und Demand Side in einen Gesamtansatz. Kernstück des CPFR-Ansatzes ist die Bereitschaft der Geschäftspartner, die Planungs-, Prognose- und Bevorratungsprozesse gemeinsam zu steuern, d. h. die strategischen (Planung), taktischen (Prognose) und operativen (Bestellung, Bestandsführung) Teilprozesse auf Basis gemeinsamer Ziele aufeinander abzustimmen und zu verknüpfen. Von einer Kooperationsbereitschaft ausgehend, werden die Planung, Prognose und Bestandsführung – wie in Abbildung 2 dargestellt – in neun aufeinander folgenden Schritten gemeinsam bearbeitet.

CPFR ist ein branchenübergreifendes Modell, das ausgehend vom Kunden durch kooperative Planungsprozesse, kombiniert mit einer gemeinsamen Prog-

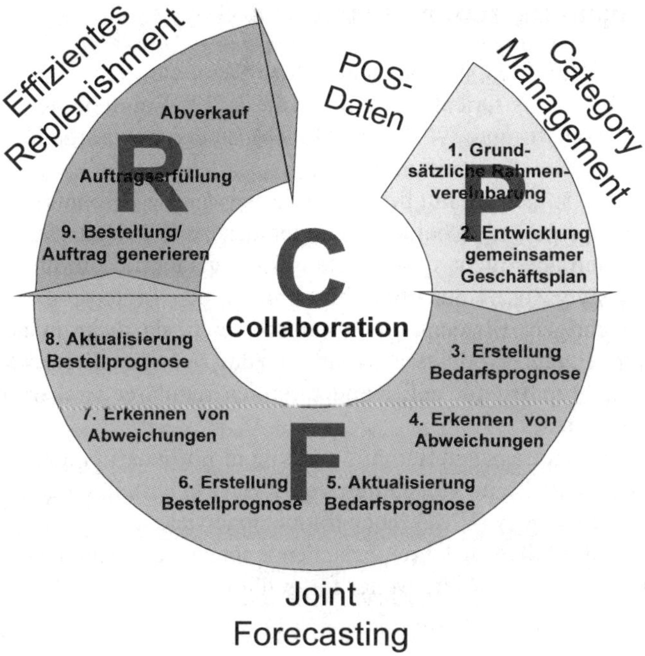

Abb. 2. Das CPFR-Geschäftsmodell

noseerstellung und durch verbesserten Informationsaustausch entlang der gesamten Supply Chain, die Prozesse der Geschäftspartner weiter optimiert[3].

Hierbei werden Unternehmensgrenzen soweit gesenkt, dass Handel und Industrie in die Lage versetzt werden, zum Wohl des Verbrauchers gemeinsam die gleichen Ziele zu verfolgen.

Aufbauend auf einer deutlichen Verbesserung der Beziehung zueinander und auf gemeinsamen Prozessverbesserungen in den Bereichen Prognose und Planung, steigt einerseits die Produktverfügbarkeit am Point of Sale, was zu einer deutlich höheren Kundenzufriedenheit führt, andererseits entsteht eine Bestandsreduzierung in der gesamten Supply Chain.

Das „C“ von CPFR, die Collaboration, ist die Voraussetzung für alle weiteren Schritte. Je höher die Qualität und die Ausprägung in diesem Bereich auch bei schwierigen Situationen ist, umso besser ist die Qualität der übrigen Dimensionen Planung, Prognose und Bestandsführung[4], was somit auch eine optimierte Artikelverfügbarkeit für den Verbraucher bedeutet.

---

[3] ECR D-A-CH (2001); ECR Europe (2001)

[4] vgl. ECR D-A-CH (2001)

2.2 Das CPFR-Projekt zwischen dm und P & G

Anfang des Jahres 2002 entscheiden sich dm und P & G dazu, ein gemeinsames CPFR-Projekt durchzuführen. Als Orientierung dient die CPFR-Empfehlung für den deutschsprachigen Wirtschaftsraum (9-Schritte-Modell), an deren Ausarbeitung bei der CCG beide Unternehmen aktiv mitwirken.

Bezüglich der Schritte 3–5, die sich mit der Abverkaufsprognose beschäftigen, werden innerhalb des Pilotprojektes in beiden Unternehmen zwar Prognosen erstellt, die zugehörigen Daten aber nicht systemtechnisch ausgetauscht. dm und P & G erachten die intensive Zusammenarbeit hinsichtlich der Lieferprognose (Schritt 6–8) als das wichtigere Element im Prognosebereich, da diese in der Produktionsplanung mündet und Produktverfügbarkeit zum richtigen Zeitpunkt und in der benötigten Liefereinheit für den Kunden, sprich regulärer Umkarton oder Display, sicherstellen muss.

Auch auf den Schritt 9 „Auftragsgenerierung" wird nicht im Detail eingegangen. Aufträge werden seit einer Reihe von Jahren von P & G innerhalb einer bewährten Vendor Managed Inventory (VMI)-Kooperation abgewickelt.

Mit dem CPFR-Projekt wird die seit Jahren bestehende intensive Zusammenarbeit zur Optimierung der Versorgungskette weiter fortgeführt.

2.2.1 Die Rahmenvereinbarung

Der erste Projektschritt ist die Ausarbeitung und Verabschiedung einer gemeinsamen Rahmenvereinbarung, was folgende Punkte betrifft:

- Der Wille zur Kooperation
- Umfang des Pilotprojektes
- Messkriterien
- Unterstützende Systeme
- Zeitplan und
- benötigte Ressourcen

Beide Unternehmen – dm und P & G – sehen die Wertschöpfungskette in ihrer Gesamtheit und stellen die Befriedigung der Konsumentenbedürfnisse in den Mittelpunkt ihrer Aktivitäten. Durch Zusammenarbeit werden Expertisen gebündelt, um das Geschäft beiderseitig profitabel weiterzuentwickeln und auf gemeinsame Ziele hinzuarbeiten. Die Unternehmen sind bereit, zur Optimierung von Geschäftsprozessen und unterstützenden Technologien ausreichende Mittel und Ressourcen zur Verfügung zu stellen, so dass die Effizienz der Wertschöpfungskette verbessert und profitables Wachstum durch Kundenorientierung erzielt wird. Dies bedeutet,

1. wir streben nach Win-Win-Situationen,
2. haben einen gemeinsamen Geschäftsplan,
3. arbeiten gegen gemeinsame Prognose- und Umsatzziele,
4. behandeln ausgetauschte Daten und Informationen vertraulich
5. und stellen ein professionelles Projektmanagement sicher.

Nach dieser grundlegenden Willenserklärung wird der Umfang des Pilotprojektes festgelegt. Man ist sich einig, dass das gemeinsame Projektziel die Verbesserung der Produktverfügbarkeit bis zum Verbraucher durch eine Optimierung der Prognosegenauigkeit ist.

Um eine ganzheitliche Betrachtung zu erreichen wird entschieden, dass sowohl das Aktions- als auch das Basisgeschäft in das Projekt mit einbezogen werden. Für den Prognoseaustausch im Aktionsgeschäft entscheiden sich die Unternehmen auf Grundlage des gemeinsamen Geschäftsplans für die Jumbopackungen der Marke Pampers und hiermit verbunden für drei Aktionen. Die Lieferprognose für das Basisgeschäft beinhaltet alle bei dm gelisteten Artikel von P & G. Hierzu gehören die Kategorien Papier, Wasch-Putz-Reinigung und Körperpflege/Kosmetik. Ausgetauscht werden die Prognosen im wöchentlichen Rhythmus über einen Zeithorizont von 13 Wochen.

Im nächsten Schritt werden aus der Vielzahl der möglichen Messkriterien die für unsere Zielsetzung relevanten festgehalten und die angestrebten Zielwerte gemeinsam definiert. Folgende Messkriterien wurden definiert:

- Servicelevel P & G – dm-Verteilzentrum
- Servicelevel dm-Verteilzentrum – dm-Filiale
- Servicelevel dm-Filiale – Konsument
- Prognosegenauigkeit Aktionsgeschäft
- Prognosegenauigkeit Basisgeschäft
- Restbestände nach der Aktion in den Filialen

Über den gesamten Projektzeitraum werden laufend Erfolgskontrollen durchgeführt. Die Daten dazu kommen entweder direkt aus den Systemen der Projektpartner oder werden vor Ort über eine festgelegte Stichprobe von dm-Filialen erhoben. Insbesondere durch die „vor Ort Analysen“ in den Filialen während Aktionen versprechen wir uns weitere Erkenntnisse zur besseren Planung der Aktionsmengen, so dass aus Sicht des Konsumenten keine Versorgungslücken auftreten, aber aus Sicht der Filiale auch nur minimale Restbestände nach Abschluss der Aktion verbleiben. Diese Evaluierung soll einerseits den Erfolg des Projektes hinsichtlich

Prognosegenauigkeit und erzieltem Servicelevel zeigen, andererseits sollen Erkenntnisse für die weitere Intensivierung der Zusammenarbeit gewonnen werden.

Für die Dauer des Projektes wird festgelegt, dass dm online auf das von P & G verwendete, internetbasierte CPFR-System Syncra zugreifen kann. Syncra wird von P & G über die gesamte Versorgungskette als CPFR Collaboration Tool eingesetzt. Durch die Freischaltung des Systems für dm wurde für beide Unternehmen eine identische Datenbasis geschaffen, die gemeinsame Betrachtungen und Bewertungen erst ermöglicht.

Die Laufzeit des Piloten wird auf sechs Monate festgelegt. Um einen reibungslosen Projektablauf sicherzustellen, werden von beiden Unternehmen Mitarbeiter in Form multifunktionaler Projektteams abgestellt. Neben der Projektleitung umfasst dies die Bereiche Sortimentsmanagement, Warenwirtschaft und Informationstechnologie.

2.2.2 Der Datenfluss zwischen den Unternehmen

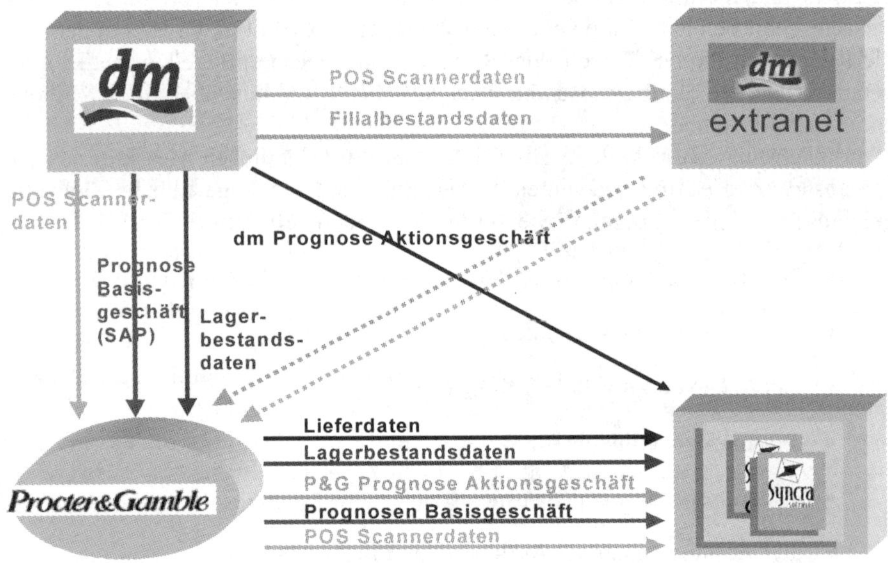

Abb. 3. Der Datenfluss des CPFR-Projektes

Die gemeinsame Grundlage für die Zusammenarbeit stellt die Datentransparenz über die Unternehmen hinweg dar. Direkt von dm zu P & G fließen die auf Wochen und Gesamtfilialen verdichteten POS-Absatzdaten, die Lagerbestandsdaten und die in SAP R/3-Retail erzeugten Prognosen für das Basisgeschäft. Zusammen mit den P & G-Lieferdaten an die Verteilzentren und der P & G-Prognose für das Basisgeschäft werden die Daten in Syncra eingeladen. Die Prognosen für das

Aktionsgeschäft werden von den Verantwortlichen auf beiden Seiten online in Syncra eingegeben und entsprechend neuerer Erkenntnisse aktualisiert. Dies unterstützt eine bessere Mengenplanung, die Nachverfolgung der Ergebnisse und die Kommunikation zwischen den Beteiligten. Alle in Syncra dargestellten Daten beziehen sich auf Kalenderwochen und die EAN der Liefereinheit.

Für weitergehende Analysen wird der Zugriff auf das dm-Extranet genutzt, beispielsweise zur Beobachtung der Abverkaufsentwicklung auf Tagesbasis während der Aktionen.

2.2.3 Die Ergebnisse

	Prognosefehler
Erste Aktion	Basis: Index 100
Zweite Aktion	Index 82
Dritte Aktion	Index 56

Abb. 4. Ergebnisse für Aktionen im CPFR-Projekt

Im Aktionsbereich werden Prognosen des Sortimentsmanagers von dm mit denen des Key Account Managers von P & G verglichen, Abweichungen besprochen, Prognosen aktualisiert und im Anschluss mit den tatsächlichen Lieferungen verglichen. Gemessen wird auf Wochen- und Artikel- (gleich EAN)-Ebene die mengenmäßige Genauigkeit der Prognose, die 4 Wochen vor Lieferung gültig ist.

Bei Aktion 1 wird keine Änderung im Planungsablauf vorgenommen. Jedes Unternehmen plant auf Basis seiner Informationen, wodurch wir die Grundlage zur Ableitung von Verbesserungen bilden. Nachdem erste Erkenntnisse bei der Planung der zweiten Aktion berücksichtigt werden und im Vorfeld ein besserer Informationsaustausch zwischen den Verantwortlichen stattfindet, wird bei Aktion 2 die Prognosegenauigkeit um 18 % verbessert. Bei Aktion 3 werden alle Lernergebnisse der ersten beiden Aktionen berücksichtigt, was den Prognosefehler weiter reduziert. Innerhalb der Projektzeitraums wird somit der Fehler zwischen Schätzung und tatsächlicher Lieferung nahezu halbiert.

Hinsichtlich des Projektzieles – Verbesserung der Produktverfügbarkeit durch höhere Prognosegenauigkeit – kann klar festgestellt werden, dass die Verfügbarkeitsquote in den dm-Filialen während der drei betrachteten Aktionen von 92% über 96% auf 98% verbessert werden konnte.

Für das Basisgeschäft werden mengenbezogene Prognosen wöchentlich über einen rollierenden 13-Wochen-Zeitraum für alle von P & G bei dm gelisteten Artikel von beiden Unternehmen erstellt. Auf Wochen- und Artikelebene wird die Genauigkeit der Prognose gemessen, die fünf Wochen vor Lieferung gültig war.

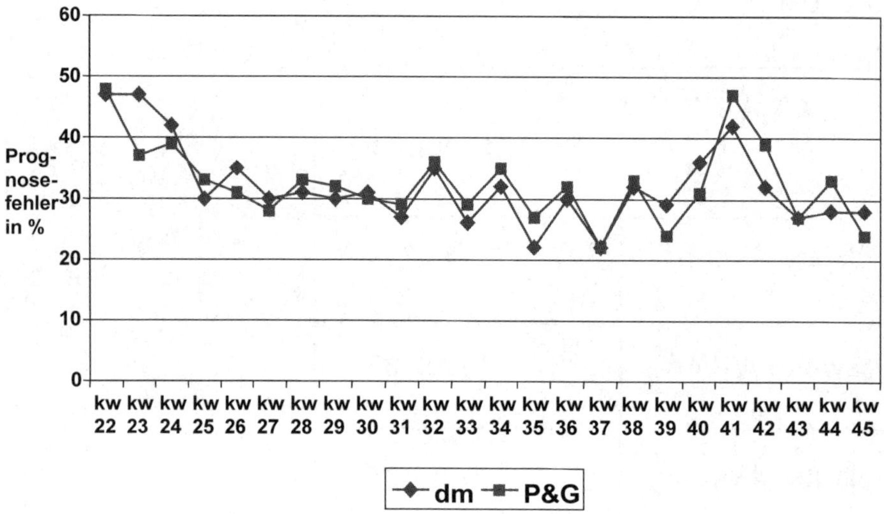

Abb. 5. Ergebnisse für das Basisortiment im CPFR-Projekt

Anfang Juni 2002, zu Beginn der Messung (Kalenderwoche 22), betrug der Prognosefehler knapp unter 50% und konnte bis zur letzten Messung im Oktober (Kalenderwoche 45) auf ca. 25% reduziert werden. Auch dies bedeutet in einem Betrachtungszeitraum von 4 Monaten eine Fehlerreduktion um die Hälfte.

Bei der Betrachtung der gesamten Artikel verbesserte sich der Lieferservicewert an die Filialen von 97% auf über 99%.

3 Zusammenfassung und Ausblick

Für den Erfolg einer Zusammenarbeit ist das „C", die Collaboration innerhalb des CPFR-Konzeptes, das Schlüsselelement. Das „C" fördert eine kooperative Kultur, wirkt vertrauensschaffend und zielt auf Kommunikation und Informationsaustausch zwischen den Geschäftspartnern.

Das CPFR-Modell der 9 Schritte ist in der Praxis anwendbar, kann aber schlanker eingesetzt werden. Zu empfehlen ist der Abschluss einer Rahmenvereinbarung, die den Umfang und die Zielsetzung des Projektes definiert sowie Verantwortlichkeiten oder Regeln zum Datenaustausch beinhaltet. Ein Muss ist das Erstellen eines gemeinsamen Geschäftsplans, der die Basis für die Prognosen bildet. Im Prognosebereich ist es sinnvoll, das Aktions- und Basisgeschäft getrennt zu betrachten. Prognosen für das Basisgeschäft können mit entsprechender Systemunterstützung mit einem hohen Automatisierungsgrad erstellt und ausgetauscht werden. Hier erscheint es zweifelhaft, dass beide Partner dauerhaft Prognosen erstellen, austauschen und sich in der Folge mit der Lösung sogenannter kritischer Abweichungen beschäftigen. Derjenige, der in der Lage ist, die bessere Prognose zu erstellen, sollte hierfür die Verantwortung übernehmen. Dieser Ansatz ist auch für das Aktionsgeschäft denkbar, sofern sich beide Partner gemeinsam mit dem erwarteten Erfolg einer Vermarktungsmaßnahme auseinandersetzen und zu einer gemeinsam getragenen Einschätzung kommen.

Äußerst hilfreich ist der Einsatz einer das CPFR-Konzept unterstützenden Technologie, das heißt beide Partner nutzen zur Abbildung der Planung und Nachverfolgung der Ergebnisse das gleiche System, in das Prognosen, POS-Absatzdaten, Lagerbewegungsdaten und Lieferdaten eingespielt werden. Dadurch ergibt sich für die Prozessbeteiligten eine hervorragende Basis für die Kommunikation zur Geschäftsentwicklung und weiteren Planung des gemeinsamen Geschäftes. Bezüglich des Datenaustausches empfiehlt es sich, die bestehenden EDI EANCOM-Standards anzuwenden. Diese stehen für die Übermittlung von POS-Daten, Lagerbewegungsdaten und Prognosen zur Verfügung.

Die Entwicklung von ECR und damit auch CPFR bei dm und P & G begründet sich auf dem Ansatz, unsere Leistungen den Wünschen der Kunden weiter anzunähern. Aus diesem Grund ist es zukünftig noch stärker notwendig, dem Kunden Beachtung zu schenken und das Wissen über ihn in die gemeinsamen ECR-Ansätze einzubeziehen. Stagnierende Märkte, sinkende Kaufkraft und ein zunehmend harter Wettbewerb machen die Betonung der Kundenorientierung gerade in der heutigen Zeit noch verständlicher.

Aus dem Beschriebenen wird deutlich, dass Wertschöpfungspartnerschaften zunehmend als Schlüsselgröße für künftige Erfolge angesehen werden. Die Wertschöpfungspartnerschaften stärken Unternehmen entlang der Dimensionen Qualität, Kosten und Zeit, was wiederum als Nutzen an die Kunden weitergegeben werden kann. Zukünftig werden mehr und mehr Wertschöpfungsketten und deren Leistungen im Wettbewerb um die Gunst der Kunden stehen, nicht die jeweiligen Einzelunternehmen[5]. Wer dies erkennt, für den gewinnt die Erhöhung der eigenen Kooperationstauglichkeit höchste Priorität, um so die Chance zu wahren, gemeinsam mit dem Partner Ziele zu verwirklichen.

---

[5] vgl. Corsten, Pötzl (2000).

Literatur

Corsten C, Pötzl J, ECR – Efficient Consumer Response, München 2000

ECR Europe, A Guide to CPFR Implementation, www.ecrnet.org, 2001

ECR D-A-CH, CPFR Managementinformationspapier, www.ccg.de, 2001

Ester B, Baumgart G, CPFR – Vision und Wirklichkeit – in: Schick C, Collaborative Planning, Forecasting and Replenishment (Seifert D), 2002

Seifert D, Efficient Consumer Response, 2001

Informationstechnologie und Kundenorientierung

Bernd Hellgardt

ComSol AG, Frechen

1 Kundenorientierung und der Zusammenhang mit dem Informationsmanagement

Kundenorientierung kann man verstehen als die Ausrichtung aller marktrelevanten Maßnahmen eines Unternehmens an den Bedürfnissen und Problemen der Kunden. In meinem Beitrag möchte ich dabei die Kundenorientierung so verstanden wissen, dass dieses Ziel und die daraus folgenden Maßnahmen mit anderen Unternehmenszielen abgewogen wurden. Denn letzen Endes sind es aus meiner Sicht eine Vielzahl von Einflussfaktoren, die am Ende ein erfolgreiches Unternehmen ausmachen. Dennoch ausgehend von der Gewissheit, dass der Kunde die Prozesse des Unternehmens oder zumindest maßgebliche Ausschnitte davon täglich „erlebt", bin ich der Überzeugung, dass das Informationsmanagement und die an den Prozessen ausgerichtete Ausgestaltung der eingesetzten Technologie maßgeblich zur Kundenzufriedenheit und damit zum Unternehmenserfolg beiträgt.

1. Beispiel

Ein Energieversorger nutzt mit aufwändigen Kampagnen die Liberalisierung des Strommarktes. Er hat es nur versäumt, sowohl seine Prozesse als auch die IT auf die neuen Erfordernisse auszurichten. Der Kunde ist daher sofort verschreckt, wenn er bei den ersten Kontakten mit dem Unternehmen bemerkt, dass hinter der Kampagne keine professionellen Prozesse stehen und nahezu jeder Kontakt zu einem Problem führt. Das Call Center hat die relevanten Daten nicht im Zugriff, der Übergang vom bisherigen Versorger klappt aufgrund von Unzulänglichkeiten in den EDV-Schnittstellen nicht und die laufende Abrechnung ist nicht korrekt, da Zählerstände nicht korrekt verarbeitet werden.

2. Beispiel

Ein Handelsunternehmen hat historisch bedingt unterschiedliche Warenwirtschaftssysteme für einzelne Sortimente im Einsatz. Ein Kundenauftrag kann nicht als Ganzes verarbeitet werden und muss daher nach Sortimenten in Einzelaufträge aufgesplittet werden. Demzufolge kommt es immer wieder zu Problemen in der

Auslieferung und Abrechnung. Aus Sicht des Kunden einen Vorgang zurück zu verfolgen, ist fast unmöglich. Der Kunde bekommt zu viele Belege mit Teilinformationen für einen simplen Vorgang wie die Auslieferung eines Auftrags. Das heißt, schon die Architektur der IT-Landschaft hat elementare Auswirkungen auf das Erleben beim Kunden.

Sind in den Unternehmen bereits die Prozesse an den Kundenbedürfnissen orientiert, so verbirgt sich meist eine durchdachte Informationstechnik dahinter. Heute sind es meist die IT-Bereiche, die die Abläufe über Abteilungsgrenzen hinweg kennen und die die Aufgabe der früheren Organisationsabteilungen übernommen haben. Damit das Zusammenspiel zwischen Kunde, Fachbereich und IT gelingt und die Kundenbedürfnisse im IT-Bereich wahrgenommen werden, bedarf es zum einen eines kundenorientierten IT-Bereiches. Zum anderen ist es aber mindestens genauso wichtig, den IT-Bereich und dort die prozessverantwortlichen frühestmöglich mit den Kundenbedürfnissen bekannt zu machen und die „IT-Macher" in die Gestaltung der Prozesse mit zu involvieren. Nur so lassen sich professionelle Abläufe gestalten. Je komplexer das Unternehmen und die zur Abwicklung erforderlichen Abläufe, desto geringer ist die Chance, mit Improvisation den Kunden zufrieden zu stellen.

2 Grundsätzliche Unterschiede der Anforderungen abhängig von der Wirtschaftsstufe und dem Kundenkreis

Beschäftigen Sie sich mit Absatzprozessen, so erkennen Sie unabhängig von den Produkten und Sortimenten sehr schnell, dass die Bedürfnisse von Geschäftskunden/Unternehmen und Endverbrauchern/Konsumenten deutlich differieren. Daraus resultiert ein spezifisches Design der Prozesse. In den letzten Jahren setzte sich eine Unterscheidung in die Kategorien B2B (Business to Business) sowie B2C (Business to Customer) durch. An einigen Beispielen soll der Unterschied verdeutlicht werden:

Exemplarische Bedürfnisse von Geschäftskunden/Unternehmen:

- Sie wünschen sich einen hohen Automatisierungsgrad der Transaktionen untereinander inkl. Stammdatenaustausch und EDI (Electronic Data Interchange).
- Die Transaktionen müssen im eigenen System verarbeitet werden. Die Kunden wünschen sich daher eher eine differenzierte Belegstruktur, mit der alle Attribute im System bedient werden können.
- Geschäftskunden haben selbst meist eine komplexe Unternehmensstruktur, die sich in den Strukturen im Anwendungssystem widerspiegeln

soll; Auftraggeber und Rechnungsempfänger weichen zum Beispiel voneinander ab; Kostenstellen-/Abteilungsstrukturen sollen hinterlegt sein.

- Besondere gesetzliche Normen und Vorgaben müssen durch die Systeme hindurch gewährleistet werden (Pfandabwicklung, DSD, Chargenführung u. ä.).
- Besondere Abwicklungsformen wie Strecken- und Kommissionsgeschäfte, Konsignationsbestände, Vendor Managed Inventory u. ä. sind hier nicht unüblich.

Exemplarische Bedürfnisse von Endverbrauchern/ Konsumenten:

- Endverbraucher wünschen sich eine einfache und flexible Abwicklung mit Transparenz über verschiedene Absatzkanäle.
- Endverbraucher kennen keine komplexen Preisfindungsschemen, sondern haben einen eindeutigen, auskalkulierten Verbraucherpreis.
- Sie möchten wenige, einfache und verständliche Belege.
- Endverbraucher haben besondere Anforderungen an die Finanzierung (zum Beispiel Ratenkauf) bzw. kennen verschiedene Zahlungsarten (Kreditkarten, Gutscheine, Nachnahme...).
- Individuelle Beratung, räumliche Nähe und ein breites Sortiment machen unter anderem den Einzelhandel als solches aus.

Es sind natürlich auch Übergangs- oder Mischformen zu erkennen. Ein „kleiner“ B2B-Kunde ist in seinen Anforderungen manchmal nahe dem B2C-Kunden. Letztendlich repräsentieren diese Bedürfnisse aber immer unterschiedliche Anforderungen an das hauseigene IT-System. Insbesondere Vertriebs- und Warenwirtschaftssysteme müssen diese Funktionalität zum Kunden hin darstellen.

3 Weitere Facetten in den Bemühungen um den Kunden und deren Unterstützung durch die Informationstechnologie

3.1 Customer Relationship Management

Eine Steigerung erfahren die Bemühungen um die Bedürfnisse des Kunden durch das Customer Relationship Management (CRM). Es ergeben sich dabei insbesondere folgende Zielrichtungen:

Operatives CRM: Ziel ist es, die Produktivität der Mitarbeiter im Kontakt mit dem Kunden durch bedarfsgerechte Funktionen und Benutzeroberflächen zu fördern. Es dient dazu, die Interaktion über alle Kontaktkanäle hinweg – per Telefon, Fax oder Internet sowie im persönlichen Gespräch – zu optimieren und zu bündeln.

Analytisches CRM: Über die Nutzung eines Data Warehouse und weiterer Informationsquellen soll die Transparenz über die Bedürfnisse des Kunden und dessen Verhalten gesteigert werden. Die gesammelten Informationen tragen dann im Marketing und Vertrieb dazu bei, Ziele und Maßnahmen an den Kunden auszurichten.

Natürlich waren bzw. sind elementare Funktionen in den Vertriebs- und Warenwirtschaftssystemen mit dieser Intention bereits vorhanden. Eine effiziente Call Center-Funktionalität oder eine durchgängige Prozessunterstützung von der Kampagnenplanung inklusive Zielgruppenselektionen bis zur Kampagnenanalyse waren in der professionellen Ausprägung in den meisten Systemen jedoch nicht vorhanden. Damit führte der Weg zu neuen IT-Komponenten und IT-Systemen, die bereits von vielen Unternehmen umgesetzt werden. Da der erwartete Nutzen aus den Systemen sich allerdings nur dann erreichen lässt, wenn diese mit den bisherigen, eher operativ ausgerichteten Systemen verzahnt werden, stellt sich deren Integration in die bisherige Systemlandschaft als wichtige Anforderung an die Systeme und nächste Herausforderung für die IT-Bereiche dar.

3.2 CPFR und ECR

Collaborative Planning, Forecasting and Replenishmend (CPFR), Efficient Consumer Response (ECR) oder „unternehmensübergreifendes CRM"; hinter all diesen Schlagworten verbirgt sich letzten Endes die Intention, unternehmensübergreifend die Prozesse zwischen den Geschäftspartnern zu optimieren und eine nachfragegesteuerte Logistikkette aufzubauen. Dies funktioniert nur, wenn basierend auf allgemeingültigen Standards mit moderner Technologie die Beziehungen zwischen den Partnern fein abgestimmt und etabliert werden. Egal, ob man die Maßnahmen und Ziele dieser Konzepte selbst als Kundenorientierung versteht oder nicht: Als Trend werden diese auf Dauer ein Kundenbedürfnis darstellen. Erkennbar wird dies allein schon an der Tatsache, dass der elektronische Datenaustausch vor einigen Jahren noch als „optional" verstanden wurde, heute aber eine elementare Anforderung von Geschäftskunden darstellt. Die technische Umsetzung solcher Projekte an sich ist schon anspruchsvoll. Wie an dem Beispiel weiter unten dargestellt, sind aber auch hier die organisatorischen Voraussetzungen mindestens genauso relevant.

4 Prozesse, Software, Rolle und Positionierung der IT

An den oben genannten Beispielen und Trends wurde deutlich, dass der Kunde die Möglichkeiten und Auswirkungen der IT in den Prozessen und der durch die IT bereitgestellten Funktionen erlebt.

Die Anforderungen an die IT lauten daher:

- eine Architektur und Systemlandschaft zu entwickeln, die den Anforderungen aus Sicht des Kunden Rechnung trägt,
- geeignete Applikationen bzw. Software für eine kundenorientierte Abwicklung bereitzustellen,
- die Prozesse in der Verbindung mit den Anwendungssystemen so zu gestalten, dass diese den Anwender- und Kundenbedürfnissen gerecht werden,
- Informationen bereitzustellen, die unter anderem Antwort geben auf Fragen wie:
  - Wer sind unsere Kunden?
  - Was möchten unsere Kunden?
  - Wie ist das Kaufverhalten unserer Kunden?

Um die eigene Strategie auf diese Anforderungen ausrichten zu können, sollten sich das Management der Fachbereiche und der IT-Leiter zum Beispiel folgende Fragen stellen:

- Wie arbeiten wir heute in der Kommunikation/Interaktion mit den Kunden?
- Haben unsere Mitarbeiter im Call Center alle erforderlichen Informationen im Dialogsystem zur Verfügung?
- Sind die Belege, die wir unseren Kunden an die Hand geben, verständlich und übersichtlich aufgebaut?
- Gibt es Häufungen von Kundenreklamationen, die auf Unzulänglichkeiten in der Ablauforganisation bzw. mangelnde IT-Unterstützung schließen lassen?
- Bieten wir unseren B2B-Kunden zeitgemäße Möglichkeiten zum Datenaustausch für alle relevanten Nachrichten bzw. Möglichkeiten, die Geschäftsprozesse zu unser beider Vorteile eng miteinander zu integrieren?

- Haben wir Grenzen zwischen unseren Systemen, die eine durchgängige Bearbeitung von Kundenaufträgen oder anderer Vorgänge behindern?
- Haben wir die erforderlichen analytischen Möglichkeiten, um die Präferenzen unserer Kunden zu erkennen?

Derartige Fragen gibt es viele. Kundennahe Fachbereiche, insbesondere der Vertrieb eines Unternehmens, bemerken meist als Erste, wenn hier etwas nicht stimmt. Aber auch nachgelagerte Bereiche, die an der Wertschöpfung zum Kunden hin beteiligt sind, sind gefordert. Wenn etwa Lastschrift-Läufe oder das Mahnwesen in der Debitorenbuchhaltung nicht funktionieren, trägt dies sicher nicht zur Kundenzufriedenheit bei.

Um dann zu den besten Anbietern zu gehören und den Kunden mehr Services bieten zu können, stellen sich die Fragen:

- Was können wir tun, um unseren Kunden noch mehr zu bieten?
- Bieten wir Service und Prozesse, die uns gegenüber dem Wettbewerb abheben?
- Wo bauen wir die Stärken unserer IT-Systeme aus?
- Wo können wir den Fachbereichen neue Funktionen zur Verfügung stellen, die uns noch erfolgreicher machen?

Wo ist aber nun der Anfang? Muss ich alle Kundenbedürfnisse aufnehmen, die Prozesse definieren, um schließlich die Architektur und Technologie zu entwerfen und zu realisieren oder umgekehrt? Aus meiner Sicht ist es ein Entwicklungsprozess, der nachstehende Faktoren und Anforderungen mit berücksichtigen sollte:

- Ohne eine an den wesentlichen Unternehmens- und abgeleiteten IT-Zielen orientierte Architektur lässt sich nur sehr schwer eine stabile und effiziente IT-Landschaft aufbauen.
- Die Anforderungen der Kunden und Anwender an die Prozesse und Funktionen stellen zunächst das eigentliche Kundenbedürfnis dar, welches es zu befriedigen gilt.
- Mit der „Software“, das heißt mit den Anwendungssystemen und der Basis-/System-Software, muss die IT mit wirtschaftlich vertretbaren Mitteln in der Lage sein, diese Anforderungen qualitativ hochwertig abzudecken.

Wird man nicht allen genannten Zielkriterien annähernd gerecht, wird sich keine optimale Lösung finden. Die Aufgabe und Rolle der IT ist es daher meines Erachtens, auf die Optimierung dieser Kriterien hinzuwirken. Alle Begeisterung für die Technologie nutzt nichts, wenn sie an den Anforderungen vorbeigeht. Die Umsetzung aller Anforderungen nutzt nichts, wenn sich diese am Ende nicht bezahlbar macht und stabil umsetzen lässt. Diese Erkenntnis hat sich erneut und gerade auch wieder bei den CRM-Projekten der letzten Jahre gezeigt: Es muss eine klare betriebswirtschaftliche Konzeption und Anforderung vorliegen bzw. erarbeitet werden, wenn mit den modernen CRM-Systemen ein Erfolg einhergehen soll.

5 Kundenorientierung und der Einsatz von Standard-Software – geht das? Die mySAP-Anwendungen als Beispiel

5.1 Generelle Beschreibung und Positionierung der mySAP-Anwendungen

Die SAP AG hat als Marktführer – bezogen auf das Lizenzgeschäft – mit Standard-Software weltweit einen Marktanteil von ca. 50% (Quelle: Pressemitteilung der SAP vom 30.01.2003). Im Folgenden möchte ich daher die Ansätze und Lösungen der SAP vor dem Hintergrund der Eignung einer Standard-Software für eine kundenorientierte Unternehmenslösung beleuchten.

Das frühere Geschäft der SAP war ab Juni 1992 zunächst auf das Produkt R/3 ausgerichtet. Im Laufe der Jahre entstand ein mächtiges, in sich integriertes ERP-System (ERP = Enterprise Resource Planning). Dieses wurde für die Belange einzelner Branchen durch die SAP um über 20 Branchenlösungen erweitert. Verschiedene Initiativen der SAP zielten darüber hinaus darauf ab, das System mit einer optimierten Oberfläche benutzerfreundlicher zu gestalten und das e-Business zu integrieren.

Wesentliche Komponenten der aktuellen mySAP-Architektur für eine kundenorientierte Lösung sind:

- ERP-System R/3 Enterprise bzw. mySAP ERP
  Dieses besteht wiederum aus den operativen Modulen für das Rechnungswesen, den Einkauf, den Vertrieb usw.

- mySAP Customer Relationship Management (CRM)
  Eigenständige Komponente, die die operativen Funktionen des ERP-Systems um die des Kundenbeziehungsmanagements ergänzt. Die in mySAP CRM enthaltenen operativen Vertriebsfunktionen sind denen des ERP-Systems vorgelagert und die Stamm- und Bewegungsdaten integriert.

- Portal-Infrastruktur und -Technologie
  Das mySAP-Anwenderportal bietet dem Nutzer eine Oberfläche über die verschiedensten SAP- und Non-SAP-Systeme. So kann er mittels einer Anmeldung z.B. Funktionen aus dem ERP- und CRM-System sowie dem Data Warehouse und Knowledge Management nutzen, ohne den eigentli-

chen Übergang zwischen den Systemen zu bemerken. Darüber hinaus ist das Portal die geeignete Plattform für ein Intranet.

- Analytisches CRM mittels mySAP Business Intelligence
  Das Business Information Warehouse (BW) ist mit dem Strategic Enterprise Management (SEM) die Komponente für verdichtete Informationen und auch Kern des analytischen CRM.

- Datenaustausch mit der Exchange Infrastructure und dem SAP Master Data Management
  Die Exchange Infrastructure ist in Zukunft maßgeblich für den Datenaustausch zwischen den SAP-Komponenten und mit Non-SAP-Systemen. Mittels mapping- und regelbasierten Funktionen können zwischen diesen – auf der Basis moderner Formate – Daten ausgetauscht werden. Speziell um die Datenkonsistenz von Stammdaten in einer heterogenen Systemlandschaft zu verbessern und zu gewährleisten, ist das SAP Master Data Management vorgesehen.

- Unterstützung der Entwicklung und Anwendung plattformunabhängiger Web-Anwendungen über den Web Application Server auf der Basis offener Standards
  Damit wird das 3-Schichten-Client-Server-Modell der SAP im Kern für Web-Anwendungen und die JAVA-Entwicklung geöffnet.

Neben den Stärken im Kern der mySAP ERP-Anwendungen, dem BW und CRM, bietet die SAP damit eine mächtige, in sich integrierte und nach außen offene Systemlandschaft an, wie sie bislang kaum von einem IT-Anbieter zu erhalten war. Mit der Priorität auf der Entwicklung der neuen, oben genannten Komponenten hat die SAP in den letzten Jahren ein ungeheures Tempo entwickelt und damit so manchen Spezielanbieter für Data Warehouse- und CRM-Systeme eingeholt, wenn nicht sogar überholt. Insbesondere die Integration der Anwendungen/Module war eines der Hauptargumente, aufgrund dessen sich insbesondere größere Unternehmen während der letzten Jahre für SAP R/3 entschieden haben. Diese Integrationsstrategie und Konzeption setzt die SAP mit den aktuellen Komponenten und ihrer Architektur fort.

Die Stärke der SAP-Anwendungen resultiert meines Erachtens aus der hohen Anzahl der Kundenanforderungen sowie dem hohen Erfahrungswert der SAP-Mitarbeiter. Beides hat die SAP im Laufe der Jahre in ihre Software eingearbeitet. Dieser Fundus an Funktionalität, gesteuert über das Customizing (im Sinne einer kundenspezifischen Ausprägung) und den Möglichkeiten der Personalisierung auf der Basis eines umfassenden Datenmodells versetzt das Anwenderunternehmen in die Lage, an den Kunden- und Anwenderbedürfnissen orientierte Prozesse umzusetzen.

5.2 Exemplarische Erweiterungsmöglichkeiten für kunden-/anwenderspezifische Belange

Die Stärke der Software stößt auch bei der SAP an der Stelle an ihre Grenzen, an der die Generalisierung der Anforderungen bzw. deren Umsetzung zum einen die Komplexität enorm erhöht und zum anderen die Effizienz der einzelnen Bearbeitungsschritte leiden lässt. Darüber hinaus, und das ist an der Stelle das Wichtigere, zeigt sich in den meisten Projekten, dass der zunächst vorhandene Wille zur 100%-Lösung im SAP-Standard im Laufe der Zeit leidet.

Weiter oben hatte ich ausgeführt, dass insbesondere der Vertrieb am ehesten den Kundenbedürfnissen gegenübersteht. Insofern ist es nicht verwunderlich, dass bei den meisten der Projekte und SAP-Installationen, die ich in den letzten Jahren gesehen habe, die vertrieblichen Belange meist über das Ziel der 100%-Standardinstallation gestellt wurden.

Die SAP hat natürlich an der Stelle, basierend auf den Erfahrungen aus R/2 und den Anfängen von R/3, vorgesorgt. Über verschiedene Möglichkeiten, die über das Customizing hinausgehen, kann ein SAP-System um weitere Kunden- und Anwenderbedürfnisse ergänzt werden. Diese Möglichkeiten kann man im Prinzip unter dem „Erweiterungskonzept“ subsummieren.

Zu den von der SAP vorgesehenen technischen Möglichkeiten zur Erweiterung eines SAP-Systems gehören unter anderem folgende Varianten:

- Entwicklung eigener Programme im reservierten Kunden-Namensraum. Diese Programme können über die im Folgenden genannten Möglichkeiten in den SAP-Standard eingebettet werden oder als eigenständige Transaktionen fungieren.

- Mit Hilfe von User Exits bzw. Customer Exits besteht die Möglichkeit, den Standard-Anwendungen in Programmen, Masken und Menüs eigene Funktionalität zuzuweisen. Diese haben keine Auswirkung auf den Standard-Quelltext bzw. die Standard-Aktualisierungen (zum Beispiel im Rahmen eines Release-Wechsels).

- Business Add-Ins bieten die Möglichkeit, an bestimmten Stellen Coding einzufügen, ohne das Originalobjekt zu modifizieren. Die Aufwärtskompatibilität der Schnittstellen eines Business Add-Ins ist gewährleistet, das heißt der Aufruf einer Erweiterung aus der Standard-Software und die Gültigkeit der Aufrufschnittstelle bleiben von Release-Wechseln unberührt. Als Vorstufe/Variante der Business Add-Ins seien an dieser Stelle noch die Customer Functions genannt.

- Business Transaction Events ermöglichen in Verbindung mit Einstellungen im Customizing das Starten eigener Programme basierend auf bestimmten Ereignissen, die in einer Transaktion ausgelöst werden.

Unter dem Begriff „Modifikation“ versteht man im SAP-Kontext weitläufig die direkte Änderung eines Original-SAP-Programms, so dass dieses etwa beim nächsten Release-Wechsel manuell nachgearbeitet werden muss. Ansonsten sind entweder die individuellen Änderungen hinfällig oder man müsste mit dem bisherigen Programm weiterarbeiten. Dieses ist bei den Abhängigkeiten zwischen den Programmen allerdings mit Aufwand und Risiko behaftet. Mit Modifikationen bewegt man sich damit im Grenzbereich dessen, was noch empfehlenswert ist.

Jeder, der sich mit den Projekt- und Pflege-/Betriebskosten eines SAP-Systems auseinandergesetzt hat, weiß, dass mit dem Grad der Abweichung vom SAP-Standard auch sofort deutlich die Kosten ansteigen. Insofern wird klar, dass die Entscheidung, inwiefern eine Erweiterung/Modifikation des SAP-Standards zugelassen wird, eine wichtige Rolle spielt und demnach abgewogen werden sollte. Nicht selten trifft man in SAP-Systemen Funktionen und „Verbiegungen“ an, die zum Beispiel seitens des Vertriebs mit Nachdruck gefordert wurden, nach der Realisierung dann aber kaum genutzt wurden. Diese, meist wohl falsch verstandene Kundenorientierung, gilt es, zu vermeiden bzw. im Nachhinein zu korrigieren. Das hier beschriebene Symptom ist übrigens nicht allein ein Problem einer Standard-Software. Den selben Effekt hätte man auch mit einer Individual-Software. Bei einer guten Standard-Software wird aber relativ schnell klar, wo das „Mehr“ und damit die Mehrkosten stecken. Mit dem oben beschrieben Erweiterungskonzept kann das System genau an den Stellen auf die unternehmensspezifischen Belange hin optimiert werden, an denen dieses besondere Prioritäten oder Stärken im Hinblick auf die Absatzprozesse und Kundenbelange sieht.

Zusammenfassend möchte ich Folgendes zum Ausdruck bringen: Mit einer Standard-Software wie der mySAP Business Suite in Verbindung mit einem fundiert eingesetzten Erweiterungskonzept können Sie für Ihr Unternehmen eine passende Lösung entwickeln, die im Hinblick auf eine kundenorientierte Abwicklung einer Individuallösung in nichts nachsteht. Funktionalität und Integration einer SAP-Lösung sprechen dann für sich.

6 Praktische Beispiele für die Umsetzung kundenorientierter Lösungen – Beispiele aus Projekten im Handel

6.1 ECR-Integration bei einem Großhändler

Der hier beschriebene Anwendungsfall stammt von einem Großhandelsunternehmen mit Schwerpunkt im Food-Handel. Das Unternehmen versteht sich mit Logistik- und Serviceleistungen als „Full Service“-Spezialist und beliefert in Deutschland über 70.000 Kunden. Zu den Leistungen gehören unter anderem:

- hohe Lieferbereitschaft mit einem umfangreichen, differenzierten Sortiment,
- Aktionskonzepte mit darauf abgestimmten Werbemaßnahmen,

- effiziente Feindistribution im gesamten Bundesgebiet,
- Beratung für Category Management und die einzelnen Shop-Kunden,
- Marketing-Leistungen bis zum Space Management und Shop-Planung.

Als Basis für das dynamisch aufgestellte Unternehmen wurde – beginnend ab dem Jahr 1994 – SAP R/3 für weitestgehend alle operativen Prozesse eingeführt. Am Rande sei bemerkt, dass ca. 1998 im Rahmen eines Kundenorientierungsprojektes 10 neue Leistungen definiert wurden, die teilweise im SAP-Standard und teilweise in Form von Erweiterungen implementiert wurden.

Motiviert durch die ECR-Initiative und Anfragen von Kunden wurde dem R/3-System frühzeitig eine EDI-Umgebung vorgeschaltet. Dieses geschah über die sogenannte IDOC- und ALE-Technik der SAP. Der eigentliche Integrationsaufwand zwischen EDI- und SAP-Systemen und dem für die eigentliche Datenkonvertierung zum Kunden konnte damit deutlich reduziert werden. Angeboten werden in Projekten hier in erster Linie Standardformate. Insbesondere der Datenaustausch im EANCOM-Format hat dabei in den letzten Jahren das früher gebräuchlichere SEDAS-Format deutlich übertroffen.

Folgende Nachrichten werden in den meisten Kundenprojekten des betrachteten Unternehmens implementiert:

PRICAT	Artikelstamm/Konditionsdaten zum Kunden
ORDERS	Aufträge vom Kunden
DESADV	Lieferavis zum Kunden
INVOICE	Fakturen an den Kunden

Für den eigentlichen Erfolg in der Umsetzung der Integrationsprojekte mit dem jeweiligen Kunden des Großhändlers haben sich häufig folgende Kriterien herausgestellt:

- Die Anforderungen untereinander und an Prozesse müssen zunächst klar definiert und abgestimmt werden. Formalisierte Checklisten sind hierfür sehr hilfreich, damit von den üblichen Punkten keiner in den gemeinsamen Meetings untergeht.
- Aus der Optimierung und Abstimmung der Prozesse resultiert ein Change Management, das bei beiden Partnern auch einer internen Kommunikation bedarf. Zum Beispiel müssen bestellenden Outlets und Abteilungen Uhrzeiten für die Bestellungen kommuniziert und Besonderheiten im Aktionsgeschäft bekannt gegeben werden. Stammdaten – sowohl kunden- wie großhandelsseitig – müssen korrekt gepflegt sein bzw. umgepflegt werden.
- Bei den größeren Projekten ist eine konkrete Termin-/Projektplanung bzw. ein Projektmanagement unerlässlich.

Der aufwändigere Einstieg ist es, über die PRICAT-Nachricht mit einer Sortimentsdefinition und stimmigen Artikelstammdaten zu beginnen. Es ist aber der bessere Weg, da Sie bei den meisten Projekten in der Ver- und Bearbeitung der Vorgänge Reibungsverluste und Zusatzaufwände vermeiden.

Insbesondere bei umsatzstarken Kunden des Großhändlers haben diese Projekte eine beachtliche Dimension angenommen und die Optimierung wurde im Laufe der Jahre weiter vorangetrieben. Neben einer Effizienzsteigerung und Reduktion von Auftragsdurchlaufzeiten auf beiden Seiten hat dieser „Service" sicher auch zu einer Kundenbindung geführt.

6.2 Filialgeschäft eines Versandhändlers

Ein Unternehmen des Versandhandels betreibt im Bundesgebiet mehrere Filialen. Neben dem klassischen Telefonverkauf im Call Center und einem hohen Anteil des Internet-Geschäfts wird damit ein Multi Channel-Ansatz verfolgt. Neben einer kompetenten Beratung wird in den Filialen auch der Service und die Reparaturannahme im Versand verkaufter Artikel angeboten. Während die komplette Abwicklung für den Versandhandel bereits auf der Basis von SAP R/3 und mySAP CRM erfolgt, sind die Filial-WWS-Systeme noch an eine individuell realisierte Zentrale-WWS angebunden. Diese tauscht ihrerseits Daten mit dem SAP-System aus.

Im Rahmen einer Analyse und eines Grobkonzepts zur Integration des Filialgeschäfts in mySAP wurden, insbesondere als Vorteile für die Kunden, unter anderem folgende Punkte herausgearbeitet:

- Die durchgängige Unterstützung des Multi-Channel-Ansatzes ohne „Medienbruch" zwischen den IT-Systemen; B2B-Kunden können z. B. dann in der Filiale uneingeschränkt gegen Rechnung oder für den Versand bedient werden.

- Die durchgängige Unterstützung des Serviceprozesses; die Mitarbeiter in der Filiale werden in die Lage versetzt, den Serviceprozess zusammen mit der zentralen Service-Abteilung durchgängig zu bearbeiten und können dem Kunden gegenüber spontan Auskunft über den Status eines Service-Vorgangs geben. Das Gleiche gilt natürlich auch für Artikel, die über den Versand bezogen wurden.

- Erhöhung der Warenverfügbarkeit in der Filiale durch eine integrierte Nachschubdisposition vom Verteilzentrum zu den Filialen.

- Entlastung des Personals in der Filiale von administrativen Tätigkeiten; diese Zeit kann für die Beratung und Bedienung von Kunden verwendet werden

- Vereinfachung des Verkaufs von Set-Artikeln in der Filiale; bis dato muss der Kunde sich für Set-Artikel von einem Verkäufer einen Beleg für die Kasse ausschreiben lassen

Ohne jetzt auf weitere Details oder Detailfunktionen der Anwendung eingegangen zu sein, wird an diesem Beispiel sehr gut deutlich, welche Vorteile sich für den Endkunden alleine schon aus der Integration der IT-Systeme ergeben.

7 Resümee

Insofern bin ich an meiner Einschätzung zu Beginn dieses Beitrages angelangt: Die Umsetzung der Kundenorientierung ist wichtig und führt zu einem Wettbewerbsvorteil. Die IT kann hierzu einen entscheidenden Beitrag leisten.

Eine Standard-Software wie die der SAP ist durchaus geeignet, optimal auf die Anwender- und Kundenbelange hin ausgerichtete Funktionen und Prozesse bereitzustellen. Werden die Grenzen des Standards erreicht, bietet das Erweiterungskonzept immer noch ausreichende Möglichkeiten zur Realisierung einer leistungsstarken und auf die Kundenbedürfnisse zugeschnittenen Lösung.

Es gilt auf jeden Fall, sicherzustellen, dass über die Umsetzung bewusst und priorisiert entschieden wird. Andernfalls würde dies zu Kosten führen, die auf Dauer in keiner Relation zum Nutzen stehen würden bzw. die zu einer Fehlleitung der Investitionen führen würden.

Qualität und Sicherheit für Lebensmittel

Hermann-Josef Nienhoff

QS Qualität und Sicherheit GmbH, Bonn

1 Mit gutem Gefühl einkaufen

Lebensmitteleinkauf ist Vertrauenssache: Im Kundenparadies Deutschland möchte sich der Verbraucher auf die Qualität und Sicherheit der angebotenen Lebensmittel verlassen können. Das gilt im Besonderen für Fleisch und Fleischwaren.

Seit Herbst 2002 gibt es in den Kühltheken der Supermärkte Fleisch mit dem QS-Prüfzeichen zu kaufen. Das Prüfzeichen steht für Qualität und Sicherheit. Es dokumentiert ein umfassendes Qualitätssicherungs- und Kontrollsystem für Fleisch und Fleischwaren. Dem Verbraucher wird damit eine durchgängige Qualitätssicherung vom Futtertrog bis zur Ladentheke zugesagt. Qualität und Sicherheit für Lebensmittel realisiert die häufig geforderte „gläserne Produktion“, die alle Schritte von der Geburt, über Mast und Schlachtung bis zum Lebensmittelhandel einbezieht.

Abb. 1. QS Qualität und Sicherheit GmbH-Logo

Die gesamte Lebensmittelwirtschaft in Deutschland hat sich zu einem Bündnis für den aktiven Verbraucherschutz zusammengeschlossen. Von der Landwirtschaft bis zum Lebensmitteleinzelhandel ist mit der Gesellschaft QS Qualität und Sicherheit GmbH im Oktober 2001 eine gemeinsame Sicherheitsplattform geschaffen worden. Das Stufen- und Unternehmensübergreifende Qualitätssicherungssystem ist weltweit einmalig. Dokumentierte Produktionsprozesse und durchgängige Kontrollen vom Feld bis zur Ladentheke kennzeichnen das QS-System. Ziel ist es, durch Transparenz, Dokumentation und neutrale Kontrolle einen wesentlichen Beitrag für die Sicherheit der Lebensmittel zu leisten. Damit soll das Vertrauen der Verbraucher in die Qualität der Lebensmittel und ihre sichere Herstellung gestärkt werden.

Die Initiative zur Gründung eines so umfassenden Sicherungssystems ging von der Wirtschaft selbst aus und resultiert aus den Lebensmittelkrisen der letzten Jahre, die durch Schlagworte wie „BSE“, „Dioxin“ oder „Nitrofen“ gekennzeichnet werden können. Eine absolute Sicherheit, dass solche oder ähnliche Dinge in Zukunft nicht mehr vorkommen, kann zwar nicht gegeben werden. Aber Fehler und Risiken lassen sich frühzeitiger erkennen, und „schwarze Schafe“ können ausgeschlossen werden. Es bedeutet eine große Anstrengung, dem Verbraucher ein Maß an Transparenz und Nachvollziehbarkeit zu geben, wie dies in einem Kundenparadies gewünscht wird.

2 Verbraucherwünsche und Verbrauchererwartungen

2.1 Konsumieren wie im Schlaraffenland

Bei Lebensmitteln können die Kunden in Deutschland auf Produkte aus aller Herren Länder zugreifen. Die Vielfalt und Verfügbarkeit zu jeder Jahreszeit sind fast unbegrenzt. Frische und Qualität sind zu einer Selbstverständlichkeit geworden. Fertig zubereitete Speisen und verschiedenste Kochstile können zu jeder Zeit konsumiert werden. „Müsli“ zum Frühstück oder „Ham and Eggs“ mit einem „Cappuccino“ sind ebenso selbstverständlich wie ein kräftiges Brot mit Käse oder Marmelade. Mittags kann man in der Sushibar genießen oder in einem thailändischen oder italienischen Restaurant. Zwischendurch kann es aber auch schon mal eine der verschiedenen Salatvariationen, eine Pizza oder ein Hamburger von McDonald's sein. Das Angebot an Milch- und Joghurtprodukten, Brot und Wurstwaren oder Spezialitäten ist riesengroß. In Deutschland kann der Kunde Produkte aus der ganzen Welt zu erschwinglichen Preisen kaufen und das Menü seiner Wahl selbst zubereiten. Er kann aber ebenso Mikrowellen-geeignete Fertigprodukte, so genanntes „Convenience Food“ erwerben und im Handumdrehen ein Spezialitätenmenü auf den Tisch bringen. Die Auswahl bietet in dieser Hinsicht paradiesische Zustände.

2.2 Der Kunde hat die Wahl

Der Kunde hat die Freiheit, sich nach Lust und Laune zu entscheiden und zu bedienen. Dabei ist ein Trend zum sogenannten „smart shopping“ festzustellen, zum intelligenten und selektiven Konsum. So steigt nach einer Untersuchung der GfK Gesellschaft für Konsumforschung der Anteil der Haushalte, der je nach Situation in einer Warengruppe einmal zum Premium-Produkt greift, ein andermal jedoch das Billigprodukt bevorzugt. Zu dem ausgeprägten Preisbewusstsein bei Einkäufen des täglichen Bedarfs gesellt sich von Fall zu Fall ein bemerkenswerter Hang zum Luxus (morgens Aldi, abends Edelrestaurant). Der Kunde will, wie Konsumforscher ermittelt haben, mehr Bequemlichkeit und damit auch Zuverlässigkeit. Aber er will vor allem Eines: Gute Produkte für wenig Geld.

Gleichzeitig wird unter Verbrauchern, aber auch von Fachleuten die Frage der Qualität und Sicherheit von Lebensmitteln diskutiert. Der Lebensmittelhandel bietet uns heute die Möglichkeit, aus einem Angebot von fast 25.000 Produkten auszuwählen. Dabei geht der Kunde davon aus, dass Hersteller und Händler ein eigenes Interesse haben, ihm ein gesundes und gutes Lebensmittel anzubieten. Er möchte dem Lebensmittelangebot vertrauen und nicht auf einer nach oben offenen Risikoskala zwischen gesundheitsgefährdenden Haupt- und Restrisiken abwägen. Der Verbraucher möchte im Prinzip unbefangen genießen können – so wie man es sich im Paradies vorstellt!

2.3 Unbefangen genießen

Kunden sind es gewohnt, beim Kauf die Unbedenklichkeit und Qualität der Ware selbst zu prüfen. Alle fünf Sinne werden dazu eingesetzt, um festzustellen, ob etwas wohlschmeckend und von guter Qualität ist. Dabei hat jeder Einzelne unterschiedliche Methoden und Vorgehensweisen, um die Qualität und Unbedenklichkeit eines Produktes zu prüfen und zu bewerten. Auf dieser Grundlage laufen die meisten Einkaufsvorgänge gerade bei Lebensmitteln automatisch und unbewusst ab. Im Unterschied zu Autos beispielsweise sind Lebensmittel sogenannte „low involvement"-Produkte. Es finden in der Regel spontane Kaufentscheidungen ohne lange Suchphase statt bzw. man greift auf Bekanntes und Bewährtes zurück. Die persönlichen Kriterien, die vor dem Einkauf ausschlaggebend sind, können nicht immer rational erklärt werden und sind für Außenstehende nicht direkt nachvollziehbar.

Was möchte der Kunde, was möchte der Verbraucher wirklich? Ganze Befragungsmannschaften sind dauernd unterwegs, um Gewohnheiten, Einstellungen und Verhalten der Verbraucher zu erforschen. Zwischen dem, was der Verbraucher sagt bzw. die Medien über seine Einstellung berichten und wie er tatsächlich handelt, klafft häufig eine Lücke. Die Absatzzahlen des Handels und ihre Entwicklung spiegeln die Verhaltensrealität im Allgemeinen besser wider als qualitative Befragungen. Nicht selten gibt es eine erhebliche Differenz zwischen Konsumenten-Deklarationen und tatsächlichem Marktverhalten.

2.4 Das Interesse gilt auch der Herstellungspraxis

Zunehmend sind die Verbrauchererwartungen an die Lebensmittelqualität auch mit den ethischen Anforderungen an Lebenskultur und an Tier- und Umweltschutz verbunden. Besonders beim Produktbereich Fleisch und Fleischwaren wäre rund ein Drittel der deutschen Konsumenten bereit, Preisaufschläge zu akzeptieren, wenn bestimmte Haltungsformen, kurze Transportwege und stressfreie Schlachtung garantiert werden. Ob sich das an der Ladentheke dann auch bewahrheitet, ist eine andere Frage. Jedenfalls hat sich QS Qualität und Sicherheit GmbH auf den Weg in diese Richtung gemacht. Die Kontrolle der Einhaltung der Tierschutzkriterien ist ebenso ein Thema wie die korrekte Schlachtung und der Transport. Entscheidend aber ist, dass der gesamte Herstellungsprozess dokumentiert und kontrolliert wird.

Im Vordergrund der öffentlichen Diskussion steht häufig der ökologische Landbau. Mit dem Ziel, in überschaubarer Zeit einen höheren Anteil an Ökoprodukten im Einzelhandel zu erreichen, führte das Bundesministerium für Verbraucherschutz, Ernährung und Landwirtschaft im Herbst 2001 ein neues Biosiegel ein. Am Gesamtumsatz des deutschen Lebensmitteleinzelhandels haben ökologische Erzeugnisse heute einen Marktanteil von etwa 4%. Zwar bekundet der Verbraucher seine Absicht, mehr ökologisch erzeugte Nahrungsmittel zu kaufen, schränkt aber ein, dass der Preisabstand zu konventionellen Erzeugnissen nicht zu groß wird.

2.5 Preisbewusster Einkauf

Der Kunde setzt nach einer Studie der GfK Gesellschaft für Konsumforschung vor allem auf Produkte mit besonders niedrigen Preisen. 63% der Befragten vertreten den Standpunkt, dass sie die meisten Lebensmittel bei besonders preisgünstigen Quellen einkaufen. Die Zunahme der so genannten Handelsmarken und die Steigerung der Umsatzzahlen bei den Discountern sind der Beleg dafür. So liegt es ganz in diesem Trend, dass es seit Frühjahr 2003 bei den Discountern Lidl und Aldi auch Frischfleisch zu kaufen gibt. Betrachtet man den Anteil der Ausgaben für Lebensmittel an den gesamten Konsumausgaben, so geht auch hier der Trend in Richtung paradiesischer Zustände. Im Jahr 2002 wurden etwa 12% der Konsumausgaben für Nahrungsmittel ausgegeben, 1990 waren es noch 14,4%, und 1980 waren es 16,7%. Für 1 kg Schweinekotelett zum Beispiel musste ein Arbeitnehmer im Jahr 1970 etwa 1 ½ Stunden arbeiten, heute nur noch ½ Stunde. Auch im EU-Vergleich kauft der deutsche Kunde günstig ein. Die Dänen zum Beispiel zahlen gut ein Viertel mehr für Lebensmittel als die Kunden in Deutschland.

Eine besonders knifflige Frage stellt sich: Ist der Kunde bereit, mehr an Qualität und Sicherheit in Lebensmitteln mit einem höheren Preis zu bezahlen? „Wer zu Recht umwelt- und tiergerechte Agrarerzeugnisse verlangt und eine hohe Qualität erwartet, muss auch wissen, dass dies nicht zum Nulltarif zu haben ist!“ verlautbarte die Bundesministerin für Verbraucherschutz, Ernährung und Landwirtschaft, Renate Künast, im Januar 2003, mit Blick auf Niedrigpreise und preiswerte Angebote bei Discountern.

Aber auch beim preisbewussten Einkauf möchte sich der Kunde auf die Qualität und Sicherheit verlassen können. Das QS-Prüfzeichen gibt dem Verbraucher die Gewissheit, dass sämtliche Produktions- und Vermarktungsabläufe bis zur Ladentheke dokumentiert und neutral kontrolliert werden.

3 Einkaufsgewohnheiten bei Lebensmitteln

Von allen Produkten, die der Verbraucher kauft, ist er bei Lebensmitteln am kritischsten und reagiert bei Risikohinweisen oder Qualitätsmängeln hoch sensibel. Lebensmittel dienen der Ernährung und stehen für die meisten Menschen in unmittelbaren Zusammenhang mit ihrer Gesundheit. Das ist der Grund, warum jeder Einzelne, aber auch die Medien, den Lebensmitteln und ihrer Qualität eine solche Aufmerksamkeit schenken. Nach einer gesunden Ernährung gefragt, nennen 78 % aller Befragten Stichworte wie „frische Zutaten“, „Gemüse“ und „Kräuter“. „Viel Rohkost“, „Salate“ sagen 75 %. Für mehr als jeden zweiten (59 %) gehört auch dazu, dass das Essen fettarm ist, und es sollte viele Ballaststoffe enthalten, sagen 48 % (Allensbacher Institut für Demoskopie, 2002).

3.1 Fast Food und Convenience Food

Der Verbraucher möchte essen, was gesund ist und gibt in Befragungen an, dass er „naturbelassene“ Lebensmittel kaufen möchte. Tatsächlich nimmt der Anteil sogenannter Convenience Food und die Anzahl der Fast Food-Restaurants ständig zu. Convenience-Produkte und Fast Food haben inzwischen eine so hohe Bedeutung erlangt, dass nach Schätzungen über 80 % aller Lebensmittel in be- und verarbeiteter Form zum Konsumenten gelangen. Der Verbraucher möchte sich ausgewogen ernähren, und gleichzeitig stellt der Bundesverband Verbraucherzentrale fest, dass das Übergewicht bei Kindern erschreckend hoch ist. Im Vergleich zu Kindern vor 25 Jahren sind unsere Kinder heute (im Alter von 5–7 Jahren) 3 % größer, aber 14 % schwerer, und der Fettanteil hat sich sogar um das 60fache erhöht.

3.2 Der Kunde möchte vertrauen

Der Verbraucher setzt beim Einkauf und auch beim Verzehr alle seine sensorischen Fähigkeiten ein, aber er hat keinen Einfluss auf die Produktionsweise und kann die Inhaltstoffe nicht erkennen. Er weiß nur, dass seine Gesundheit davon abhängt, was er isst. Er ist insoweit in dem Dilemma, denjenigen zu vertrauen, die seine Lebensmittel produzieren und vermarkten. Der Verbraucher hat keine andere Wahl als den Angaben der Hersteller, des Handels oder anderen Institutionen zu vertrauen. Er glaubt zunächst einmal, dass die Qualität der Produkte in Ordnung ist, wenn sie gut schmecken und nichts Nachteiliges bekannt ist. Prinzipiell möchte er ohne zeitraubende und mühevolle Informationsarbeit Lebensmittel kaufen und zubereiten.

Otto von Bismarck hat einst festgestellt: „Je weniger die Leute davon wissen, wie Würste und Gesetze gemacht werden, desto besser schlafen sie!“ QS Qualität und Sicherheit GmbH hält das Bismarcksche Bild für die Kunden von heute nicht für angemessen, sondern setzt auf Nachvollziehbarkeit und Transparenz, um das Vertrauen zu gewinnen und zu rechtfertigen. An dem QS-Prüfzeichen auf der Ware soll der Kunde gleich erkennen, dass hier eine besonders gesicherte Qualität vorliegt.

Die hohe Aufmerksamkeit für gesunde Ernährung sorgt zugleich auch für hohe Irritationsbereitschaft. Während das Gesundheitsbewusstsein größer wird, wird auch die Sensibilität für Risiken immer größer, so dass wir am Ende gar nicht mehr in der Lage sind, richtig einzuschätzen, wo wir mit unserer Ernährung heute unter dem uns so wichtigen Aspekt der Gesundheit eigentlich stehen. In der Folge sind die Verbraucher unsicherer und damit auch kritischer geworden. Sie stellen höhere Anforderungen an die Sicherheit und reagieren schnell und drastisch auf tatsächliche oder vermeintliche Mängel. Am 24. November 2000 trat in Deutschland der erste BSE-Fall auf. Schon im nächsten Monat wurden im Vergleich zum Vorjahr über 60 % weniger Rindfleisch verkauft. Gegenüber solchen Skandalen ist der Verbraucher in hohem Maße sensibel und reagiert entsprechend deutlich.

4 Verunsicherung durch Lebensmittelkrisen

Viele Verbraucher sind verunsichert, obwohl die gesundheitliche Qualität von Lebensmitteln besser ist als je zuvor. Lebensmittelwissenschaftler bestätigen, dass unsere Großeltern Gifte in Nahrungsmitteln ahnungslos verzehrt haben. Tatsächlich können wir uns heute auf die Lebensmittel sehr viel besser verlassen. Denn beim Traum von der guten alten Zeit handelt es sich um eine Fehleinschätzung der damaligen Verhältnisse. Es kommt in dem Traum nämlich nicht vor, dass Großmutter verschimmeltes Brot an der Rinde abgeschnitten hat, zu Weihnachten Nüsse geknackt wurden, die leicht verschimmelt und hoch toxisch waren, und dass die freilaufenden Hühner ihren eigenen eventuell mit Salmonellen verseuchten Kot aufpickten. Aber die Bevölkerung ist aktuell zu 63 % überzeugt, dass das, was wir zum Verzehr auf den Tisch bekommen, ungesünder ist als die Nahrungsmittel vor 100 Jahren.

4.1 Traum von der guten alten Zeit

Nach dem von der Deutschen Gesellschaft für Ernährung alle vier Jahre angefertigten Ernährungsbericht ist die Qualität der Nahrungsmittel noch nie so gut wie heute gewesen. Lebensmittel sind nach dem Ernährungsbericht nicht in gesundheitlich bedenklichem Maße mit Rückständen oder Schadstoffen belastet. Auch die Ergebnisse des von Bund und Ländern gemeinsam durchgeführten Lebensmittel-Monitorings 2000 belegen, dass die Qualität der Lebensmittel, die auf dem deutschen Markt angeboten werden, gut ist. In diesem Monitoring werden ca. 5000 Proben pro Jahr auf unerwünschte Stoffe wie Schwermetalle, Nitrat oder Schimmelpilze untersucht. In 1,6 % der Proben wurden unerwünschte Stoffe festgestellt.

In den letzten Jahren haben wir jedoch eine Anzahl verschiedener Skandale registriert, die die Konsumenten stark verunsichert haben. Die nachfolgende Chronologie zeigt eine Auswahl von Lebensmittelkrisen der letzten 12 Jahre:

- 1981: Motorenöl im Olivenöl (Spanien)
- 1985: Glycol im Wein (Österreich und Deutschland) Teil 1
- 1986: Methanol im Wein (Italien)
- 1987: Rundwurm-Larven in Fischen (Deutschland)
- 1988: Unerlaubte Hormone in der Kälbermast (Deutschland)
- 1992: Glycol im Wein (Deutschland und Österreich) Teil 2
- 1994: Tetradifon im Darjeeling-Tee (Deutschland)
- 1994: Lindan in Babynahrung (Deutschland)
- 1996: Giftiges Desinfektionsmittel in der Geflügelmast (Deutschland)
- 1997: Trichloranisol in Coca-Cola (Deutschland)
- 1999: Dioxin in Hähnchen (Belgien)
- 2000: BSE-kranke Rinder (Deutschland)
- 2002: Nitrofen im Öko-Weizen (Deutschland)
- 2002: Antibiotika im Geflügel (Deutschland)
- 2002: MPA-Hormon im Futtermittel (Deutschland)

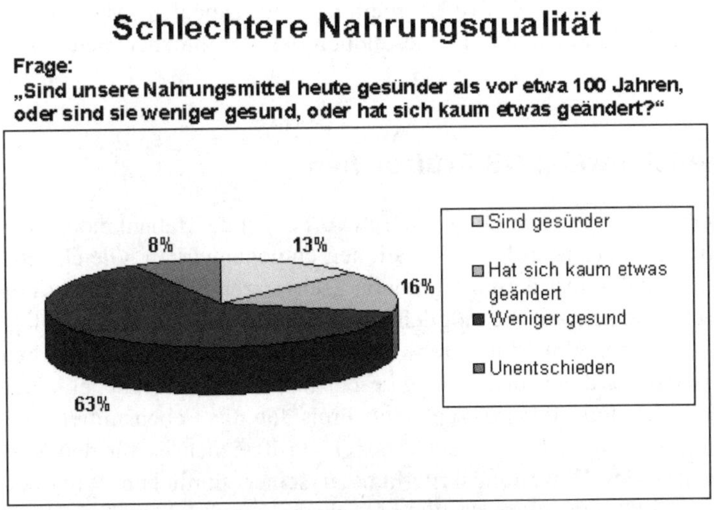

Abb. 2. Basis: Bundesrepublik Deutschland, Bevölkerung ab 16 Jahre
Quelle: Allensbacher Archiv, IfD-Umfrage

Aufgrund der hohen Betroffenheit der Verbraucher in Bezug auf ihre Gesundheit, aber auch aufgrund der leichten Visualisierbarkeit, berichten die Medien sehr schnell und zahlreich über solche Skandale. Daher kommt es in der Regel zu einer großen Stimmenvielfalt von Fachleuten, Politikern, Verbandsvertretern und Betroffenen.

Bei der rasanten Berichterstattung in den Medien kann der Verbraucher sich kaum ein realistisches Bild von den objektiven Risiken machen. In der aktuellen Situation ist dann nicht ausreichend Zeit, um eine wissenschaftliche Klärung von Ursachen und Risiken unter Zeitdruck vorzunehmen. Das steigert die Verunsicherung in der Bevölkerung, und der zunehmende Druck auf Politik und Wissenschaft verstärkt sich eher. Im Nachhinein betrachtet haben sich die Skandale der letzten Jahre zwar in der Regel als sehr begrenzt erwiesen, aber das Ausmaß war in der jeweils aktuellen Situation nicht erkennbar oder belegbar. Hinzu kommt, dass immer feiner werdende Analysetechniken die Erkennung selbst geringster Schadstoffmengen ermöglichen.

4.2 Medien verstärken den Trend

Das es Zusammenhänge zwischen Medien- und Verbraucherverhalten gibt, ist unstrittig. Es wäre aber falsch, den Medien für die Erregtheit und Reaktion des Verbrauchers bei Lebensmittel-Skandalen die Verantwortung zu geben. Denn die Medien machen nur aufmerksam. Sie bieten eine Plattform für Themen, die bereits vorhanden sind. Sie verstärken sie gegebenenfalls oder lassen sie unter den Tisch fallen. Wo kein BSE-Skandal ist, kann auch von den eifrigsten Medien keiner herbei geschrieben werden. Natürlich gibt es bei den Medien handfeste wirtschaftliche Gründe für die intensive Bearbeitung von Skandalen. Aber gleichzeitig kann ihnen auch die Sorge um die Gesundheit der Verbraucher nicht abgesprochen werden.

4.3 Sicherheitshinweis: QS-Prüfzeichen

Die Wirtschaft selbst muss solchen Dingen durch vorbeugende Maßnahmen, Kontrollen und direkte Aufklärung in Risikosituationen entgegenwirken. Gleichzeitig muss sich die Wirtschaft selbst darum kümmern, „schwarzen Schafen" unter den Herstellern das Leben so schwer wie möglich zu machen. Durch die weit angelegte Qualitätssicherung über alle Stufen hinweg, die QS Qualität und Sicherheit GmbH jetzt praktiziert, wird ein solcher Weg beschritten. Dem Verbraucher sollen neben Vielfalt, Frische und einem akzeptablen Preis für die Lebensmittel auch eine höhere Sicherheit mitgegeben werden. Das QS-Prüfzeichen ist für den Verbraucher ein ergänzendes Bewertungskriterium zu seiner sinnlichen Wahrnehmung der Produktqualität. Ob ein Rinderfilet gut schmeckt und sättigt, davon kann er sich selbst überzeugen. Ob das Rind mit geeignetem Futter gemästet wurde, das kann er selbst nicht erkennen. Er vertraut der Landwirtschaft, der Lebensmittelindustrie und den Kontrolleuren. Mit der QS-Kennzeichnung auf der Ware kann der Verbraucher erkennen, dass hier ein kontrollierter und nachprüfbarer Warenfluss mit festgelegten Kriterien bis zur Ladentheke vorliegt. Das QS-Prüfzeichen gibt dem Kunden dort Sicherheit, wo seine sinnlichen und indirekten Sicherheitschecks, deren er sich intuitiv bedient, nicht greifen.

4.4 Ergänzung der staatlichen Kontrolle

Traditionell ist die Lebensmittelwirtschaft durch die Dominanz hoheitlicher Verantwortung gekennzeichnet. Auch heute noch wird bei fast allen Lebensmittelskandalen zunächst der Staat in die Pflicht genommen. Im Gegensatz zu vielen anderen Branchen gibt es in der Lebensmittelwirtschaft eine tief sitzende Verankerung der staatlichen Kontrolle und Verantwortung. Sicherheitsfehler oder Qualitätsfehler werden bei der staatlichen Überwachung in der Regel aber nicht an der Quelle, sondern erst relativ spät im Produktions- und Vermarktungsprozess entdeckt. Dies macht dann je nach Art des Fehlers eine unterschiedlich aufwendige Rückverfolgung des Problems notwendig.

Hinzu kommt eine unterschiedliche Organisation der staatlichen Überwachungsbehörden in den Bundesländern. Die finanziellen Möglichkeiten sind ein weiterer Grund für begrenzten Kontrollumfang. Mit dem QS-System wird ein privatwirtschaftliches Qualitätssicherungssystem umgesetzt, das die staatliche Kontrolle nicht ersetzen will und kann, aber zum Ziel hat, Fehler und Risiken frühzeitig zu erkennen.

Die Verunsicherung der Verbraucher hat zu einer höheren Regelungsdichte und teilweise auch zu sehr bürokratischen staatlichen Regelungen geführt, deren Sinnhaftigkeit durchaus diskussionsfähig ist. Als Beispiele können hier die zentralen Datenbanken für Rinder und Schweine, aber auch die Rindfleischetikettierung genannt werden. Ob damit dem Kunden bei seiner Entscheidung an der Ladentheke wirklich geholfen wird, ist sehr zweifelhaft. In diesem Zusammenhang stellt sich auch die Frage, wie Art und Umfang der Lebensmittelkennzeichnung gestaltet sein sollten, um dem Kunden gleichzeitig Transparenz und Orientierung zu geben.

4.5 Zur Kennzeichnung von Lebensmitteln

Das Thema Lebensmittelkennzeichnung soll hier nur im Zusammenhang mit der Verunsicherung und dem Verbraucherverhalten betrachtet werden. Insgesamt hat man es bei der Kennzeichnung mit sehr vielen lebensmittelchemischen wie technischen, aber auch juristischen Feinheiten zu tun, die hier nicht behandelt werden können. Wichtig ist jedoch festzuhalten, dass eine Kennzeichnung nach deutschem wie nach europäischem Lebensmittelrecht niemals eine Warnfunktion hat, sondern nur der zusätzlichen Information bei als sicher einzustufenden Lebensmitteln dient. Nach europäischer Rechtsauffassung liegt bei der Kennzeichnung nicht die Auffassung des flüchtigen Verbrauchers zugrunde (wie in der bisherigen deutschen Rechtsprechung gehandhabt), sondern es wird auf die mutmaßliche Erwartung eines durchschnittlich informierten, aufmerksamen und verständigen „Durchschnittsverbrauchers" abgestellt.

Der Kunde kann mit der Kennzeichnung nicht immer viel anfangen. Im Ernährungsbericht der Bundesregierung werden die Erkenntnisse einer Befragung von 2.550 Personen wiedergegeben. Danach kannten nur 45% die Bedeutung des Mindesthaltbarkeitsdatums. Weniger als ein Drittel der Befragten wusste, dass sich hinter E-Nummern die Zusatzstoffe nach EU-Norm verbergen. Nur 20% konnten den absoluten Fettgehalt von Käse richtig zuordnen (aufgrund der Angabe Fett in der Trockenmasse). Einige Wissenschaftler sprechen diesbezüglich von einem Deklarationsdilemma, das darin bestehe, dass juristisch und auch sonst formal zutreffende Informationen auf der Lebensmittelverpackung zur Fehlinformation der Verbraucher führen, weil sie den tatsächlichen Informationsgehalt nicht verstehen.

Gleichwohl ist die Lebensmittelkennzeichnung wichtig und notwendig, da der Kunde Orientierungs- und Entscheidungshilfen bei der Auswahl von Lebensmitteln haben möchte. Aber kann die ausführliche Kennzeichnung auch der Verunsicherung entgegenwirken? Die Notwendigkeit, aktiv Informationen aufzunehmen, belastet häufig den Kunden. Unter ökonomischen Aspekten ist auch im privaten Haushalt Information eine knappe Ressource, deren Beschaffung und Verarbeitung mit Aufwand von Zeit, Geld und Arbeit verbunden ist. Verlust von Vertrauen bedeutet also Aufwand in Form von Informationsbeschaffung und Neuorientierung. Das QS-Prüfzeichen gibt ähnlich wie die TÜV-Plakette eine sofort nachvollziehbare, knappe Information über eine umfassende Qualitätssicherung. Es erleichtert so die Entscheidung und schafft Vertrauen.

5 Bündnis für den aktiven Verbraucherschutz

5.1 QS Qualität und Sicherheit für Lebensmittel

Der Kunde möchte mit einem guten Gefühl einkaufen. Damit er dies wieder kann, haben sich alle Beteiligten in der Erzeugungskette Fleisch zu einem Bündnis für den aktiven Verbraucherschutz zusammengeschlossen: QS Qualität und Sicherheit für Lebensmittel. Unter dem unmittelbaren Eindruck der krisengehäuften Situationen, die der BSE-Skandal, die Maul- und Klauenseuche, illegal eingesetzte Hormone und mit Dioxin und Nitrofen verunreinigte Futtermittel in der Fleischwirtschaft hervorgerufen hatten, schlossen sich im Oktober 2001 alle Stufen der Wertschöpfungskette zusammen. Dieses neue Netzwerk der gesamten Futtermittel-, Agrar- und Lebensmittelwirtschaft dokumentiert eine Neuorientierung und bedeutet eine vorwärts gerichtete Ausgestaltung der Verantwortung für die Lebens-

mittelsicherheit. Die Teilnehmer im QS-System verpflichten sich zur Dokumentation ihres Produktionsprozesses, zur Eigenkontrolle, und sie lassen sich durch neutrale Prüfinstitute überwachen.
Zu den Zielen des QS-Systems zählen:

- Transparenz auf allen Produktions- und Vermarktungsstufen
- Rückverfolgbarkeit der Rohstoffherkunft
- Durchgängige Qualitätssicherungs- und Kontrollkette

Mit der Umsetzung dieser Ziele soll die Glaubwürdigkeit verbessert und das Vertrauen der Konsumenten gestärkt werden.

Der Kunde erkennt die Ergebnisse am QS-Prüfzeichen auf Fleisch und auf Fleischwaren im Handel. Es verdeutlicht den Verbrauchern: hier liegen klar definierte Richtlinien und eine transparente Dokumentation vor. Der Produktions- und Vermarktungsprozess wird umfassend kontrolliert und ist nachvollziehbar.

5.2 Durchgängige Absicherung

Mit der Gesellschaft QS Qualität und Sicherheit GmbH wurde eine durchgängige und einheitliche Infrastruktur für die Qualitätssicherung in der Lebensmittelkette geschaffen. Alle Beteiligten haben sich an einen Tisch zusammengesetzt, um eine durchgängige Absicherung in Form einer Sicherheitsplattform zu erreichen.

Tabelle 1. Gesellschafter der Sicherheitsplattform

Für die Futtermittelindustrie	Deutscher Raiffeisenverband e.V.
Für die Landwirtschaft	Deutscher Bauernverband e.V.
Für die Schlacht- und Zerlege-Unternehmen	Verband der Fleischwirtschaft e.V.
Für die Fleischwarenindustrie	Bundesverband der deutschen Fleischwarenindustrie e.V.
Für den Lebensmitteleinzelhandel	Handelsvereinigung für Marktwirtschaft
Für Kommunikation und Zeichenvergabe	CMA Centrale Marketing-Gesellschaft der deutschen Agrarwirtschaft mbH

Das QS-System arbeitet in einer horizontalen Vernetzung, in der unternehmensübergreifend verschiedenste Unternehmen eingegliedert sind, und gleichzeitig in der vertikalen Vernetzung, in der stufenübergreifend alle Schritte des Produktionsweges erfasst sind.

5.3 Systemteilnahme und Zeichenvergabe

QS als Gesellschaft kümmert sich um die Abstimmungsprozesse zwischen den Wirtschaftsbeteiligten, die Organisation der Kontrolle und Überwachung des gesamten Systems. Alle Unternehmen, die sich den Regeln des Systems unterwerfen und aktiv mitmachen, müssen ihre Produktionsabläufe dokumentieren, Eigenkontrollen vornehmen und sich der neutralen Kontrolle unterwerfen. Zur Aufnahme in das System melden sich Futtermittel-, Schlacht- und Verarbeitungsbetriebe per Internet direkt in der Datenbank von QS Qualität und Sicherheit GmbH an. Für die Vielzahl landwirtschaftlicher Betriebe und Filialbetriebe des Lebensmitteleinzelhandels übernehmen dies so genannte Bündler-Organisationsstrukturen, die eine ganze Gruppe von Betrieben zusammenfassen und als Kommunikationsplattform sowie Schnittstelle zwischen QS, den Systemteilnehmern und den Prüfinstituten dienen. Bei Vorliegen aller Voraussetzungen schließt die QS Qualität und Sicherheit GmbH mit Unternehmen im Markt einen System- und Sanktionsvertrag ab. Dieser ist gleichzeitig Voraussetzung dafür, mit der CMA einen Zeichennutzungsvertrag zu schließen.

5.4 Fachbeirat, Sanktionsbeirat und Kuratorium

Vertreter aller beteiligten Stufen bilden den Fachbeirat, der die QS-Kriterien für jede einzelne Produktionsstufe ausarbeitet und weiterentwickelt. Im März 2002 verabschiedete der Fachbeirat den Kriterienkatalog für Rind- und Kalbfleisch sowie Schweinefleisch. Der Kriterienkatalog für Puten- und Hähnchenfleisch wurde im August 2002 verabschiedet, und der Kriterienkatalog für Entenfleisch im Mai 2003. Aufgabe des produktspezifischen Fachbeirates ist es,

- die Kriterien für das Prüfzeichen festzulegen,
- die Richtlinien für die Prüfung und die Kontrolle zu bestimmen,
- den Sanktionskatalog zu definieren.

Ein Kuratorium, besetzt mit Vertretern aus Politik, Wissenschaft, Tier- und Umweltschutz sowie Verbraucherschutz berät die Geschäftsführung und den Fachbeirat in allen grundlegenden Fragen.

QS hat einen unabhängigen Sanktionsbeirat. Sämtliche Verfehlungen werden aktiv verfolgt. Falls notwendig, werden Sanktionsmaßnahmen erlassen, die bis zum Ausschluss aus dem QS-System führen können.

5.5 Verantwortungskette der Lebensmittelwirtschaft

Wichtig für die Systemteilnahme ist das stufenübergreifende Sicherungssystem. Landwirtschaftliche Betriebe dürfen Futtermittel nur von QS-anerkannten Futtermittelherstellern beziehen. Schlachtbetriebe verpflichten sich durch die QS-Teilnahme, die Schlachttiere nur von QS-anerkannten landwirtschaftlichen Betrieben zu beziehen. Die Kette setzt sich fort bis in die angeschlossenen Filialen des Lebensmitteleinzelhandels.

Durch seine komplexe, stufenübergreifende Produktionssicherung kann das QS-System Lebensmittelkrisen – ausgelöst beispielsweise durch Fehler im Produktionsprozess – zwar nicht 100 %ig verhindern. Negative Folgen solcher Krisen können jedoch deutlich vermindert werden. Mit Hilfe der genauen Dokumentation ist die Verfolgung innerhalb des Systems nach vorn gerichtet oder rückwärts gerichtet wesentlich leichter. Dadurch sind die Reaktionsmöglichkeiten deutlich höher, Pannen oder Verfehlungen in der Produktion schnell zu entdecken, zu beheben und zu ahnden. Im Bedarfsfall kann Ware schnell aus dem Handel zurückgeholt werden und so ein Schaden beim Verbraucher effektiv verhindert werden.

Abb. 3. Verantwortungskette

Ein zentrales Element des QS-Systems ist eine spezielle Datenbank für die Erfassung aller Systemteilnehmer sowie die Auswertung und Dokumentation aller durchgeführten Prüfungen.

5.6 Transparenz und Offenheit

QS steht für ein transparentes System. Alle Teilnehmer des Systems sind im Internet veröffentlicht. Ebenso alle Kriterien, die im System einzuhalten sind. Unter www.q-s.info sind die Prüfsystematik, die Leitfäden und Checklisten sowie alle Systemteilnehmer veröffentlicht.

Das QS-System ist offen auch für ausländische Marktbeteiligte. Unter Einhaltung derselben strengen Kriterien (sowie der Stufenübergreifende QS-Teilnahme) können Betriebe aus ganz Europa, sogar weltweit am QS-System teilnehmen. Die meisten ausländischen Systemteilnehmer sind im benachbarten Ausland ansässig und haben feste Lieferbeziehungen nach Deutschland.

5.7 QS-Prüfzeichen – kein Qualitätssiegel

Mittlerweile gibt es eine Vielzahl unterschiedlicher Fleischqualitätsmarken und -siegel: regionale Herkunftszeichen, Zeichen für eine bestimmte Art der Produktion, Zeichen für Qualitätsmerkmale und ähnliches. Das einprägsame QS-Prüfzeichen steht den anderen Zeichen nicht entgegen – im Gegenteil: QS schafft als Basisqualitätssicherung eine verlässliche Grundlage, auf der andere Zeichen aufbauen können. Denn hier ist eine nachvollziehbare Prozesskette mit genau gekennzeichneten Prüfparametern geschaffen worden, die durch Kontrollen die geforderte Qualität beim Übergang zur nächsten Prozessstufe sichert.

Das QS-System ist zudem nicht einseitig auf eine bestimmte Produktionsart ausgerichtet, sondern es ist offen sowohl für Erzeuger, die eine konventionell bestimmte Fleischproduktion betreiben, als auch für Öko-Betriebe, die sich einer ökologisch orientierten Lebensmittelproduktion verschrieben haben. Auch in dieser Hinsicht dient das QS-Prüfzeichen als Basisabsicherung für die Einhaltung festgesetzter Kriterien.

5.8 Strenge Kriterien

Zu den Kriterien kann hier nur auf eine Auswahl eingegangen werden. Sie umfassen den Mindeststandard aller gesetzlichen und rechtlichen Vorgaben, die jeweils in den einzelnen beteiligten Stufen gelten. Darüber hinaus gibt es einen Katalog von Zusatzanforderungen, zu dem sich die Beteiligten im Sinne der Sicherheit verpflichtet haben. Futtermittelhersteller beispielsweise dürfen nur Rohstoffe verwenden, die auf einer Positivliste stehen, und sie müssen bei Mischfutter die Bestandteile genau deklarieren. Landwirte müssen ein Eigenkontrollsystem mit nach Tierarten unterschiedlichen Schwerpunkten dokumentieren. Sie sind verpflichtet, ständig eine vollständige Dokumentation des Medikamenteneinsatzes in ihrem Betrieb zu führen. Auf den Einsatz von antibiotischen Leistungsförderern wird verzichtet.

In den Unternehmen der Schlachtung und Verarbeitung von Fleisch und Fleischwaren sind einwandfreie Hygiene, nachvollziehbarer Warenfluss und die Offenlegung der Rezepturen obligatorisch. Der Einzelhandel schließlich muss ein gesichertes QS-Eigenkontrollsystem aufbauen, die Rückverfolgbarkeit der Herkunft des Fleisches garantieren und die Einhaltung der Kühlkette dokumentieren.

Abb. 4. Stufen- und unternehmensübergreifende Anforderungen

5.9 Dreistufige Kontrolle

Eine wesentliche Grundlage für ein funktionierendes Qualitätssicherungssystem ist die Überwachung. Das QS-System hat ein dreistufiges Kontrollsystem aufgebaut. Die erste Ebene ist die betriebliche Eigenkontrolle: Jedes beteiligte Unternehmen muss ein definiertes Kontrollsystem aufbauen, dass eine verlässliche und jederzeit nachvollziehbare Produktion sicherstellt.

Die zweite Kontrollebene wird durch neutrale Prüfinstitute ausgefüllt. Alle Prozessbeteiligten werden regelmäßig einer Überprüfung durch akkreditierte Prüfinstitute unterzogen. Dort wird mit Hilfe von Checklisten überprüft, ob alle QS-Kriterien eingehalten werden.

In einem dritten Schritt werden das gesamte QS-System und die Arbeit der Prüfinstitute überwacht. Dreifache Kontrolle für dreifach höheren Verbraucherschutz.

5.10 Neutrale Kontrollen

Die neutrale Kontrolle führt eine Dokumentation und Betriebskontrolle durch. Die Beurteilung erfolgt anhand eines festgelegten Bewertungsschemas. Werden so genannte K.O.-Kriterien nicht erfüllt, wird das QS-Prüfzeichen nicht vergeben bzw. wird das Unternehmen aus dem System ausgeschlossen. Die Auditergebnisse werden von dem jeweiligen Prüfinstitut direkt in die zentrale QS-Datenbank eingegeben.

Die Dokumentation sämtlicher Prozessschritte bildet die Basis für eine sichere und nachvollziehbare Produktion. Die Aufzeichnung relevanter Daten ist zugleich die Grundlage für eine Rückverfolgbarkeit im Krisenfall: Alle notwendigen Angaben über QS-Teilnehmer und durchgeführte Prüfungen werden in einer Datenbank gespeichert, so dass sie jederzeit abrufbar sind. Dadurch ist es möglich, den Weg eines Produktes nachzuvollziehen und wirksame Gegenmaßnahmen so früh und effektiv wie möglich einzuleiten.

5.11 Prüfzeichen für den Kunden

Die einzelnen Schritte der Lebensmittelherstellung sind so komplex und vielschichtig, dass sich der Konsument oftmals kein eigenes Bild von der Ware und ihrer Entstehungsgeschichte machen kann. Es ist nicht möglich, jeden einzelnen Schritt nachzuvollziehen oder gar selbst zu kontrollieren. An dieser Stelle setzt Vertrauen ein: Vertrauen in eine korrekte, qualitätvolle, hochwertige Herstellung des Lebensmittels.

Das QS-System bietet dem Kunden – leicht erkennbar an dem QS-Prüfzeichen – eine Hilfestellung beim Einkauf. Quasi stellvertretend für den Verbraucher hat sich das QS-System der umfassenden Aufgabe angenommen, alle Schritte der Produktion von Lebensmitteln zu verfolgen. Der Verbraucher kann sich über alle Details des QS-Systems informieren, zugleich aber dem Prüfzeichen vertrauen, dass durch eine stufenübergreifende Dokumentation und Kontrolle die Sicherheit der Lebensmittel erhöht ist.

Autorenverzeichnis

Stephen P. Bechwar, Jahrgang 1961, ist seit 1997 Managing Director der Lands' End GmbH in Mettlach (Saarland). Er begann seine Karriere bei Lands' End Inc. USA 1993 als Business Analyst. Bevor er zu Lands' End kam, arbeitete er vier Jahre als Manager of Business Administration bei Siemens Nixdorf in Kalifornien sowie zuvor vier Jahre im Controlling bei Grant Thornton CPA's. Er ist Absolvent der University of Wisconsin, USA. Dort schloss er sein Studium als Bachelor of Business Administration – Accounting und als Master in Science – Finance ab. Bechwar ist zertifizierter Wirtschaftsprüfer (Certified Public Accountant).

Bart Jan Constandse, Jahrgang 1946, ist Vorstandsvorsitzender bei The Greenery B.V. Bart Jan Constandse studierte Betriebswirtschaft an der Erasmus Universität Rotterdam. Seit 1973 war er als Geschäftsführer tätig bei u. a. Wessanen Italia SpA (Produzent von Kälberfutter), Wessanen Fleisch Gruppe (Fleischproduktion), Coveco N.V. (Fleischproduktion) und Hillsdown International B.V. (Nahrungsmittelproduzent). Bei Hillsdown Holding PLC war er seit 1992 Vorstandsmitglied. Von 1994 bis 1999 war Bart Jan Constandse Vorstandsmitglied bzw. Vorstandsvorsitzender bei Cehave N.V., Produzent von Viehfutter und Nahrungsmitteln.

Neben seiner Tätigkeit für The Greenery ist er Mitglied von verschiedenen Aufsichtsräten bzw. Beiräten.

Heribert Gathof, Jahrgang 1955, ist Geschäftsführer der ECKES granini Deutschland GmbH. Er studierte Betriebswirtschaft in Würzburg. Danach arbeitete er fünf Jahre als Kundenberater bei Grey, Düsseldorf. Bei Kraft, Richardson-Vicks und Procter & Gamble durchlief er alle Stationen des Marketing Managements. 1991 bis 2000 war er bei ECKES granini verantwortlich für Marketing und Vertrieb des deutschen und des internationalen Geschäftes. Seit 1/2000 leitet er gesamtverantwortlich das deutsche Geschäft.

Stephan Grünewald, Jahrgang 1960, ist Geschäftsführer von *rheingold* – Institut für qualitative Markt und Medienanalysen in Köln. Nach dem Studium der Psychologie an der Universität Köln gründete der Diplom-Psychologe 1987 zusammen mit Jens Lönneker das Institut für qualitative Markt- und Wirkungsanalysen (IFM Köln), das 1997 in *rheingold* umfirmierte.

rheingold ist heute mit seinen 45 festangestellten Mitarbeitern in Deutschland führend in der qualitativ-psychologischen Wirkungs-, Markt- und Medienforschung.

Seit Bestehen des Instituts veröffentlichte Grünewald zahlreiche Fachaufsätze und Vorträge insbesondere zu den Themenfeldern Markenführung, Werbewirkung, Lebensalltag, Jugend und Kultur und wirkte bei vielen Hörfunk- und Fernsehsendungen mit.

Peter Hambuch, Jahrgang 1953, ist Manager CPFR & Demand Process Excellence in Customer Service bei Procter & Gamble. Er studierte Mathematik an der Universität des Saarlandes und startete seinen Berufsweg 1980 in der Verkaufsorganisation bei Procter & Gamble. Unterschiedliche Stationen führten ihn über das Key Account Management und Customer Marketing zu Arbeitsschwerpunkten in den Bereichen ECR und Category Management. Ein aktueller Arbeitsschwerpunkt umfasst das Thema CPFR und die damit verbundenen internen als auch externen Kommunikationsprozesse und zugehörigen Datenaustausch zur Verbesserung der Prognosen als Basis für die Produktionsplanung in den Werken von P&G.

Die unterschiedlichen Berufsstationen beinhalten auch eine langjährige Repräsentanz von P&G in Gremien beim Markenverband, dem EuroHandelsinstitut und insbesondere der Centrale für Coorganisation, wo er unter anderem maßgeblich an der Entwicklung der CPFR-Empfehlung für den deutschsprachigen Wirtschaftsraum mitgearbeitet hat.

In einer weiteren Funktion ist er Mitglied des Beirats der SINFOS GmbH, eines Tochterunternehmens der CCG, dem Markenverband und des EuroHandelsinstituts, dessen Geschäftsbereich sich auf den elektronischen Stammdatenaustausch zwischen Handel und Hersteller erstreckt.

Margreet van Harn, Jahrgang 1958, ist Director Group Marketing bei The Greenery B.V. Margreet van Harn ist seit Anfang 1998 bei The Greenery im Bereich Marketing tätig. Bevor sie in den Dienst der Greenery trat, war sie für etwa zehn Jahre in der Milchwirtschaft tätig, in verschiedenen Marketing-Stellen: Produkt-Manager bei Campina, Marketing Director bei Danone Niederlande und European Category Manager bei der Danone-Gruppe in Paris. Auch hat sie in der Arzneimittelindustrie und in der Werbung gearbeitet.

Karl-Erivan W. Haub, Jahrgang 1960, studierte von 1978 bis 1983 an der Hochschule St. Gallen Wirtschafts- und Sozialwissenschaften und graduierte dort zum Diplom-Kaufmann (lic oec HSG). Parallel hierzu absolvierte er in der Unternehmensgruppe Tengelmann eine Lehre zum Einzelhandelskaufmann. Danach arbeitete er als Reisender/Assistent Nationale Verkaufsleitung des Nestlé-Konzerns in den USA und bis 1990 als Junior Berater/Senior Berater/Projektleiter in der Unternehmensberatung McKinsey in Düsseldorf. 1991 trat er in das familieneigene Unternehmen Tengelmann ein und war dort für den „Aufbau Ost" zuständig. 1992 wurde er Stellvertreter des allein geschäftsführenden Gesellschafters und übernahm 1997 das operative Geschäft mit Schwerpunkt Lebensmittelhandel in Europa. Seit 2000 ist er Vorsitzender der Holding-Geschäftsführung und Chief Executive Officer (CEO) Europa.

Bernd Hellgardt, Jahrgang 1965, ist seit 1999 Vorstandssprecher der ComSol AG. Während und nach dem Studium der Betriebswirtschaftlehre mit Schwerpunkt Informatik war er zunächst bei einem Software-Haus und DV-Beratungsunternehmen beschäftigt. 1992/93 führte er als Projektleiter bei Steinbeis Temming als einem der ersten SAP R/3-Kunden erfolgreich SAP R/3 in der Papierindustrie ein. Von 1994 bis 2000 war er maßgeblich an der Implementierung von SAP R/3 bei LEKKERLAND-TOBACCOLAND im Handel beteiligt. Ab Anfang 1998 war er in der LEKKERLAND-Zentrale für den Geschäftsbereich IT-Management verantwortlich und gleichzeitig alleiniger Geschäftsführer der IT-Tochter sdh. Die Erfahrungen aus seiner bisherigen Tätigkeit bringt er neben seiner Vorstandsfunktion heute als Management-Berater und Coach bei den Kunden der ComSol AG mit ein.

Prof. Dr. Dr. Ulrich Hemel, geboren 1956 in Bensheim/Bergstraße, Studium der Theologie, Philosophie, Wirtschafts- und Sozialwissenschaften in Mainz und Rom, apl. Prof. für Religionspädagogik und Katechetik an der Universität Regensburg (1996), Mitglied der Europäischen Akademie der Wissenschaften und der Künste, Vorstandsvorsitzender des Forschungsinstituts für Philosophie (Hannover), Boston Consulting Group München (1991 – 1996), seit 1996 bei der PAUL HARTMANN AG, Mitglied des Vorstands (seit 1998), Vorstandsvorsitzender (seit 2001), Mitglied des AR der CCG (Köln) und des Boards der Eucomed (Brüssel) seit 2002.

Harald Lux, Jahrgang 1947, MBA, seit 1981 Gesellschafter der Deutsche Heimwerkermarkt Holding (DHH), Muttergesellschaft der Firmen Emil Lux GmbH & Co. KG, Wermelskirchen, (Werkzeughandel) und der OBI AG, Wermelskirchen. Internationale Managementtätigkeit für die Firma Emil Lux in Frankreich und den Vereinigten Staaten von Amerika von 1970 – 1979. Danach Geschäftsführer der Firma Emil Lux GmbH & Co. KG in Deutschland. 1985 Eintritt in die operative Geschäftsführung der Firma OBI und von 2000 – 2003 Vorstandsvorsitzender der OBI AG. Seit Mai 2003 Vorsitzender der Geschäftsführung der Emil Lux GmbH & Co. KG. Zahlreiche Reden und Vorträge zu den Themen Franchising, Unternehmensführung und -strategie, Mittelstand und Globalisierung.

Zygmunt Mierdorf, Jahrgang 1952, Mitglied des Vorstands der METRO AG ist Arbeitsdirektor und im Vorstand zuständig für Personal und Soziales, Informatik, Logistik, E-Business und Immobilien. Darüber hinaus ist er Aufsichtsratsvorsitzender der Vertriebslinien Media/Saturn und Praktiker.

Seit 1991 nahm er verschiedene Führungsaufgaben innerhalb der METRO wahr, bevor er 1999 in den Vorstand der METRO AG berufen wurde.

Davor war er Geschäftsführer bei Betrix Cosmetics, Vorsitzender der Geschäftsführung der LRE Inc. Group (Leach Relais & Electronic) sowie Kaufmännischer Geschäftsführer bei Black & Decker Deutschland.

Dr. Hermann-Josef Nienhoff, Jahrgang 1955, ist seit November 2002 Geschäftsführer der neu gegründeten Gesellschaft QS Qualität und Sicherheit GmbH in Bonn. Er ist Agrarökonom und hat am Institut für landwirtschaftliche Betriebslehre in Kiel promoviert. Geboren und aufgewachsen ist Dr. Nienhoff auf einem landwirtschaftlichen Betrieb in Kirchhellen, Westfalen. Nach dem Studium der Volkswirtschaft und Agrarökonomie in Dortmund und Kiel begann er seine berufliche Laufbahn 1983 beim Deutschen Bauernverband e.V. in Bonn. 1991 wechselte er zum Unternehmen SGS (Société Générale de Surveillance), Hamburg, wo er 11 Jahre in leitenden Positionen der Qualitätskontrolle und Zertifizierung tätig war. Dort hatte er die Management-Verantwortung für die Bereiche Konsumgüter- und Lebensmittel sowie Lebensmittel- und Futtermittellabore. Von 1998 bis 2002 war er außerdem Geschäftsführer des Unternehmens NATEC Institut für naturwissenschaftlich-technische Dienste GmbH, Hamburg. Fragen der Qualitätssicherung und stufenübergreifenden Zusammenarbeit bei Lebensmitteln ziehen sich wie einer roter Faden durch seine berufliche Laufbahn. Von 1997 bis 2001 hat er auch verbandspolitisch als Vorsitzender des Deutschen Verbandes Neutraler Kontroll- und Klassifizierungsunternehmen (DVK) in diesem Feld maßgeblich gewirkt.

Nicole Pergandé, Jahrgang 1974, ist Research Manager bei TNS, Institut für Markt-, Media- und Meinungsforschung. Studium der Soziologie, Wirtschafts- und Sozialpsychologie sowie Betriebswirtschaftslehre in Göttingen und Bremen. Währenddessen Tätigkeit als Hilfskraft am Institut für Soziologie sowie als freie Mitarbeiterin bei konkret, dem Institut für innovative Markt- und Meinungsforschung.

Seit 2000 ist sie Mitarbeitern im Forschungsbereich Customer Satisfaction Research bei TNS EMNID. Ihr Tätigkeitsschwerpunkt liegt im Mystery Research.

Ivo Reuter, Jahrgang 1970, studierte von 1992 bis 1998 Betriebswirtschaftslehre mit den Schwerpunkten Marketing, marktorientierte Unternehmensführung und Verkehr & Logistik an der Technischen Universität Dresden.

1998 absolvierte er sein Trainee-Programm im Bereich Category Management der Supermarktvertriebsschiene Tengelmann bei der Unternehmensgruppe Tengelmann. Anfang 1999 wurde er Assistent des Group Category Managers Getränke/Genussmittel bei der Kaiser's-Tengelmann AG in Viersen. Ab Sommer 1999 arbeitete er als Category Manager an der Optimierung verschiedener Warengruppen im Rahmen der Erarbeitung des neuen A&P-Filialkonzeptes mit. Im Jahr 2000 übernahm er die Funktion des Assistenten des Vorstandes Handel-Ware und des Leiters Category Management der Kaiser's-Tengelmann AG. Er war in dieser Funktion u. a. warenseitig für die Vorbereitung und Umsetzung des Roll Outs des neuen A&P-Filialkonzeptes sowie für die Bereinigung der Logistikstruktur verantwortlich. Daneben übernahm er zahlreiche Aufgaben im Zuge der Restrukturierung der Kaiser's-Tengelmann AG.

In den Jahren 2001 und 2002 war er als Category Manager für die ECKES AG/ECKES granini Deutschland GmbH tätig. Schwerpunkt seiner Arbeit in dieser Zeit war die Implementierung von Category Management in der ECKES granini

Deutschland GmbH im Rahmen der Neuordnung des Vertriebes innerhalb der ECKES AG. Schwerpunkte waren dabei vor allem die Integration von Consumer Insights in allen Bereichen des Unternehmens sowie die Konzeption von Ansätzen im Rahmen von Efficient Promotion und Efficient Product Introduction. Aber auch zahlreiche Kooperationsprojekte mit verschiedenen Handelsunternehmen waren in dieser Zeit in seiner Verantwortung.

Seit Februar 2003 ist Ivo Reuter Leiter Category Management der Maggi GmbH.

Alexander Rittweger, Jahrgang 1965, ist Geschäftsführer der PAYBACK Betreiberfirma Loyalty Partner GmbH (München). Nach Abschluss seines Studiums der Betriebswirtschaftslehre in Passau und Mannheim startete er seine berufliche Laufbahn bei der Unternehmensberatung Roland Berger & Partners in São Paolo. Dem zweijährigen Auslandsaufenthalt folgten Stationen in Frankfurt, München und zuletzt als Partner der Unternehmensberatung in Paris. Zu den Meilensteinen seiner Karriere zählte die Beratung der Deutschen Lufthansa im Bereich Strategie und Vertrieb. Dazu gehörte auch die Betreuung von Miles & More. Das Vielflieger-Programm inspirierte ihn dazu, ein branchenübergreifendes Bonusprogramm für die Top-Unternehmen aus Handel und Dienstleistung einzuführen. Zusammen mit der Deutschen Lufthansa AG und Roland Berger gründete er im April 1998 die Loyalty Partner GmbH.

PAYBACK wurde im März 2000 im Verbund mit namhaften Unternehmen in den Markt gebracht. Das Konzept, branchen- und medienübergreifend mit nur einer Karte bei einem Dutzend Partnern punkten zu können, wird von den Verbrauchern begeistert angenommen. Derzeit werden in Deutschland mit über 22 Millionen Karten PAYBACK-Punkte gesammelt. PAYBACK wurde mehrfach ausgezeichnet, u. a. zu einer der zehn wichtigsten Produktinnovationen des Jahres 2002 in Deutschland ernannt.

Professor Dr. Thomas Roeb M. A., Jahrgang 1964, studierte von 1983 bis 1988 Betriebswirtschaft und Geschichte. Unmittelbar im Anschluss an sein Studium fand er eine Anstellung bei Aldi Süd. Zwei Jahre lang war er im Rhein-Main-Gebiet als Bezirksleiter tätig. In unmittelbarem Anschluss daran kehrte Roeb 1990 wieder an die Hochschule zurück. Als wissenschaftlicher Mitarbeiter am Lehrstuhl für Marketing von Prof. Freter arbeitete er unter anderem an seiner Dissertation. Diese beschäftigte sich mit „Begriff, Berechnung und Bestimmungsfaktoren des Wertes von Marken", d. h. deren monetärer Bewertung. 1993 wechselte Roeb zu Roland Berger & Partner, einer großen internationalen Unternehmensberatung. Dort arbeitete er als Consultant und später als Projektleiter vorwiegend an Projekten für Handelsunternehmen im europäischen Ausland. 1998 erhielt Dr. Thomas Roeb einen Ruf von der Fachhochschule Bonn-Rhein-Sieg auf die Position eines Professors für Handelsbetriebslehre. Seitdem beschäftigt er sich nicht nur theoretisch, sondern auch praktisch als Unternehmensberater, u. a. als Kooperationspartner der internationalen Beratungsgesellschaft Kurt Salmon Associates, mit Fragen des Handelsmanagements.

Christian Schick, Jahrgang 1971, ist Supply Chain Manager bei dm-drogerie markt GmbH & Co. KG. Er studierte Betriebswirtschaftslehre mit den Schwerpunkten Marketing, internationales Management und Handel an der Universität des Saarlandes und begann seinen beruflichen Einstieg 1999 bei dm-drogerie markt innerhalb des Supply Chain Managements. In den ersten zwei Jahren beschäftigte er sich mit elektronischem Datenaustausch und verantwortete die kooperative Zusammenarbeit in Bezug auf eine kontinuierliche Warenbelieferung durch die Industrie (VMI).

Seit 2001 war er bei dm-drogerie markt zusätzlich für die Thematik Collaborative Planning, Forecasting & Replenishment (CPFR) verantwortlich. In diesem Zusammenhang hat er von Beginn an durch Projekte mit Industriepartnern und Beteiligungen an Arbeitskreisen aus Vertretern von Konsumgüterindustrie und -handel maßgeblich an der Erarbeitung der CPFR-Thematik für den deutschsprachigen Wirtschaftsraum mitgearbeitet.

Herr Schick arbeitet seit April 2003 als ECR Manager für das Unternehmen Bonduelle.

Heiner Spalink, Jahrgang 1952, ist Geschäftsführer und Partner der internationalen Unternehmensberatung Kurt Salmon Associates GmbH (KSA) in Deutschland und gleichzeitig Mitglied im europäischen Führungsteam von KSA. Seine Beratungsprojekte konzentrieren sich auf die Optimierung der Schnittstellen zwischen Handel und Industrie. Dazu gehören vor allem Projekte im Bereich Supply Chain Management, Category Management und Prozess-/Effizienzoptimierung. Darüber hinaus entwickelt er Konzepte und Methoden für das Change Management. Im Mittelpunkt seiner Arbeiten steht die Integration von Konzeptentwicklung und Realisierung – mit dem Ziel der schnellen und effizienten Implementierung. In seinem Buch „Werkzeuge für das Change Management" hat er seine Erfahrungen dazu beschrieben.

Heiner Spalink studierte von 1973 bis 1979 Wirtschaftswissenschaften an der Johannes Gutenberg Universität in Mainz mit den Schwerpunkten Marketing und Kostenrechnung. Nach Führungsaufgaben in der Industrie und im Handel wechselte er 1990 in die Beratung. Seit 1995 ist er bei KSA.

Maik Stücken, Jahrgang 1970, ist Senior Research Consultant bei TNS , Institut für Markt-, Media- und Meinungsforschung. Studium der Betriebswirtschaftslehre an der Universität Paderborn mit den Schwerpunkten Marketing und strategische Unternehmensführung. Seit 1996 im Unternehmen zunächst im Bereich Printmedien und Werbewirkungsforschung für qualitative und quantitative Marktforschung zuständig, seit 2002 leitet er das Team Mystery Research/Servicequalitätsforschung in der Unit Customer Satisfaction Research und vertritt TNS für den Bereich im Bundesverband Mystery Shopping und international im Taylor Nelson Sofres-Konzern. Seit 1998 Dozent am Institut für Kommunikations- und Medienwissenschaften der Universität Leipzig.

Götz W. Werner, Jahrgang 1944, ist Geschäftsführender Gesellschafter der dm-drogerie markt GmbH + Co. KG, Karlsruhe. Mit einer achtköpfigen Geschäftsleitung gestaltet er die Entwicklung des 1973 gegründeten Unternehmens. Bereits 1976 übertrug Götz W. Werner das neu entwickelte Vertriebskonzept „Drogeriefachmarkt“ auf den österreichischen Markt.

Götz W. Werner ist in verschiedenen Aufsichtsräten und Beiräten international und national operierender Unternehmen.

Chris Zanetti, Jahrgang 1957, ist Managing Director der Allied Domecq Spirits & Wine Deutschland GmbH & Co. KG in Frankfurt. Der gebürtige Wiener mit englischem Pass studierte Internationales Marketing an der Thames Polytechnic (BA Honours) in London. Anschließend begann er seine Karriere im Marketing namhafter Unternehmen wie Bertelsmann und Pedigree Petfoods. 1986 stieg Chris Zanetti in die Getränke- und Spirituosenbranche ein, zunächst als Marketing Director bei Allied Breweries, wo er sechs Jahre später als International Sales & Marketing Director die Produktmarke Harvey's Bristol betreute. 1995 übernahm er als Managing Director die Leitung von Gleneagles Spring Water im schottischen Stirling. Im Jahr 1997 wurde er zum Regional Director Central Eastern Europe bei Allied Domecq Spirits & Wine Europe berufen. Seine Tätigkeit als Managing Director bei Allied Domecq Deutschland übt Chris Zanetti seit September 2000 aus.

Druck: Strauss Offsetdruck, Mörlenbach
Verarbeitung: Schäffer, Grünstadt